高等学校"十三五"规划教材

工程流体力学

ENGINEERING
FLUID MECHANICS

（第2版）

主　编　赵存有

副主编　陈国晶

主　审　徐文娟

哈尔滨工业大学出版社

内 容 简 介

本书介绍了流体力学的基本原理及其在工程实际中的应用。全书共分 10 章,主要内容有:流体的主要物理性质及作用力;流体静力学基本理论及应用;流体动力学基本理论及应用;相似原理和量纲分析;管流损失(包括层流、紊流)与水力计算;孔口与管嘴出流;缝隙流、明渠流、堰流和渗流。本书各章均有一定数量的例题和习题,便于读者复习和自学。

本书可作为高等工科院校机械工程、安全工程、土木工程、采矿工程、环境工程及相近专业本科生的流体力学课程教材,也可作为从事上述专业工程技术人员的参考书。

图书在版编目(CIP)数据

工程流体力学/赵存有主编. —2 版. —哈尔滨:哈尔滨工业大学出版社,2016.8(2020.6 重印)

ISBN 978-7-5603-6137-6

Ⅰ.①工… Ⅱ.①赵… Ⅲ.①工程力学-流体力学-高等学校-教材 Ⅳ.①TB126

中国版本图书馆 CIP 数据核字(2016)第 167184 号

策划编辑　王桂芝
责任编辑　张　瑞
出版发行　哈尔滨工业大学出版社
社　　址　哈尔滨市南岗区复华四道街 10 号　邮编 150006
传　　真　0451-86414749
网　　址　http://hitpress.hit.edu.cn
印　　刷　哈尔滨市工大节能印刷厂
开　　本　787mm×1092mm　1/16　印张 15.75　字数 374 千字
版　　次　2010 年 8 月第 1 版　2016 年 8 月第 2 版
　　　　　2020 年 6 月第 3 次印刷
书　　号　ISBN 978-7-5603-6137-6
定　　价　38.00 元

再版前言

面对科学技术的不断发展,工程流体力学的教学内容和教学方法必须进行改革,以适应当前对人才培养的需要。工程流体力学是工程应用型高等工科院校的一门重要的专业技术基础课程,它在专业培养目标中起着"承上启下"的桥梁作用。"承上"指本课程联系已学过的基础数学、工程数学,物理学和力学;"启下"指本课程几乎联系了所有与机械工程、安全工程、土木工程、环境工程等后续专业课程。通过本课程的学习,如果学生既能巩固或较熟练地运用基础数理知识,又能应用流体力学基础理论,在后续专业课中或工程应用中分析解决实际工程问题,也就达到了课程的学习目的。因此,在编写本教材的时候,我们本着加强基础、强调应用、提高素质的精神,除了介绍基本理论之外,还用很大篇幅介绍工程应用问题。

本书是为机械工程专业编写的工程流体力学课程教材,同时照顾到安全工程、土木工程、环境工程等专业对工程流体力学课程内容的需要。基于专业的实际需要,书中限于讨论不可压缩流体。

编者在多年教学过程中,积累了许多有益的经验,对教材的内容进行合理的布局,以适应学校有关专业教学的需要。书中注重以下几个方面:基本概念突出、公式推导明了、内容安排深入浅出并具有启发性、举例及习题具有工程典型性。为了适应双语教学的需要,在编写教材的过程中,在重要的章节选择了一些英语习题,进行教材编写改革尝试。

本书第 1 章、第 3 章和第 5 章由黑龙江科技大学赵存有编写,第 2 章由黑龙江科技大学侯清泉编写,第 6 章由黑龙江工程学院机电工程学院刘长喜编写,第 7 章由佳木斯大学周俊编写,第 4 章、第 8 章和第 9 章由黑龙江科技大学陈国晶编写,第 10 章由黑龙江科技大学姜伟编写。赵存有任主编并统稿,陈国晶任副主编,黑龙江科技大学教学名师徐文娟教授主审。

在编写的过程中,兄弟院校的有关同志提出许多宝贵意见和建议,作者在此表示衷心的感谢。

鉴于编者知识和水平有限,书中难免有不足之处,殷切希望各位读者与专家批评、指正。

编　者

2016.4

目　　录

第1章

绪　论

本章导读　工程流体力学是一个应用广泛的学科,以受力而产生较大变形的流体作为研究对象。在研究流体运动规律时涉及很多基本概念和基础知识,应在本章学习中了解和掌握。

本章研究的中心问题是流体的物理性质、流体质点和作用于流体上的力。

本章学习要求　掌握流体的惯性、比容、黏性、压缩性和膨胀性、流体质点、理想流体等基本概念;掌握流体的连续介质模型及作用于流体上的力;了解表面张力的形成及计算。

本章是学习工程流体力学的准备阶段,所以应注重对准备知识的理解和掌握,以利于对后续知识的学习和掌握。

1.1　工程流体力学的研究对象、任务和方法

流体力学(hydromechanics)是力学的一个分支。在研究物体平衡和运动的力学中,根据研究的对象不同,一般可以分为:①以受力后不变形的绝对刚体为研究对象的理论力学;②以受力后产生微小变形的固体为研究对象的固体力学;③以受力后产生较大变形的流体为研究对象的流体力学。流体力学是研究流体平衡和运动的力学规律、流体与固体之间的相互作用的学科。把流体力学理论应用于工程实际当中,形成工程流体力学学科,它是工程力学的一个组成部分,属于应用科学范畴。

工程流体力学的研究对象是流体。流体是物质世界中存在最广泛的物质,有着丰富多彩的流动现象,在日常生活、工程技术的各个领域中都有着广泛的应用。根据力学中的应力理论来定义,在静力平衡时,不能承受剪切力的物质就是流体。

液体和气体统称为流体,因而,工程流体力学就包括液体力学和气体力学。液体力学通常以水作为液体的代表,故通称为水力学。水力学以液体为主要研究对象,而气体力学以气体为主要研究对象。但是,对于低速气流,当压缩性的影响所引起的误差可以略去不计时,液体的各种规律同样适用于气体。

流体的基本特征——易流动性,是由它的力学性质决定的。从力学分析的角度看,固体有能力抵抗一定数量的拉力、压力和剪切力。当外力作用于固体时,固体将产生确定的变形以抵抗外力。而流体则大不相同,处于静止状态的流体不能承受剪切力,即使在很小的剪切力的作用下也将发生连续不断的变形,直到剪切力消失为止。流体的这个性质,称为易流动性。这也是它便于用管道进行输送,适宜于做供热、制冷等工作介质的主要原

因。流体也不能承受拉力，它只能承受压力。利用蒸汽压力推动汽轮机来发电，利用液压、气压传动各种机械等，都是流体抗压能力和易流动性的应用。

由于流体的易流动性，所以流体没有固定的形状，它的形状是由约束它的边界形状所决定的，不同的边界必将产生不同的流动。因此，与流体接触的周围物体的形状和性质（也就是边界条件）对流体的运动有着直接的影响。流体的运动又总是和变形联系在一起的，当流体运动时其内部各质点之间有着复杂的相对运动。所以流体的运动和它的物理力学性质有着密切的关系，物理性质不同的流体，即使其边界条件相同也会产生不同的流动。

质量守恒定律和能量守恒定律是自然界中一切物质运动都必须遵循的普遍规律，流体作为物质的一种形态，必然也服从这些规律。

工程流体力学是一门应用较广的科学。例如，重工业中的冶金、电力、采掘等工业，轻工业中的化工、纺织、造纸等工业，交通运输业中的飞机、船舶设计，以及农田灌溉、水利建设、河道整治等工程中，无不有大量的流体力学问题需要去解决。在土建工程和环境工程中，如给水与排水、供热通风、燃气供应等，都要对水或其他流体进行净化或加热等处理，以及通过管道或渠道输送给用户或车间，在其设备和系统的设计、运行管理及施工中也会遇到一系列的流体力学问题需要解决。在评价废水、废气对环境污染的影响，设计铁路或公路的桥梁、路基排水、隧洞通风等设施时，也需要用到很多流体力学的知识。煤炭工业中的矿井通风、排水、水力采煤、水力运输、重力选煤等的理论基础，也都是流体力学。

工程流体力学是机械工程、采矿工程、安全工程、选矿工程、土木工程、环境工程等专业的一门主要技术基础课。学习本门课程，主要是掌握其分析问题的基本方法、基本理论及其应用，为液压传动、流体机械、矿井通风、建筑设备等后续课程作必要的理论准备，为生产和科研服务。

工程流体力学的研究方法包括：理论方法、实验方法和计算方法。理论方法是分析问题的主次因素提出适当的假设，抽象出理论模型（连续介质、理想流体、不可压缩流体等），运用数学工具寻求流体运动的普遍解；实验方法是将实际流动问题概括为相似的实验模型，在实验中观察现象、测定数据并进而按照一定的方法推测实际结果；计算方法是根据理论分析与实际观测拟定计算方案，通过计算机技术求出数值解。从方法上来说，随着计算机技术的推广和应用，大大推进了工程流体力学的发展，也逐渐消除了理论流体力学和工程流体力学的差异。

1.2 流体的主要物理性质

流体的主要物理性质有惯性、黏性、压缩性、膨胀性以及表面张力特性等，是决定流体平衡和运动规律的内因。因此，必须首先对流体的物理性质有所了解。

1.2.1 惯性

惯性（inertia）是物体维持其原有运动状态的性质。惯性的大小取决于物体的质量，质量愈大，惯性愈大。物体质量的度量都是用密度来表示的。单位体积的流体所具有的质量称为流体的密度，用 ρ 来表示，在国际单位制中，其单位为 kg/m^3。

对于非均质流体,在空间某点取流体的体积为 ΔV,其中流体的质量为 Δm,则该点的密度为

$$\rho = \lim_{\Delta V \to 0} \frac{\Delta m}{\Delta V} = \frac{\mathrm{d}m}{\mathrm{d}V} \qquad (1.2.1a)$$

对于均质流体,若其体积为 V,质量为 m,则其密度为

$$\rho = \frac{m}{V} \qquad (1.2.1b)$$

液体的密度随压强和温度的变化很小,一般可视为常数,如在工程计算中,采用水的密度为 $1\,000\ \mathrm{kg/m^3}$,水银的密度为 $13\,600\ \mathrm{kg/m^3}$。

对于混合气体,若各组分气体的密度为 ρ_i,所占体积的百分比为 α_i,则其密度计算式为

$$\rho = \rho_1\alpha_1 + \rho_2\alpha_2 + \cdots + \rho_n\alpha_n = \sum_{i=1}^{n} \rho_i\alpha_i \qquad (1.2.2)$$

在流体力学中还常常用到重度(specific weight)的概念,我们把流体密度与重力加速度的乘积 ρg 称为流体的重度。应当注意,流体的密度 ρ 与它和海平面的相对位置无关,而流体的重度由于与重力加速度 g 有关,因而,它将随所处位置的不同而变化。记重度为 γ,则有 $\gamma = \rho g$。

单位质量的流体所占有的体积称为流体的比容(specific volume),用 υ 表示。显然,它与密度互为倒数,即

$$\upsilon = \frac{1}{\rho} \qquad (1.2.3)$$

式中　　υ——流体的比容,$\mathrm{m^3/kg}$;

　　　　ρ——流体的密度,$\mathrm{kg/m^3}$。

某液体的密度 $\rho_{液}$ 与标准大气压下 $4\ ℃$(严格说是 $3.98\ ℃$)时纯水的密度 $\rho_{水}$ 的比值,称为流体的相对密度,用 S 来表示。它是无量纲的纯数,即

$$S = \frac{\rho_{液}}{\rho_{水}} \qquad (1.2.4)$$

至于气体的相对密度,是指某气体的密度与在特定的温度和压力下氢气或空气的密度的比值,它没有统一的规定,必须视给定的条件而定。

常用流体的密度和相对密度见附表1。

1 标准大气压下,水在各种温度时的密度及其他性质见附表2。

1.2.2　黏性

虽然静止流体不能承受任何切向力,但是,当流体运动时,流体内部各质点间或流体层间会因相对运动而产生内摩擦力(剪切力)以抵抗其相对运动,流体的这种性质称为黏性。此内摩擦力称为黏滞力。因此,黏性(viscosity)是流体阻止发生剪切变形的一种特性。

黏性是流体的固有属性之一,从物理学的角度看,它是由于流体分子不规则的运动在流体层间产生动量交换和流体分子间吸引力两方面原因造成的。因而,不论是静止流体还是运动流体都具有黏性。只是当流体处于静止或相对速度等于零的相对平衡时,流体

的黏性表现不出来而已,这时的内摩擦力也就等于零。由于流体黏性的存在,为了维持流体的运动就必须消耗能量来克服内摩擦力,这就是流体运动时产生能量损失的根本原因。

(1)牛顿内摩擦定律

1686年,牛顿最早提出了流体具有黏性的假设,后人经实验使这一假设得到了验证,从而得到著名的"牛顿内摩擦定律"(Newton's law of friction)。

图1.1给出的是平板实验的示意图。

在宽度和长度都足够大,其边缘条件可以略去不计的互相平行的平板 Ⅰ 和 Ⅱ 之间充满某种流体。若板 Ⅱ 固定,而拉动板 Ⅰ 以某一等速 v 向右移动,这时,由于流体附着力的作用,附着在板 Ⅰ 上的流体层也以速度 v 随之移动,附着在板 Ⅱ 上的流体层的速度则为零。而板 Ⅰ 到板 Ⅱ 之间的各层流体由于质点间的内摩擦力作用,其速度沿 y 方向的变化规律如图1.1所示。设 F 为各流体层间产生的内摩擦力,大量实验证明,内摩擦力 F

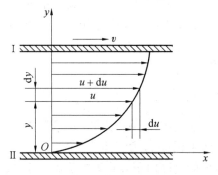

图1.1 平行平板实验示意图

与流体的性质有关,与接触面积 A、速度梯度 $\dfrac{\mathrm{d}u}{\mathrm{d}y}$ 成正比,而与接触面上的压力无关,即

$F \propto A \dfrac{\mathrm{d}u}{\mathrm{d}y}$。若乘以比例系数 μ,则有

$$F = \mu A \frac{\mathrm{d}u}{\mathrm{d}y} \tag{1.2.5}$$

令 τ 为单位面积上的内摩擦力,即内摩擦应力(又称为切应力),于是

$$\tau = \frac{F}{A} = \mu \frac{\mathrm{d}u}{\mathrm{d}y} \tag{1.2.6}$$

式中　　F——内摩擦力,N;

　　　　τ——单位面积上的内摩擦力或切应力,N/m^2;

　　　　A——流体层的接触面积,m^2;

　　　　$\dfrac{\mathrm{d}u}{\mathrm{d}y}$——速度梯度,即速度在垂直于该速度方向上的变化率,s^{-1};

　　　　μ——与流体性质有关的比例系数,称为动力黏性系数,或称动力黏度,Pa·s。

式(1.2.5)、(1.2.6)的表达式称为牛顿内摩擦定律或黏性定律。

若两平行平板间的距离 h 很小,两平板间的速度分布近似为线性,即 $\dfrac{\mathrm{d}u}{\mathrm{d}y}$。

应当指出,牛顿内摩擦定律只能应用于流体作层状运动的情况,即所谓层流运动。

并非所有的流体都是符合牛顿内摩擦定律的。符合牛顿内摩擦定律的流体称为牛顿流体(Newtonian fluid)。对于牛顿流体,τ 与 $\dfrac{\mathrm{d}u}{\mathrm{d}y}$ 的函数是通过原点的直线关系。多数分子结构简单的液体(如水、酒精、汽油等)和一般气体都是牛顿流体。凡是不符合牛顿内摩擦定律的流体称为非牛顿流体,如泥浆、有机胶体、油漆、高分子溶液等。非牛顿流体不属于普通流体力学研究的范畴,本书将不予讨论。

（2）黏性系数

动力黏性系数(dynamic viscosity)μ 由实验测定。μ 值越大,流体的黏性越大,相应的切应力越大;反之,亦然。另一方面,从式(1.2.6)可以看出,当速度梯度 $\dfrac{\mathrm{d}u}{\mathrm{d}y} = 1$ 时,在数值上 μ 等于 τ。因此,也可以说,μ 值表示速度梯度等于 1 时的接触面上的切应力。

动力黏性系数 μ 的单位可由式(1.2.6)的量纲确定。设质量、长度、时间等基本量纲分别以"M"、"L"、"T"表示,则 μ 的量纲为 $ML^{-1}T^{-1}$,其国际单位为 $Pa \cdot s(N \cdot s/m^2)$,物理单位为泊(P),实际应用中常用厘泊(cP),即 1 cP = 0.01 P。 它们的换算关系为

$$1 \ N \cdot s/m^2 = 10 \ P$$

流体的黏性系数 μ,由于具有动力学问题的量纲,故称为动力黏性系数。

在流体力学的分析和计算中,常出现流体的动力黏性系数 μ 与其密度 ρ 的比值,为简单起见,以 ν 表示之,即

$$\nu = \frac{\mu}{\rho} \tag{1.2.7}$$

由上式知,ν 具有运动学的量纲 L^2T^{-1},故称 ν 为运动黏性系数或运动黏度。

运动黏性系数(kinematical viscosity)ν 的国际单位和工程单位均为 m^2/s,其物理单位为 cm^2/s,称为"斯"(St)。实际应用中也常用厘斯(cSt),即 1 cSt = 0.01 St。它们的换算关系为

$$1 \ m^2/s = 10 \ 000 \ St = 10^6 \ cSt$$

需要指出的是,液压油的牌号多用运动黏性系数表示。一种机械油的号数就是以这种油在 50 ℃ 时的运动黏性系数的平均值标注的,号数越大,黏性就越大。例如,30 号机械油,就是指这种油在 50 ℃ 时的运动黏性系数平均值为 $30 \times 10^{-6} \ m^2/s$。

几种常见液体在不同温度下的动力黏性系数值见附表3。

几种常见气体在 0 ℃ 与 1 标准大气压时的黏性系数见附表4。

【例1.1】 轴置于轴套中,如图1.2所示。以 $P = 90$ N 的力由左端推轴向右移动,轴移动的速度为 $v = 0.122$ m/s,轴的直径为 $d = 75$ mm,其他尺寸如图1.2所示。求:轴与轴套间流体的动力黏性系数 μ。

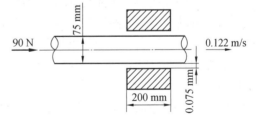

图1.2 轴与轴套

解 因轴与轴套间的径向间隙很小,故设间隙内流体的速度为线性分布,由式(1.2.5)知

$$\mu = \frac{Fh}{Av}$$

上式中 $F = P, A = \pi dl$,则

$$\mu/(Pa \cdot s) = \frac{Fh}{Av} = \frac{Ph}{\pi dlv} = \frac{90 \times 0.000 \ 075}{3.141 \ 6 \times 0.075 \times 0.2 \times 0.122} = 1.174$$

（3）温度、压力对黏性系数的影响

压强与温度的变化，都将引起流体黏性的改变。但压强的影响较小，在一般情况下可忽略不计，仅考虑温度对黏性的影响。

水的运动黏性系数 ν 与温度的关系，可用泊肃叶和斯托克斯提出的经验公式计算，即

$$\nu = \frac{0.017\,8}{1 + 0.033\,7t + 0.000\,221t^2} \qquad (1.2.8)$$

式中　　ν——水在 $t\,℃$ 时的运动黏性系数，St；

　　　　t——水的温度，℃。

气体的动力黏性系数与温度的关系可用苏兹兰特提出的经验公式确定，即

$$\mu = \mu_0 \frac{273 + C}{T + C} \left(\frac{T}{273}\right)^{\frac{3}{2}} \qquad (1.2.9)$$

式中　　μ_0——气体在 $0\,℃$ 时的动力黏性系数；

　　　　T——气体的绝对温度，$T = 273 + t$（t 为摄氏度值），K；

　　　　C——与气体性质有关的常数，几种常见气体的 C 值见表1.1。

表 1.1　几种常见气体的 C 值

气体	空气	氢气	氧气	氮气	蒸汽	二氧化碳	一氧化碳
C 值	122	83	110	102	961	260	100

温度对液体和气体黏性系数的影响是截然不同的，液体的黏性随温度的升高而减小；气体的黏性则随温度的升高而增大。这是由于液体和气体的微观分子结构不同所造成的。液体产生黏性的主要原因是液体分子间的内聚力（引力），当温度升高时，分子远离，分子间的内聚力减小，所以黏性减小。气体产生黏性的主要原因是气体分子不规则热运动在相邻流体层间发生质量和动量的交换。当温度升高时，气体分子不规则热运动增强，分子交换频繁，则质量和动量交换加剧，因而黏性增大。

（4）理想流体与实际流体

自然界中存在的流体都具有黏性，统称为黏性流体或实际流体（practical fluid）。黏性是流体流动产生阻力的内在原因，它对流体的运动有重要的影响。但是，黏性只有在流体运动时才显示出来。处于静止状态的流体，黏性不表现有任何作用。

黏性的存在，往往给研究实际流体的运动规律带来很大困难。因此，在流体力学中为了使研究的问题简化，与理论力学中引入绝对刚体的概念相类似，而引入理想流体（perfect fluid）的概念。所谓理想流体就是一种假想的无黏性的流体。当然，这种流体实际上是不存在的，它只是一个想象的物理模型。不计黏性后，对流体运动的分析就可大大简化，从而能得出一些理论分析的结果。在有些黏性影响不大的流动中，这些结果就能较好地符合实际。如果黏性的影响不能忽略，则可以通过实验加以修正，使其与实际符合。因此，把实际流体在一定条件下当作理想流体来处理，找出它的运动规律后，再考虑黏性的影响进行修正。工程流体力学就是采用这种方法研究流体运动规律的。

1.2.3　压缩性和膨胀性

当作用在流体上的压力增加时，流体的体积减小，密度增加，这种性质称为流体的压

缩性,这种流体称为可压缩流体。否则称为不可压缩流体。当温度变化时,流体的体积也随之变化,温度升高,体积增大,这种性质称为流体的膨胀性。

（1）压缩性（compressibility）

流体可压缩性的大小通常用体积压缩系数 β_p 表示。β_p 指的是当温度一定时,压力每增加一个单位,所引起的体积相对变化量,即

$$\beta_p = -\frac{\dfrac{\mathrm{d}V}{V}}{\mathrm{d}p} = -\frac{1}{V}\frac{\mathrm{d}V}{\mathrm{d}p} \qquad (1.2.10)$$

式中　β_p—— 体积压缩系数,m^2/N;

$\dfrac{\mathrm{d}V}{V}$—— 体积的变化率（相对变化量）;

$\mathrm{d}p$—— 压力增量,N/m^2。

因为压力增加时体积减小,故在上式中加一负号,以保证 β_p 永为正值。

体积压缩系数 β_p 也可用密度来表示,即

$$\beta_p = -\frac{1}{V}\frac{\mathrm{d}V}{\mathrm{d}p} = \frac{1}{\rho}\frac{\mathrm{d}\rho}{\mathrm{d}p} \qquad (1.2.11)$$

由上式可知,体积压缩系数也可表示为压力增加时所引起的密度变化率。

体积压缩系数 β_p 的倒数,称为体积弹性模量（bulk modulus of elasticity）,以"E_0"表示。即

$$E_0 = \frac{1}{\beta_p} \qquad (1.2.12)$$

E_0 的单位为 N/m^2,体积弹性模量越大的流体越难压缩。

水是典型的液体,在 20 ℃,压力为 101.3 ~ 2 500 kPa 的条件下,其体积压缩系数 β_p 仅为 4.844×10^{-10} m^2/N,显然很小。其他液体与水类似,其体积压缩系数也都很小。因此,在实际工程中,一般认为液体是不可压缩的。对一些特殊情况,如研究液体的振动、冲击时,则要考虑液体的压缩性。

对于气体,其体积压缩性很大,故称为可压缩流体。但是,当气体的压力和温度在整个流动过程中变化很小时（如通风系统）,气体的密度和重度的变化也很小,可近似地看为常数,这时,可将气体按不可压缩流体处理。本书只讨论不可压缩流体的运动规律。

【例1.2】　在容器中压缩一种液体。当压力为 10^6 N/m^2 时,液体的体积为 10^6 mm^3;当压力增为 2×10^6 N/m^2 时,其体积为 0.995×10^6 mm^3。试求:该液体的体积压缩系数 β_p 和体积弹性模量 E_0。

解　根据式(1.2.10)得

$$\beta_p/(m^2 \cdot N^{-1}) = -\frac{\dfrac{\mathrm{d}V}{V}}{\mathrm{d}p} = -\frac{\dfrac{995 - 1\,000}{1\,000}}{2 \times 10^6 - 1 \times 10^6} = 5 \times 10^{-9}$$

根据式(1.2.12)得

$$E_0/(N \cdot m^{-2}) = \frac{1}{\beta_p} = \frac{1}{5 \times 10^{-9}} = 2 \times 10^8$$

（2）膨胀性（expansibility）

液体膨胀性的大小用体积膨胀系数 β_t 表示。体积膨胀系数 β_t 是指当液体压力不变时，温度每升高 1 K 所引起的体积变化率 $\dfrac{\mathrm{d}V}{V}$，即

$$\beta_t = \frac{\dfrac{\mathrm{d}V}{V}}{\mathrm{d}T} = \frac{1}{V}\frac{\mathrm{d}V}{\mathrm{d}T} \qquad (1.2.13)$$

式中　β_t——液体的体积膨胀系数，1/K；

　　　$\mathrm{d}T$——液体温度的增量，K。

因温度升高，体积增大，故 $\mathrm{d}T$ 与 $\mathrm{d}V$ 同符号。

液体的体积膨胀系数很小，所以，工程上一般不考虑液体的膨胀性。但是，当压力、温度的变化比较大时（如在高压锅炉中），就必须考虑液体的膨胀性。

对于气体，它不同于流体，不仅具有较大的压缩性，而且还具有明显的膨胀性。压力和温度的变化，都要引起气体密度或重度的显著改变。压力和温度的关系，可用理想气体状态方程式来描述。即

$$\frac{p}{\rho} = RT \qquad (1.2.14)$$

式中　p——气体的绝对压力，N/m²；

　　　ρ——气体的密度，kg/m³；

　　　T——气体的绝对温度，K；

　　　R——气体常数，其值随气体种类不同而异，J/(kg·K)，对于空气 $R = 287$ J/(kg·K)；

　　　　　对于其他气体，在标准状态下，$R = 8\,314/M$（M 为气体的相对分子量）。

需要指出的是，对于实际气体，在温度不过低，压力不过高时，应用理想气体状态方程式可得出正确的结果。否则，不能应用此式，要用工程热力学中的有关图表求解。

【例 1.3】　质量为 1 kg 的氢气，温度为 $-40\ ℃$，密闭在 0.1 m³ 的容器中，求：压力为多少 N/m²？

解　因氢气的相对分子质量 $M = 2.016$，则氢气的气体常数为

$$R/(\mathrm{J}\cdot\mathrm{kg}^{-1}\cdot\mathrm{K}^{-1}) = \frac{8\,314}{M} = \frac{8\,314}{2.016} = 4\,124$$

氢气的密度为　　　　$\rho/(\mathrm{kg}\cdot\mathrm{m}^{-3}) = \frac{m}{V} = \frac{1}{0.1} = 10$

根据式（1.2.14）得氢气的压力为

$$p/(\mathrm{N}\cdot\mathrm{m}^{-2}) = \rho RT = 10 \times 4\,124 \times (273 - 40) = 9.6 \times 10^6$$

空气在 1 标准大气压时，密度和重度随温度的变化列于表 1.2 中。

表 1.2　空气的密度和重度（在 1 标准大气压时）

温度 /℃	-20	0	20	40	60	80	100	200	500
密度 ρ /(kg·m⁻³)	1.400	1.293	1.205	1.128	1.060	1.000	0.947	0.746	0.393
重度 γ /(N·m⁻³)	13.729	12.651	11.708	10.983	10.395	9.807	9.316	7.316	3.854

1.2.4 表面张力和毛细管现象

液体虽然不能承受张力,但因其表层分子受指向液体内部的分子力作用,具有尽量缩小表面的趋势,使液体的自由表面上能够承受极其微小的张力,这种张力称为表面张力。表面张力不仅在液体与气体接触的周界面上发生,而且还会在液体与固体,或一种液体与另一种液体相接触的周界面上发生,如液体中的气泡、气体中的液滴、液体的自由射流、液体表面和固体壁面相接触处等。表面张力的作用,使液体表面好像一张均匀受力的弹性薄膜,并在曲面处产生附加张力,以维持其平衡。表面张力的大小以表面张力系数 σ 来表示。表面张力系数是指作用在单位长度上的表面张力,它与流体的物理性质有关,特别是与流体的温度有关,单位为 N/m。

几种常用液体的表面张力系数 σ 值列于表 1.3 和表 1.4 中。

表 1.3   液体的表面张力系数(N/m)

液体	接触流体	0/℃	20/℃	40/℃	70/℃	100/℃
水	空气	0.075 6	0.072 8	0.067 7	0.064 4	0.058 8
	饱和蒸汽	0.073 3	0.070 6	0.067 5	0.062 6	0.057 2
水银	真空	0.474	0.472	0.468	0.463	0.456
	空气	0.024 0	0.022 3	0.020 6	0.018 2	
乙醇	酒精蒸汽		0.022 8	0.021 0	0.018 3	0.0155

表 1.4   20 ℃ 时各种液体的表面张力系数

液　　体	接触流体	表面张力系数 /(N · m^{-1})
水银	空气	0.476
水银	水	0.373
10% 食盐水	空气	0.075 4
甲醇	空气	0.022 6
煤油	空气	0.023 ~ 0.032
原油	空气	0.023 ~ 0.038
液压油	空气	0.020 ~ 0.039
锭子油	空气	0.031 1

表面张力一般是很小的,在实际工程中往往忽略不计,但由于表面张力而引起的毛细管现象,则在工程中有其实际意义。

将一根直径很小的管子(例如玻璃管)插入液体中,表面张力会使管中液面上升或下降一个高度,如图 1.3 所示,这种现象称为毛细管现象。液体能在细管中上升,是因为液体分子间的内聚力小于其与管壁间的附着力,表面张力使液体上升,如水、油等,能打湿管壁,液面向上弯曲;若内聚力大于附着力,表面张力使液体下降,如水银,不能打湿管壁,液面向下弯曲。现设细管内径为 d,液体的表面张力系数为 σ,液体与壁面的接触角为 θ,则管内液面上升或下降的高度 h 可由下式计算

$$h = \frac{4\sigma\cos\theta}{\rho g d} \qquad (1.2.15)$$

式中　　ρ——液体的密度；

　　　　g——当地重力加速度。

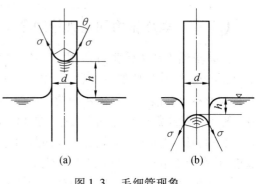

图 1.3　毛细管现象

如果把玻璃细管竖立在水中，如图 1.3(a) 所示，当水温为 20 ℃ 时，则水在管中的上升高度为 $h \approx 30/d$；如果把玻璃细管竖立在水银中，如图 1.3(b) 所示，则水银在管中的下降高度为 $h \approx 10/d$。h 及 d 均以 mm 计。可见，当管径很小时，h 就可以很大。所以，用来测定压强的玻璃细管直径不能太小，否则就会产生很大的误差。但当水柱测压管的内径大于 20 mm，水银柱测压管的内径大于 15 mm 时，则可忽略毛细管现象产生的影响。另外，在 U 形测压管内，由于两端的液面都受到相同的毛细管现象影响，相互抵消，所以可不考虑其影响。

1.3　流体的连续介质模型

从物理学中可知，流体是由大量不断运动着的分子所组成的，分子之间不仅存在间隙，而且分子内部的质量分布也是不连续的；同时，由于分子的随机运动，又导致任一空间点上的流体对于时间的不连续性。这样，从微观的角度看，流体的分布在空间和时间上都是不连续的。但是，流体力学只研究流体宏观的由外因引起的机械运动，而不是个别分子的微观运动。所以，可近似地把流体看成是由无数连续分布的流体微团组成的连续介质。流体微团虽小，但却包含了大量的分子，并具有一定的体积和质量，也就是说，流体微团是使流体具有宏观特性的允许的最小体积。这样的微团，称为流体质点（fluid particle）。

流体质点具有以下 4 层含义：

①流体质点的宏观尺寸足够小。甚至可以小到肉眼无法观察、工程仪器无法测量的程度。

②流体质点的微观尺寸足够大。所谓微观尺寸足够大就是流体质点的微观体积必然大于流体分子尺寸的数量级，这样在流体质点内任何时刻都包含有足够多的流体分子，个别分子的行为不会影响质点总体的统计平均特性。

③流体质点是包含有足够多分子在内的一个物理实体，因而在任何时刻都具有一定的宏观物理量。

④流体质点的形状可以任意划定，因而质点和质点之间可以完全没有间隙，流体所在的空间中，质点紧密毗邻、连绵不断、无所不在。

利用流体质点的概念，可以得出流体的连续介质模型为：流体是由连续分布的流体质点所组成，每一空间点都被确定的流体质点所占据，其中没有间隙，流体的任一物理量可以表达成空间坐标及时间的连续函数，而且是单值连续可微函数。

流体的这种"连续介质模型"，是对流体物质结构的简化，适用于特征尺寸远远大于流体质点的几何尺寸的问题。在大多数流体力学问题中,这个条件是能够满足的。但是,当我们所研究的问题的特征尺寸接近或小于质点几何尺寸时,连续介质的模型将不再适用。例如,在超高空极稀薄气体中飞行的火箭,由于空气稀薄,分子的自由程与火箭的特征尺寸具有相同的数量级,在此情况下连续介质的模型将不再适用。这类问题已不属于普通流体力学的范畴,而属于稀薄气体动力学或分子动力学研究的范畴,本书将不予讨论。

1.4 作用在流体上的力

研究流体运动规律,首先必须知道作用于流体上的力的种类,力是使流体运动状态发生变化的外因。根据力作用方式的不同,可以分为质量力和表面力。

1.4.1 质量力(body force)

质量力是某种力场作用在所研究流体的每一质点(或微团)上,且与质量成正比的力。由于质量力不是通过两种物质的直接接触而施加的力,故又将质量力称为长程力。质量力包括重力和惯性力,重力是由地心引力而产生的;惯性力是由流体作加速运动而产生的,如作直线加速运动时的直线惯性力和作圆周运动时的向心加速度而产生的离心力等。在流体力学中,为了表达方便起见,常用单位质量流体承受的质量力来衡量质量力的大小。若以 m 代表流体的总质量,G 代表总质量力,X,Y,Z 分别代表单位质量力在直角坐标轴 x,y,z 方向的分量,则有

$$\left. \begin{array}{l} X = \dfrac{G_x}{m} \\[2mm] Y = \dfrac{G_y}{m} \\[2mm] Z = \dfrac{G_z}{m} \end{array} \right\} \tag{1.4.1}$$

根据牛顿第二定律知,单位质量力的单位与加速度的单位相同,均是 m/s^2。

1.4.2 表面力(surface force)

表面力是作用在所研究的流体体积表面上的力。它是由与流体直接接触的其他物体(可以是流体,也可以是固体)的作用而产生的,故又称近程力。表面力包括表面切向力(通常称为摩擦力)和表面法向力(通常称为压力)。单位面积上的切向力称为切应力或摩擦应力;单位面积上的法向力称为压应力,简称为压强。需要指出的是,由流体黏性所引起的内摩擦力是表面切向力,对于平衡流体或忽略黏性的理想流体,不存在表面切向力,只有表面法向力。

习　题　1

1. 已知油的重度为 7 000 N/m³,求其密度和相对密度。

2. 已知气体的比容为 0.72 m³/kg,求其密度。

3. 某种液体的动力黏性系数为 0.005 Pa·s,相对密度为 0.85,求其运动黏性系数。

4. 一块可动平板与另一块不动平板同时水平浸在某种液体中,它们之间的距离为 0.5 mm,若可动平板以 0.25 m/s 的速度移动,为了维持这个速度需要单位面积上的作用力为 2 N/m²,求这两块平板间的液体的动力黏性系数。

5. 直径为 150 mm 的圆柱,固定不动。内径为 151.24 mm 的圆筒,同心地套在圆柱之外。二者的长度均为 250 mm。柱面与筒内壁之间的空隙充以甘油,转动外筒,转速为 100 r/min,测得转矩为 9.091 N·m。求甘油的动力黏性系数。

6. 当压力增量为 $5×10^4$ N/m² 时,某种液体的密度为 $1.005×10^3$ kg/m³,增加为0.02%时,求该液体的体积弹性模量。

7. 一个容器的体积为 $3.4×10^{-2}$ m³,内装29 ℃的空气,其绝对压力为 784.5 × 10^3 N/m²。求容器中的空气质量。

8. 将一内径为 8 mm 的玻璃管垂直插入20 ℃的水中,由于毛细管作用,液面能上升多少?

第 2 章

流体静力学

本章导读 流体静力学主要研究流体平衡时,其内部的压强分布规律及流体与其他物体间的相互作用力,以及它在实际中应用的一门学科。

静止是一个相对的概念,它是指流体内部质点之间没有相对运动,而处于相对静止或相对平衡的状态。静止流体中黏滞性不起作用,表面力只有压应力——压强。流体静力学主要研究流体在静止状态下的力学规律,它以压强为中心,主要阐述流体静压强的特性、静压强的分布规律、欧拉平衡微分方程、作用在平面上或曲面上静水总压力的计算方法、潜体与浮体的稳定性等,并在此基础上解决一些工程实际问题。

本章学习要求 掌握绝对压强、相对压强、真空度、等压面、测压管水头、压力体等基本概念。掌握静止流体中压力的特性与静止液体压强分布规律,了解潜体与浮体的稳定性;理解液体相对平衡的分析方法;掌握等压面判别方法、压强分布图及压力体图的绘制方法;掌握与熟练运用流体静力学基本方程,理解其物理意义。掌握并能运用欧拉平衡微分方程及其综合式(为后续章节打好基础);掌握作用在平面上和曲面上的静水总压力的计算方法,并能综合运用流体静力学基本知识分析求解工程问题。

因平衡流体不显示黏性,故不考虑黏性的影响和作用。所以本章所得的结论,对理想流体或黏性流体都是适用的。

2.1 流体静压强及其特性

在静止流体中,流体质点间没有相对运动,于是流体内没有剪切变形,不存在切应力,流体内部任一平面上只存在法向应力。由于静止流体不能承受拉力,这一法向应力只能是压力。因此,静止流体内的压强总是垂直于它的作用面,并指向流体内部。

2.1.1 流体静压强

从均质的静止(或相对平衡)状态流体中,任取一分离体,如图 2.1 所示。用任一平面 AB 将它分成 Ⅰ 和 Ⅱ 两部分,这互相接触的流体,在接触面 AB 上有相互作用力。若假想将 Ⅰ 部分移走,则在 Ⅱ 部分的接触面 AB 上,必须加上第 Ⅰ 部分流体对它的作用力,以保持其平衡状态。这种作用力在整个 AB 面上按某一规律分布,而分布在 m 点周围微小面积 ΔA 上的合力为 ΔP。

$\dfrac{\Delta P}{\Delta A}$ 叫做面积 ΔA 的平均流体静压力,当面积 ΔA 无限缩小到 m 点,以致趋近零时,则 m 点上的压力为

$$\lim_{\Delta A \to 0} \frac{\Delta P}{\Delta A} = p \qquad (2.1.1)$$

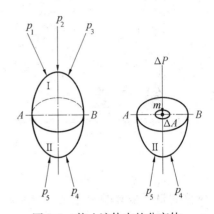

p 就是外部流体作用在流体内部 m 点上而产生的压力,称流体静压力。流体静压力表示作用在单位面积上的力,又称为流体静压强。由式(2.1.1)可以看出,p 的单位为 N/m²,简称为"帕"(Pa)。

2.1.2 流体静压强的特性

图 2.1 静止液体中的分离体

流体静压强有两个重要特性:

(1) 流体静压强的方向必然重合于受力面的内法线方向。

如果不重合,ΔP 应当可以分解成 ΔA 面的法线方向和切线方向上的两个力。有切向力的存在,流体的静止状态必然遭到破坏,因此,流体静止时,只有法线方向的力存在;如果不是内法线方向,而是外法线方向,即流体受拉力,同样也不会静止。

(2) 平衡流体中任意点的静压强值只能由该点的坐标位置来决定,而与该压强的作用方向无关。即作用于同一点上各方向的静压强大小相等(pressure at a point the same in all directions)。

设从静止流体内部任取一楔状微元体,如图 2.2 所示。取 z 坐标方向垂直向上,微元体沿坐标轴方向的边长分别记为 dx, dy, dz,斜边的长度为 ds,斜面和水平面的夹角为 θ。由于是在静止流体内部,微元体表面只有正压力作用,没有切向力。图中 p_y, p_z 分别为沿 y 轴和 z 轴方向作用的压强,p_n 为作用在斜面上的压强。以 Y 和 Z 分别表示单位质量力 J 在 y,z 坐标轴上的投影。根据达朗贝尔原理,微元体所受的质量力和压力组成一平衡力系,在 y 轴和 z 轴方向分别有如下方程

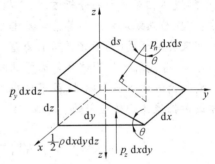

图 2.2 楔形流体微元的受力分析

$$p_y dx dz - p_n dx ds \sin\theta - \frac{1}{2}\rho dx dy dz Y = 0$$

$$p_z dx dy - p_n dx ds \cos\theta - \frac{1}{2}\rho dx dy dz Z = 0$$

考虑到 $ds\sin\theta = dz$ 和 $ds\cos\theta = dy$,以上方程可简化为

$$p_y - p_n - \frac{1}{2}\rho dy Y = 0$$

$$p_z - p_n - \frac{1}{2}\rho dz Z = 0$$

因为这里要考虑的是空间一点的压强,令 dy 和 dz 趋近于零,则得

$$p_y = p_n, p_z = p_n$$

即
$$p_y = p_z = p_n$$

在上述推导过程中，流体微元体的空间位置以及角 θ 的大小都是任选的，所以上式具有普遍性，据此可以得出结论，空间任意点的流体静压强的大小与其作用面的方位无关，只是其作用点位置的函数，可表示为

$$p = p(x, y, z) \tag{2.1.2}$$

式中 x, y, z —— 空间点的坐标。

2.2 流体的平衡微分方程

流体静力学研究的一项重要任务是确定压强在静止流体中从一点到另一点的变化规律。

2.2.1 流体平衡微分方程

在平衡流体中取一边长分别为 dx, dy, dz 的六面体流体微团，其中心点为 C，该点的静压强 $p(x, y, z)$，如图 2.3 所示。该微团在质量力和表面力的作用下处于平衡状态。

质量力 $dG = \rho dxdydzJ$，在 x, y, z 坐标轴方向的分量分别为

$$dG_x = \rho dxdydzX$$
$$dG_y = \rho dxdydzY$$
$$dG_z = \rho dxdydzZ$$

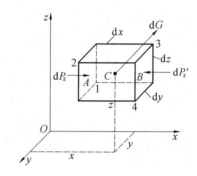

图 2.3　微小平行六面体

作用在该微团上的表面力是由压强产生的，考虑到压强是坐标 x, y, z 的连续函数，并以 A, B 点分别表示 $1-2$ 面及 $3-4$ 面的重心，其位置坐标均与 C 点位置坐标相差 $\frac{1}{2}dx$，则 A, B 处的压强为 $p(x \pm \frac{1}{2}dx, y, z)$，并且可以将 $p(x \pm \frac{1}{2}dx, y, z)$ 展成用 $p(x, y, z)$ 表示的泰勒级数，考虑到 dx 是无限小量，只取展开式中的前两项，则

$$p(x \pm \frac{1}{2}dx, y, z) = p(x, y, z) \pm \frac{1}{2}\frac{\partial p(x, y, z)}{\partial x}dx$$

故 A, B 处的压强为

$$p_A = p - \frac{1}{2}\frac{\partial p}{\partial x}dx$$

$$p_B = p + \frac{1}{2}\frac{\partial p}{\partial x}dx$$

所取的是一个边长为 dx, dy, dz 的六面体微团，故各面上重心处的压强可看成是这些面上的平均压强。根据平衡理论，作用于该微团上沿 x 轴方向的质量力和表面力平衡方程式为

$$dP_x - dP'_x + dG_x = 0$$

即

$$(p - \frac{1}{2}\frac{\partial p}{\partial x}\mathrm{d}x)\mathrm{d}y\mathrm{d}z - (p + \frac{1}{2}\frac{\partial p}{\partial x}\mathrm{d}x)\mathrm{d}y\mathrm{d}z + \rho\mathrm{d}x\mathrm{d}y\mathrm{d}zX = 0$$

展开上式,并除以流体微团的质量 $\rho\mathrm{d}x\mathrm{d}y\mathrm{d}z$,可得

$$X - \frac{1}{\rho}\frac{\partial p}{\partial x} = 0 \tag{2.2.1a}$$

同理,沿 y 轴、z 轴可推得

$$Y - \frac{1}{\rho}\frac{\partial p}{\partial y} = 0 \tag{2.2.1b}$$

$$Z - \frac{1}{\rho}\frac{\partial p}{\partial z} = 0 \tag{2.2.1c}$$

式(2.2.1)表示单位质量流体所承受的质量力和表面力沿各轴的平衡关系,是由瑞士学者欧拉在 1755 年首先提出的,故又称为欧拉平衡微分方程式(Euler equilibrium differential equation),它是平衡流体中普遍适用的一个基本公式。无论平衡流体受的质量力有哪些种类,流体是否可压缩,流体有无黏性,无论是绝对平衡流体,还是相对平衡流体,欧拉平衡方程式都是普遍适用的。

方程式的推导过程说明:平衡流体中每一微团之所以能保持平衡,就是因为作用于该微团上的表面力及该微团本身的质量力在各个方向的分力都相等,恰好互相抵消的结果。该方程式的物理意义:当流体平衡时,作用在单位质量流体上的质量力与表面力的合力相互平衡;它们沿 3 个坐标轴的投影之和分别等于零。假如忽略流体的质量力,则这种流体中的流体静压强必然处处相等,这正是在简化处理机械或仪器中的气体平衡问题时所常遇到的情况。

2.2.2 流体平衡微分方程的积分

由于需要求出在给定质量力作用下,平衡流体中压强 p 的分布规律,而压强 p 包含于式(2.2.1)各微分方程式之中,所以将式(2.2.1)各方程依次乘以 $\mathrm{d}x$,$\mathrm{d}y$,$\mathrm{d}z$,稍加整理,并将它们相加,可得

$$\frac{\partial p}{\partial x}\mathrm{d}x + \frac{\partial p}{\partial y}\mathrm{d}y + \frac{\partial p}{\partial z}\mathrm{d}z = \rho(X\mathrm{d}x + Y\mathrm{d}y + Z\mathrm{d}z)$$

在一般情况下,流体静压强只是坐标的函数,由数学知 $p = f(x,y,z)$ 这一多变量函数的全微分为

$$\mathrm{d}p = \frac{\partial p}{\partial x}\mathrm{d}x + \frac{\partial p}{\partial y}\mathrm{d}y + \frac{\partial p}{\partial z}\mathrm{d}z = \rho(X\mathrm{d}x + Y\mathrm{d}y + Z\mathrm{d}z) \tag{2.2.2}$$

它表明压强值在空间上的变化是由质量力引起并决定的。对不可压缩流体密度 ρ 为常量,式(2.2.2)的左边是压强的全微分,其右边亦应是该压强所对应的某一坐标函数的全微分,若此函数以 W 表示,则

$$\mathrm{d}p = \rho(\mathrm{d}W) \tag{2.2.3}$$

即

$$\mathrm{d}p = \rho(\frac{\partial W}{\partial x}\mathrm{d}x + \frac{\partial W}{\partial y}\mathrm{d}y + \frac{\partial W}{\partial z}\mathrm{d}z)$$

由此可以看出

$$X = \frac{\partial W}{\partial x}$$
$$Y = \frac{\partial W}{\partial y}$$
$$Z = \frac{\partial W}{\partial z}$$
$$(2.2.4)$$

从上式可以看出,函数 W 是一个决定流体质量力的函数,称为力的势函数。当质量力可以用这样的函数来表示时,则称为有势的质量力,简称为有势力。例如,重力、惯性力等都是有势力。

对式(2.2.3)进行积分,可得
$$p = \rho W + c$$

式中　c——积分常数,由已知边界条件确定。当平衡流体自由表面某一点(x,y,z) 处的压强 p_0、势函数 W_0 已知时,可得积分常数 $c = p_0 - \rho W_0$,代入上式得
$$p = p_0 + \rho(W - W_0) \qquad (2.2.5)$$

若已知质量力的势函数 W,则可求出平衡流体中任意点的压强 p。

2.2.3　帕斯卡定律(Pascal's law)

式(2.2.5)中的 $\rho(W - W_0)$ 一项的值,是由流体所受的质量力决定的,与平衡流体的表面压强 p_0 无关。因此,在处于平衡状态下的不可压缩流体中,如果设法改变其边界面上某一点 M 处的压强,如图2.4所示,使其由 p_0 变为 $p_0 \pm \Delta p$,则此平衡流体内任意点 A 处的压强 p 也将作相应的改变。当然,改变以后,仍应满足式(2.2.5),即

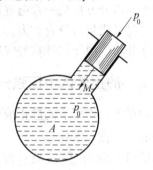

图2.4　压强等值传递

$$(p \pm \Delta p) = (p_0 \pm \Delta p_0) + \rho(W - W_0)$$

明显看出,A 点压强的改变值 Δp,将等于 M 点压强的改变值。即
$$\pm \Delta p = \pm \Delta p_0$$

由此可见,在处于平衡状态下的不可压缩流体中,任意点 M 处的压强变化值 Δp_0,将等值地传递到此平衡流体中的其他各点上去,这就是帕斯卡定律。

该定律在水压机、水力起重机、蓄能器等许多简易水利机械中有着广泛的应用。但应指出:

(1)帕斯卡定律仅适用于不可压缩的平衡流体;

(2)不论盛装不可压缩平衡流体的容器是否密闭,帕斯卡定律都适用。但基本条件应该满足,即"液体中某点 M 处的压强虽然变化了,但并未破坏流体的平衡状态"。

2.2.4　等压面(equipressure surface)

在平衡流体中,压强相等的各点所组成的面称为等压面。例如,液体与气体的交界面(自由表面)和处于平衡状态下两种液体的交界面都是等压面。在等压面上 p 是常数,即

$\mathrm{d}p = \rho \mathrm{d}W = 0$,而由于$\rho \neq 0$,故$\mathrm{d}W = 0$,亦即$W$是常量,由此可见,等压面亦必为等势面。

在平衡流体中,$\mathrm{d}W = 0$,即

$$Xdx + Ydy + Zdz = 0 \qquad (2.2.6)$$

式中　X,Y,Z——单位质量力J在各坐标轴上的投影;

　　　$\mathrm{d}x,\mathrm{d}y,\mathrm{d}z$——等压面上微元长度$\mathrm{d}s$在相应坐标轴上的投影。

因此,$Xdx + Ydy + Zdz$为单位质量力J在等压面内移动微元长度$\mathrm{d}s$所做的功。

一般的讲,单位质量力J不为零,而微元长度$\mathrm{d}s$也不为零,所以,等压面必然与质量力正交。由此可知,等压面的另一特征:等压面是一个垂直于质量力的面。若已知质量力的方向便可求得等压面的方向;反之,亦然。例如,在只有重力作用下的流体,其等压面各处都与重力方向相垂直,它近似是一个与地球同心的球面,在实际中,这个球面的有限部分通常被看成是水平面。

2.3　流体静力学基本方程

流体平衡微分方程是一普遍规律,它在任何质量力的作用下都是适用的。在工程上最常见的情况是质量力只有重力,即绝对静止情况,现研究质量力只有重力即绝对平衡流体中的压强分布规律及其计算等问题。

2.3.1　静止液体中压强分布规律

容器中在重力作用下的静止液体处于平衡状态,其表面压强为p_0,取坐标系$Oxyz$,令z轴铅垂向上,如图2.5所示。

因为质量力只有重力,故单位质量力J在各轴上的投影为

$$X = 0$$
$$Y = 0$$
$$Z = -g$$

式中　g——重力加速度,即单位质量流体所受的重力(它是总的重力与总质量的比值,即M为总质量,则单位质量所受的重力为$\dfrac{Mg}{M} = g$),由于重力加速度方向

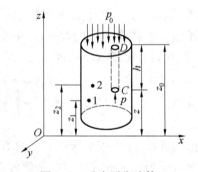

图2.5　重力平衡液体

与坐标z轴方向相反,因而加"$-$"号。

将此条件代入式(2.2.2),则得

$$\mathrm{d}p = \rho(-g)\mathrm{d}z = -\rho g\mathrm{d}z$$

或

$$\frac{\mathrm{d}p}{\mathrm{d}z} = -\rho g$$

上式是关于静止液体内压强变化的基本方程,该方程表明,在静止液体中沿铅垂方向的压

强梯度是负的,即当在液体中垂直向上移动时,液体压强减少;垂直向下移动时,液体压强增加。即

$$\frac{\mathrm{d}p}{\rho g} + \mathrm{d}z = 0$$

将上式两边积分,可得

$$z + \frac{p}{\rho g} = c \text{(常数)} \tag{2.3.1}$$

上式就是静止液体中的压强分布规律,称为流体静力学基本方程。式中 c 为常数,可以由边界条件确定。对静止流体中 1,2 两点,可写成如下形式

$$z_1 + \frac{p_1}{\rho g} = z_2 + \frac{p_2}{\rho g} \tag{2.3.2}$$

由式(2.3.2)可以看出:

(1)当 $p_1 = p_2$ 时,则 $z_1 = z_2$,即等压面为水平面;

(2)当 $z_2 > z_1$ 时,则 $p_1 > p_2$,即位置较低点处的压强恒大于位置较高点处的压强;

(3)当已知任一点的压强及其位置标高时,便可求得液体内其他点的压强。

2.3.2　静止液体中的压强计算

如图 2.5 所示,在静止液体取 D 点和 C 点,并假定:D 点处于自由表面,D 点坐标为 z_0,压强为 p_0,C 点的坐标为 z,压强为 p,由式(2.3.2)得 $z + \frac{p}{\rho g} = z_0 + \frac{p_0}{\rho g}$,则坐标为 z 的任意点 C 处的压强为

$$p = p_0 + \rho g(z_0 - z) \tag{2.3.3}$$

式中,$z_0 - z$ 表示液体质点在自由表面以下的深度,若用 h 表示,上式可写成

$$p = p_0 + \rho g h \tag{2.3.4}$$

式(2.3.4)即为静止液体中的压强计算公式。它说明装在同一容器内的同一均质静止流体中任一点静压强是由自由表面压强 p_0 及单位面积上流体液柱重量 $\rho g h$ 两部分组成的,当 ρg 为常数时,静压强的大小与深度 h 成线性规律变化。在自由表面以下深度相同的各点静压强相等。

根据式(2.3.4),很容易画出压强沿液深的分布图。

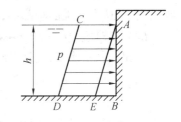

图 2.6　压强分布图

如图 2.6 所示,挡水面 AB 的压强可用直线表示。水面的压强(等于大气压强)用线段 CA 表示。水深 h 处的压强用线段 DB 表示,其中 EB 长度等于 $\rho g h$。平行四边形 $CDEA$ 表示表面压强 p_0 传播到壁面 AB 上任何一点的压强,$\triangle AEB$ 表示仅由于液体受到重力作用而引起的压强。

2.3.3　静止液体中的等压面

由于等压面与质量力正交,在静止液体中只有重力存在,因而,在静止液体中等压面必为水平面。

因此,在任意形式的连通器内,对于质量力只有重力的同一种连续介质(图2.7(a)),深度相同的点,其压强必然相等。对于不连续的液体(图2.7(b))或者一个水平面穿过了两种不同介质的连续的液体(图2.7(c)),则位于同一水平面上的各点压强并不一定相同,即水平面不一定是等压面。在图2.7(c)中盛有两种液体的连通器中,就必然存在p_7 = p_8,但不存在$p_a = p_b$。因为连通器中液体既非紧密连续,又不是同一性质的液体,故不能应用等压面的条件。

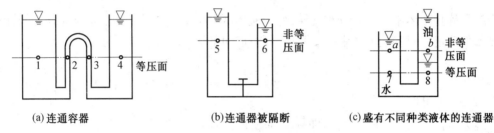

(a)连通容器   (b)连通器被隔断   (c)盛有不同种类液体的连通器

图2.7   几种不同形式的连通器

2.3.4   绝对压强、相对压强和真空度

对于压强p值的大小,相对于不同的基准就会有不同的测量值。在实际计算中常采用两种计量办法,即绝对压强和相对压强。

(1)绝对压强(absolute pressure)

由式(2.3.4)得出,静止液体中任意点的压强p是由表面压强p_0与单位面积液柱重量ρgh之和构成。通常情况,在自由液面上所承受的都是大气压强p_a即$p_0 = p_a$,则式(2.3.4)可写成

$$p = p_a + \rho gh \tag{2.3.5}$$

由上式看出,p是以设想没有大气存在的绝对真空状态作为零点(起量点)计量的压强,它表示该点压强的全部值,称为该点的绝对压强。

(2)相对压强(gauge pressure)

以$p' = \rho gh$代入式(2.3.5),则得

$$p = p_a + p'$$
$$p' = p - p_a = \rho gh \tag{2.3.6}$$

式中 p'——该点以上的液柱重量,或者说,它是以当时当地大气压强p_a作为零点计量的压强,称为该点的相对压强。

在一般工程中,大气压强p_a到处存在,并自相平衡,不显示其影响。所以在绝大多数的测压仪表中,都是以当时当地大气压强p_a为起点(或零点)来测定压强的。即测压仪表所测出的都是相对压强。因此,相对压强也称为表压强。

(3)真空度(vacuum grate)

绝对压强总是正值,而相对压强可能是正值,也可能是负值。当流体中某点的绝对压强小于当地大气压强p_a,即相对压强为负值时,则该点存在真空。真空的大小常用真空度p_v来表示。真空度是该点绝对压强p小于当地大气压强p_a的数值。

因为

$$p = p_a - p_v$$

所以

$$p_v = p_a - p$$

可见,有真空存在的点,真空度是相对压强的负值。其真空度与相对压强绝对值相等,相对压强为负值,真空度为正值。因而真空有时也称为负压。

为了明确建立以上几个压强概念,将它们彼此之间的关系用图 2.8 表示出来。

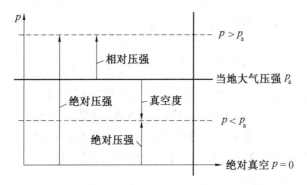

图 2.8 绝对压强、相对压强和真空度的关系

2.3.5 流体静力学基本方程的几何意义与能量意义

(1) 几何意义

图 2.9 为一储有静止液体的容器。观察容器内任意点 A,B,C,D,在 A,B 点各接一支敞开通大气的测压管,C,D 点各接一支上端封闭且内部完全真空的玻璃管。

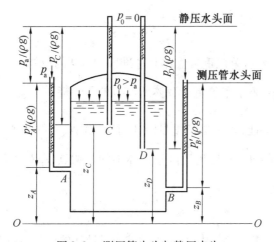

图 2.9 测压管水头与静压水头

z_A,z_B,z_C,z_D 表示点 A,B,C,D 所在的位置距基准面 O—O 的垂直高度,称为位置水头(potential head)。

$\dfrac{p'_A}{\rho g},\dfrac{p'_B}{\rho g}$ 表示点 A,B 处的液体在压强 p'_A,p'_B 作用下沿顶端敞口的测压管能够上升的高度,称为测压管高度或称相对压强高度。

$\frac{p_C}{\rho g}, \frac{p_D}{\rho g}$ 表示点 C, D 处的液体在压强 p_C, p_D 作用下沿顶端封口（内部完全真空）的玻璃管能够上升的高度，称为静压高度或绝对压强高度。

相对压强高度与绝对压强高度，均称为压强水头（pressure head）。位置高度与测压管高度之和为 $z_A + \frac{p'_A}{\rho g}$，称为测压管水头（pressure tube head）。位置高度与静压高度之和为 $z_C + \frac{p_C}{\rho g}$，称为静压水头。根据式（2.3.2）可得

$$z_A + \frac{p'_A}{\rho g} = z_B + \frac{p'_B}{\rho g}, z_C + \frac{p_C}{\rho g} = z_D + \frac{p_D}{\rho g} \tag{2.3.7}$$

上式说明静止液体中各点位置水头和测压管高度可以相互转换，但各点测压管水头却永远相等，即敞口测压管最高液面处于同一水平面，即测压管水头面。

同理，静止液体中各位置水头和静压高度亦可以相互转换，但各点静压水头永远相等，即闭口的玻璃管最高液面处在同一水平面，即静压水头面。

（2）能量意义（物理意义）

如图 2.9 所示，设 A 处质点的质量为 M，则 A 处的液体质点具有的位置势能为 Mgz_A，A 处的液体质点具有的压力势能为 $Mg\frac{p'_A}{\rho g}$。位置势能与压力势能之和称为总势能，因此，A 点对基准面 $O—O$ 具有总势能为 $Mg\left(z_A + \frac{p'_A}{\rho g}\right)$。对于单位重量液体的总势能用数学表达式来表示，则有

$$\frac{Mg\left(z + \frac{p}{\rho g}\right)}{Mg} = z + \frac{p}{\rho g}$$

式中　　z——比位能，表示单位重量液体对基准面 $O—O$ 的位能；

　　　　$\frac{p}{\rho g}$——比压能，表示单位重量液体所具有的压力能；

　　　　$z + \frac{p}{\rho g}$——比势能，表示单位重量液体对基准面具有的势能。

根据式（2.3.2），在同一连续均质静止液体中的任意点 A, B, C, D，它们的比势能同样有式（2.3.7）的关系

$$z_A + \frac{p'_A}{\rho g} = z_B + \frac{p'_B}{\rho g}, z_C + \frac{p_C}{\rho g} = z_D + \frac{p_D}{\rho g}$$

由上式可知，在同一静止液体中，各点处单位重量液体的比位能可以不相等，比压能也不相同，但其比位能与比压能可以相互转化，比势能总是相等的，是一个不变的常量。这就是流体静力学基本方程的能量意义，也是能量守恒定律在静止液体中的体现。

2.4　压强单位和测压仪器

2.4.1　压强单位

工程上表示流体静压强大小的单位常用的有 3 种:

(1) 应力单位

用单位面积上所承受的若干力来表示,在法定单位制中,是"帕(Pa)"或"巴(bar)",应力单位一般多用于理论计算。

(2) 液柱高度单位

因为压强与液柱高度存在下述关系

$$p = \rho g h$$

即

$$h = \frac{p}{\rho g} \tag{2.4.1}$$

当液体的 ρg 为已知时,将应力单位制除以液体的重度,即该压强也可以用这种液体的液柱高度来表示。测压计常用水或者水银作为工作介质,因此液柱高度单位有"m 水柱"、"mm 汞柱"等,对于不同液柱高度的换算关系可由 $p = \rho_1 g h_1 = \rho_2 g h_2$ 求得,即

$$h_2 = \frac{\rho_1}{\rho_2} h_1 \tag{2.4.2}$$

这种单位在金属冶炼、矿井通风、通风机械等工程中用得较多,此单位来源于实验测定,因此亦多用于实验室计量。

(3) 大气压单位

标准大气压(atm)是根据北纬 45 ° 海平面上温度为 15 ℃ 时测定的数值。

> 1 标准物理大气压 = 760 mm 汞柱 = 1.013 25 bar = 101 325 Pa

工程上为计算方便,通常不计小数,以工程大气压作为计算压强单位。所以工程大气压比标准物理大气压数值小些,规定

> 1 at(工程大气压) = 9.806 65 × 10^4 Pa

大气压单位多用于机械行业,因为在高压情况下,用 Pa 或 mm 汞柱、m 水柱表示则数值太大不易记录、计算。

"大气压"和"大气压强"是两个不同的概念,不能混淆。大气压是计算压强的一种单位,其是固定不变的;而大气压强是指某空间大气的压强,其量随当地经纬度、海拔高度及季节、时间的变化而变化,因此使用时需要实时实地测量。大气压强 p_a 可以高于 1 大气压(如北方的冬季),也可以低于 1 大气压(如南方的夏天或高空)。虽有时大气压强 p_a = 1 大气压,但不能理解为"大气压强等于大气压"。通常,若大气压强的数值未给出,可按 1 个 大气压考虑。

流体压强计量单位有许多种,在法定单位制中流体的压强单位是 N/m^2,它们之间的换算关系见表 2.1。

表 2.1　压强单位换算表

工程大气压 /at	标准大气压 /atm	巴 /bar	法定单位制 /(Pa 或 N/m²)	毫米汞柱 /mmHg	米水柱 /mH₂O
1	0.968	0.981	9.81×10^4	735.6	10.01
1.033	1	1.013	1.013×10^5	760	10.33
1.02	0.987	1	1.0×10^5	750.2	10.21
1.36×10^{-3}	1.316×10^{-3}	1.33×10^{-3}	1.333×10^2	1	1.38×10^{-2}
9.991×10^{-2}	9.67×10^{-2}	9.8×10^{-2}	9.809×10^3	73.49	1

2.4.2　测压仪表

压强是重要的流场参数,测量压强的仪器类型很多,主要是在量程大小和计量精度上有差别,如按所测压强高于或低于大气压强来分类,前者称为压强计,后者称为真空计。如按作用原理来分有液柱式压力计、金属压力表和电测式压力计 3 大类。由于电测式压力计与流体力学基本原理关系不大,因而不作介绍,在此只介绍前两类测压仪表。

1. 液柱式压力计 (manometer)

液柱式压力计是依据流体静力学基本方程制成的,因仪表结构和测量目的不同,又分为如下几种:

（1）测压管

测压管是直接用同样液体的液柱高度来测量液体中静压强的仪器,如图 2.10 所示。

测压管是一支两端开口的玻璃管,下端与所测液体相连,上端与大气相通,由于液体相对压强的作用,使测压管液面上升。如果测量图中 B 点的压强,只要测量出测压管液柱高度 h',便可算出 B 点的相对压强 $\rho g h'$,即

$$p'_B = \rho g h'$$

为了避免毛细现象的影响,测压管的管径一般为 5 ～ 10 mm。测压管的优点是:比较准确,又能直接将压强显示出来。其缺点是:只能用来测量液体压强,而不能测量气体压强,而且容器内压强必须大于大气压强(否则空气会被抽吸进容器内部)。测量范围较小,通常用于测量小于 0.2 工程大气压的压强,以保证玻璃管内液柱不会太高。

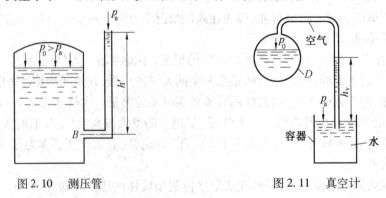

图 2.10　测压管　　　　　　　　图 2.11　真空计

将上述测压管改成图 2.11 所示形式,则为倒式测压管或真空计。因为容器 D 中液面压强 p_0 小于大气压强 p_a,它们的关系如下

$$p_0 + \rho g h_v = p_a$$

即

$$h_v = \frac{p_a - p_0}{\rho g} \tag{2.4.3}$$

测量出测压管内液柱高度 h_v,便可计算出容器中自由液面处的真空度。

(2)倾斜微压计(inclined - tube manometer)

对于微小压强的测量,可以采用倾斜微压计,如图 2.12 所示。通常用来测量气体压差 $p_1 - p_2$。它由一个底面积为 A 的容器及截面积为 A_0 的玻璃管组成。玻璃管的倾角为 θ。容器开口接高压 p_1,管口接低压 p_2。当 $p_1 = p_2$ 时,容器内指示液(密度为 ρ')的液面与斜管液面平齐。当 $p_1 > p_2$ 时,容器液面下降 Δh,斜管液面的读数增加 l。指示液一般为酒精。压差为

$$p_1 - p_2 = \rho' g (\Delta h + l \sin \theta)$$

由于 $A_0 l = A \Delta h$,因此

$$p_1 - p_2 = \rho' g (\sin \theta + A_0/A) l$$

式中,$\sin \theta + A_0/A$ 称为倾斜系数。由上式看出,对于一定的压差,角度 θ 越小,读数 l 越大。因此,用这种测压计可测量较小的压差。一般情况下,A_0/A 很小,可以略去,倾斜系数近似地等于 $\sin \theta$。

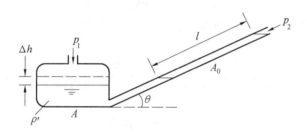

图 2.12　倾斜微压计

(3)U 形测压管(u-tube manometer)

使用测压管只能测量微小的压强,如十分之几到百分之几的大气压强,测压管中所用指示液也受到一定限制。如果测定稍大一点的压强,可采用 U 形测压管和 U 形真空计。U 形测压管压强计算较测压管复杂,特别是当多个 U 形管串联工作时,其压强确定常常使一些读者感到棘手。牢记以下两条准则会有所帮助:

① 在连通的同一种静止液体中,如果两点高度相同,则它们的压强相等;

② 从待分析压强的某点出发,当沿着液柱向上移动时,压强减小,向下移动时,压强增大。

在图 2.13 中,A 点和 B 点高度相同,且同在密度为 ρ_1 的静止液体中,所以 $p_A = p_B$,同样 $p_C = p_D$。注意不能从 B 点跳到 U 形管右支管内的另一具有相同高度的点,认为它们的压强也相同,这是因为它们分别处在密度为 ρ_1 和 ρ_2 的两种不同液体中。

为计算 A 点压强可以从 A 点出发,沿 U 形管绕行到另一端:A 点和 B 点压强相等;当从 B 点向下移动到 C 点时,压强增加了 $\rho_1 g h_1$;C 点压强等于 D 点压强;当从 D 点向上移动到

液柱上自由表面时,压强减少了 $\rho_2 g h_2$;上述过程可表示为

$$p'_A + \rho_1 g h_1 - \rho_2 g h_2 = 0$$

移项后得　　$p'_A = \rho_2 g h_2 - \rho_1 g h_1$

U 形测压管的优点是:它既可以测量液体的压强,也可以测量气体的压强。测量液体压强时,应注意选择恰当的指示液使其不会与被测液体相掺混。

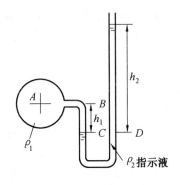

图 2.13　U 形测压管

如图 2.14 所示,U 形管内装有指示液,其重度 $\rho_2 g$ 大于被测流体的重度 $\rho_1 g$。根据流体静力学基本方程可知容器内 A 点的压强为

$$p_A = p_B - \rho_1 g h_1 \tag{2.4.4}$$

由于 B 点与 C 点在同一水平面上,即处于同一等压面上。因而有

$$p_B = p_C$$

C 点的压强为

$$p_C = p_a + \rho_2 g h_2 \tag{2.4.5}$$

则 A 点的压强为

$$p_A = p_a + \rho_2 g h_2 - \rho_1 g h_1$$

即

$$p_A - p_a = \rho_2 g h_2 - \rho_1 g h_1 \tag{2.4.6}$$

如果测量气体压强,由于气体重度 $\rho_1 g$ 远小于液体重度 $\rho_2 g$,则容器内 A 点相对压强近似的写成

$$p'_A = p_A - p_a = \rho_2 g h_2 \tag{2.4.7}$$

如果测点上的压强小于大气压强,如图 2.15 所示。测点气体的压强 p_0 和真空度 p_v 分别为

$$p_0 = p_a - \rho g H \tag{2.4.8}$$

$$p_v = p_a - p_0 = \rho g H \tag{2.4.9}$$

如果测量较大压强时,U 形管内指示液可用相对密度为 13.6 的水银,使用这种仪表可以用较短的测管来测定较大的压强或真空度,但一般亦不超过 3 个大气压。

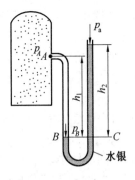

图 2.14　U 形测压管

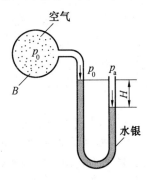

图 2.15　U 形管真空计

（4）多支 U 形管测压计

多支 U 形管测压计是由几个 U 形管组合而成的,如图 2.16 所示。当容器 A 中气体的压强大于 3 个大气压时,可采用这种形式的测压计。如果容器内是气体,U 形管上端接头处也充气体时,气体重量影响可以略去不计,容器 A 中气体的绝对压强和相对压强为

$$p_A = p_a + \rho_M g h_1 + \rho_M g h_2 \tag{2.4.10}$$
$$p'_A = p_A - p_a = \rho_M g h_1 + \rho_M g h_2 \tag{2.4.11}$$

如果容器 A 中装的是水,U 形管上部接头处也充满水,则图 2.16 中 B 点的绝对压强为

$$p_B = p_a + \rho_M g h_1 + (\rho_M g - \rho_W g) h_2 \tag{2.4.12}$$

式中　　ρ_M——水银的密度;

　　　　ρ_W——水的密度。

求出 p_B 后,可以推算出容器 A 中任意一点处的压强。

（5）差压计(differential manometer)

测量不同位置两点流体压强差,可将 U 形管测压计两端分别连接于所需测量的地方,如图 2.17 所示。量取各点参数 h_a,h_b 及 h_c 等值,则容器 A 的 1 点与容器 B 的 2 点两处的压强差为

$$\Delta p = p_1 - p_2 = \rho_M g h_c + \rho_{oil} g h_b - \rho_W g h_a \tag{2.4.13}$$

式中　　ρ_{oil}——油的密度。

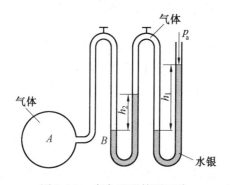

图 2.16　多支 U 形管测压计

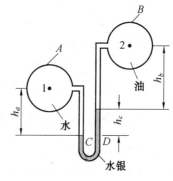

图 2.17　差压计

2. 金属压力表

测定较大的压强,通常采用金属压力表,这种压力表具有携带方便、装置简单、安装容易、测读方便、经久耐用等优点,是测量压强的主要仪器。最常用的是一种弹簧测压计,如图 2.18 所示。其内装有一端开口,一端封闭,端面为椭圆形的镰刀形黄铜管,开口端与被测定压强的液体连通,测压时,由于压强的作用,黄铜管随着压强的增加而发生伸展,从而带动扇形齿轮使指针偏转,把液体的相对压强值在表盘上显示出来。

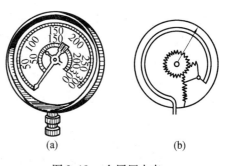

图 2.18　金属压力表

【例 2.1】   在图 2.11 所示的倒式测压管中,测得 $h_v = 2$ m。容器 D 中自由液面上的压强 p_0 为多大? 其真空度为多少?

解   大气压强按 1 工程大气压考虑,容器 D 的压强 p_0 为

$$p_0/\text{Pa} = p_a - \rho g h_v = 98\,000 - 9\,800 \times 2 = 78\,400$$

该处真空度则为

$$p_v/\text{Pa} = p_a - p_0 = p_a - p_a + \rho g h_v = \rho g h_v = 9\,800 \times 2 = 19\,600$$

【例 2.2】   在某一气体容器的侧面装一支水银 U 形测压管,如图 2.14 所示,量得 $h_2 = 0.8$ m,问此时容器内的气体压强为多大? 其相对压强为多大? 相当于多少工程大气压?

解   由式(2.4.5)求得容器内气体的绝对压强为

$$p_A/\text{Pa} = p_a + \rho_M g h = 98\,000 + 133\,000 \times 0.8 = 204\,400$$

其相对压强为

$$p'/\text{Pa} = p_A - p_a = 204\,400 - 98\,000 = 106\,400$$

因为 1 at = 98 000 N/m^2,故得

$$p'/\text{at} = 106\,400 \times \frac{1}{98\,000} = 1.086$$

2.5   静止液体作用在壁面上的总压力

在工程实际中,当设计水坝、水闸、路基、港口建筑物、储油设施时,除了要知道液体的压强分布之外,还要确定液体对物体壁面的总压力(total pressure)(包括力的大小、方向和作用点)。下面我们分别讨论平面壁和曲面壁两种情况。

2.5.1   作用在平面壁上的总压力

(1) 总压力

设有平面壁 CA 与水平面成倾角 α,将水拦蓄在其左侧,如图 2.19 所示,为了说明此平面壁的几何形状,设置相应的坐标系,并将此平面壁绕 z 轴转动 $90°$ 角,绘在图 2.19 中。现在要求:确定左侧液体作用于此平面壁 $CBAD$ 上总压力 P 的大小及其作用点 D 的位置。

因为所讨论的是平面壁上所受液体静压力的总和,其方向当然重合于平面壁 $CBAD$ 的内法线,因此只需讨论它的大小问题。

在这个平面壁上取微元面积 dA,并假定其形心(centroid)位于液面以下 h 深处,其形心处的压强为

$$p = p_a + \rho g h$$

此微元面积 dA 所承受的总压力应为

$$dP = (p_a + \rho g h)dA$$

由图知 $h = z\sin \alpha$

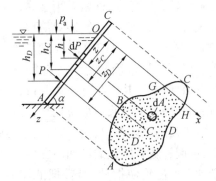

图 2.19   平面壁上的总压力

故
$$\mathrm{d}P = (p_a + \rho gz\sin\alpha)\mathrm{d}A \tag{a}$$

将上式对整个受压面积 $GBADH$ 进行积分,可得此平面壁上的总压力为

$$P = \int_A (p_a + \rho gz\sin\alpha)\mathrm{d}A = p_a A + \rho g\sin\alpha \int_A z\mathrm{d}A \tag{b}$$

由理论力学知,$\int_A z\mathrm{d}A$ 为面积 $GBADH$ 绕 x 轴的静力矩,其值为 $z_C A$。这里,z_C 是面积 A 的形心 C 到 x 轴的距离。据此,可将式(b)写成

$$P = p_a A + \rho g\sin\alpha z_C A \tag{c}$$

又因 $z_C\sin\alpha = h_C$,所以式(c)又可写成

$$P = p_a A + \rho gh_C A \tag{2.5.1}$$

就平面壁 $GBADH$ 来说,其左、右两侧均承受 p_a 的作用,其影响相互抵消。因此,计算总压力 P 的实际算式为

$$P = \rho gh_C A \tag{2.5.2}$$

式中　　h_C——受压面积 $GBADH$ 的形心 C 在自由液面以下的深度。

上式表明:静止液体作用在任意形状平面壁上的总压力 P 为受压面积 A 与其形心处液体的静压强 ρgh_C 的乘积。也可理解为一假想体积的液重,即以受压面积 A 为底,其形心处深度 h_C 为高的这样一个体积所包围的液体重量。它的作用方向为受压面的内法线方向。

(2)总压力的作用点

总压力的作用点,又称压力中心(center of pressure),用 D 来表示,现确定它的位置。

由理论力学知,合力对任一轴的力矩等于其分力对同一轴的力矩和。设压力作用点 D 沿壁面到 Ox 轴的距离为 z_D,则根据上述结论可写成

$$Pz_D = \int_A \rho ghz\mathrm{d}A = \int_A \rho gz^2\sin\alpha\mathrm{d}A$$

即
$$Pz_D = \rho g\sin\alpha \int_A z^2\mathrm{d}A \tag{2.5.3}$$

因为 $\int_A z^2\mathrm{d}A = J_x$,系受压面积 $GBADH$ 对 Ox 轴的惯性矩,而且总压力 $P = \rho gh_C A$,将这两个关系代入上式,可得

$$z_D = \frac{J_x}{h_C A}\sin\alpha \tag{2.5.4}$$

由理论力学中关于惯性矩的平行移轴定理得

$$J_x = J_C + z_C^2 A$$

将它代入式(2.5.4)得

$$z_D = \frac{J_C + z_C^2 A}{h_C A}\sin\alpha = \frac{J_C + z_C^2 A}{\dfrac{h_C}{\sin\alpha}A} = \frac{J_C + z_C^2 A}{z_C A}$$

即
$$z_D = z_C + \frac{J_C}{z_C A} \tag{2.5.5}$$

式中　　J_C——受压面积 $GBADH$ 对形心轴(即通过 C 点且平行 Ox 轴)的惯性矩。

由上式看出,由于$\dfrac{J_C}{z_C} \geqslant 0$,故$z_D \geqslant z_C$,$h_D \geqslant h_C$,即总压力$P$的作用点$D$一般位于受压形心$C$之下。这是由于压强沿水深增加的结果。只有当受压面为水平面,$z_C \rightarrow \infty$时,$\dfrac{J_C}{z_C A} \rightarrow 0$,作用点$D$才与受压形心$C$重合。即当受压面上压强均匀分布时,其总压力作用在形心上。

实际工程中的受压壁面大都是轴对称面(此轴与z轴平行),P的作用点D必位于此对称轴上。因此,运用式(2.5.5)完全可以确定D点位置。如果受压壁面是垂直的,则z_C,z_D分别为受压面积形心C及总压力作用点D在水面下的垂直深度h_C及h_D。

表2.2列出了几种规则平面壁的面积A、形心坐标z_C及惯性矩J_C。

表2.2　几种规则平面壁的A,z_C,J_C

几何图形名称	图形形状及有关尺寸	面积A	形心坐标z_C	惯性矩J_C
矩形		bh	$\dfrac{1}{2}h$	$\dfrac{1}{12}bh^3$
三角形		$\dfrac{1}{2}bh$	$\dfrac{2}{3}h$	$\dfrac{1}{36}bh^3$
梯形		$\dfrac{1}{2}h(a+b)$	$\dfrac{1}{3}h\dfrac{a+2b}{a+b}$	$\dfrac{h^2}{36}\dfrac{a^2+4ab+b^2}{a+b}$
圆形		πr^2	r	$\dfrac{\pi}{4}r^4$
半圆形		$\dfrac{\pi}{2}r^2$	$\dfrac{4r}{3\pi}$	$\dfrac{(9\pi^2-64)}{72\pi}r^4$

【例 2.3】 倾斜闸门 AB, 宽度为 $B = 1\ \mathrm{m}$(垂直于图面), A 处为铰接轴, 整个闸门可绕此轴转动, 如图 2.20 所示。已知: $H = 3\ \mathrm{m}$; $h = 1\ \mathrm{m}$; 闸门自重及铰接轴处的摩擦力可略去不计。求: 升起此闸门时所需垂直向上的拉力。

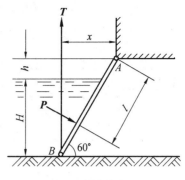

图 2.20　倾斜闸门

解　根据式(2.5.2)得闸门总压力为

$$P/\mathrm{N} = \rho g h_c A = 9\ 800 \times 1.5 \times \left(\frac{3}{\sin 60°} \times 1\right) =$$

$$50\ 923$$

根据式(2.5.5), 压力中心 D 点到铰轴 A 的距离为

$$l/\mathrm{m} = \frac{h}{\sin 60°} + \left(z_C + \frac{J_C}{z_C A}\right) = \frac{h}{\sin 60°} + \left[\frac{1}{2} \times \frac{H}{\sin 60°} + \frac{\frac{1}{12} B \left(\frac{H}{\sin 60°}\right)^3}{\frac{1}{2} \frac{H}{\sin 60°} \left(B \frac{H}{\sin 60°}\right)}\right] = 3.455$$

由图 2.20 知, x 值应为

$$x/\mathrm{m} = \frac{H + h}{\tan 60°} = \frac{4}{\sqrt{3}} = 2.31$$

根据理论力学力矩平衡原理, 当闸门刚刚转动时, 力 P, T 对铰接轴 A 的力矩的代数和为零, 即

$$\sum M_A = Pl - Tx = 0$$

因此

$$T/\mathrm{N} = \frac{Pl}{x} = \frac{50\ 923 \times 3.455}{2.31} = 76\ 160$$

2.5.2　作用在曲面壁上的总压力

工程上常需计算各种曲面壁(例如圆柱形轴瓦、球形阀、连拱坝坝面、舰船、油罐等)上的液体总压力。由于曲面上各点的法向方向不相同, 既不平行, 也不一定交于一点, 因此作用在曲面上各点的液体压力形成了复杂的空间力系。所以求其合力(总压力)就不能像平面那样用直接积分法, 而需要采用如下方法: 将作用在曲面各微元面积上的压力 $\mathrm{d}P$ 分解为 $\mathrm{d}P_x$, $\mathrm{d}P_y$, $\mathrm{d}P_z$, 则得到 3 组平行力系, 再分别积分求其代数和, 即得总压力 P 在 x, y, z 坐标轴上的分量: P_x, P_y, P_z。

下面讨论静止液体作用于二向曲面壁上的总压力问题。

设有二向曲面壁 $EFBC$ 左边承受水压, 如图 2.21(a)所示。现在要求确定此曲面壁上 $ABCD$ 部分所承受的总压力。

此曲面在 xOz 平面上的投影如图 2.21(b)所示。如在此面上取微元面积 $\mathrm{d}A$, 其形心在液面以下的深度为 h, 则此微元面积上所承受的压力应为

$$\mathrm{d}P = \rho g h \mathrm{d}A$$

此力垂直于微元面积 $\mathrm{d}A$, 并指向右下方, 与水平线成 α 角。可将其分解为

$$\left.\begin{array}{l} \mathrm{d}P_z = \mathrm{d}P\sin\alpha = \rho gh\mathrm{d}A\sin\alpha \\ \mathrm{d}P_x = \mathrm{d}P\cos\alpha = \rho gh\mathrm{d}A\cos\alpha \end{array}\right\} \qquad (2.5.6)$$

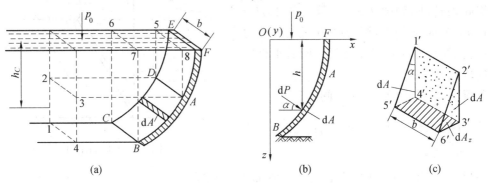

图 2.21 二向曲面壁上的总压力

由图 2.21(c) 看出,乘积 $\mathrm{d}A\sin\alpha$ 为 $\mathrm{d}A$ 在水平面(即 xOy 面)上的投影面积 $\mathrm{d}A_z$(即垂直于 z 轴的微元投影面积);乘积 $\mathrm{d}A\cos\alpha$ 为 $\mathrm{d}A$ 在垂直面(即 yOz 面)上的投影面积 $\mathrm{d}A_x$(即垂直于 x 轴的微元投影面积)。上式可改写为

$$\left.\begin{array}{l} \mathrm{d}P_z = \rho gh\mathrm{d}A_z \\ \mathrm{d}P_x = \rho gh\mathrm{d}A_x \end{array}\right\} \qquad (2.5.7)$$

将式(2.5.7)沿曲面 $ABCD$ 相应的投影面积积分,可得此曲面所受液体总压力 P 的垂直分力和水平分力为

$$\left.\begin{array}{l} P_z = \int_{A_z} \rho gh\mathrm{d}A_z = \rho g\int_{A_z} h\mathrm{d}A_z \\ P_x = \int_{A_x} \rho gh\mathrm{d}A_x = \rho g\int_{A_x} h\mathrm{d}A_x \end{array}\right\} \qquad (2.5.8)$$

因为 A_z 系曲面 $ABCD$ 在水平面上的投影面积,所以式(2.5.8)中的积分式 $\int_{A_z} h\mathrm{d}A_z$ 实为曲面 $ABCD$ 以上的液体体积,即体积 $ABCD5678$,称为"实压力体"或"正压力体",用 V 表示。压力体(pressure body)是一个纯数学概念,与该体积内是否有液体存在无关。压力体一般是由三种面所围成的封闭体积,即受压曲面、自由液面或其延长面以及通过受压曲面边界向自由液面或其延长面所作的铅垂柱面。故总压力 P 的垂直分力为

$$P_z = \rho gV \qquad (2.5.9a)$$

若二向曲面壁 $EFBC$ 的左边为大气,右边承受水压,则总压力 P 的方向将是由右下方指向左上方,其垂直分力 P_z 的大小,仍用上式计算,但方向却为由下垂直向上。此压力体 V 不为液体所充满,称为"虚压力体"或"负压力体"。

实虚压力体如图 2.22 所示。

A_x 系曲面 $ABCD$ 在垂直面上的投影面积

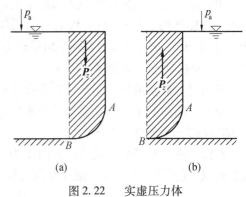

图 2.22 实虚压力体

1234,式(2.5.8)中的积分式$\int_{A_x} h\mathrm{d}A_x$为曲面$ABCD$的垂直投影面积(即面积1234)绕$y$轴的静力矩,可表示为

$$\int_{A_x} h\mathrm{d}A_x = h_0 A_x$$

此处,h_0为投影面积A_x的形心在水面下的深度。所以,总压力P的水平分力为

$$P_x = \rho g h_0 A_x \tag{2.5.9b}$$

由式(2.5.9a)及(2.5.9b)两式看出:曲面$ABCD$所承受的垂直压力P_z恰为体积$ABCD5678$内的液体重量,其作用点为压力体$ABCD5678$的重心。曲面$ABCD$所承受的水平压力P_x为该曲面的垂直投影面积A_x上所承受的压力,其作用点为这个投影面积A_x的压力中心。

液体作用在曲面上的总压力为

$$P = \sqrt{P_x^2 + P_y^2} \tag{2.5.10}$$

总压力的倾斜角为

$$\alpha = \arctan \frac{P_z}{P_x}$$

总压力P的作用点的确定:作出P_x及P_z的作用线,得交点,过此交点,按倾斜角α作总压力P的作用线,与曲面壁$ABCD$相交的点,即为总压力P的作用点。

【例2.4】 如图2.23所示的贮水容器,其壁面上有3个半球形的盖。设$d = 0.5$ m,$h = 2.0$ m,$H = 2.5$ m。试求作用在每个球盖上的液体总压力。

解 底盖:因为作用在底盖的左、右两半部分的压力大小相等,而方向相反,故水平分力为零。其总压力就等于总压力的垂直分力。即

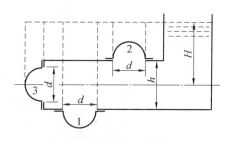

图2.23 贮水容器

$$P_{z1}/\mathrm{N} = \rho g V_{p1} = \rho g \left[\frac{\pi d^2}{4} \left(H + \frac{h}{2} \right) + \frac{\pi d^3}{12} \right] =$$

$$9\,800 \times \left[\frac{\pi \times 0.5^2}{4}(2.5 + 1.0) + \frac{\pi \times 0.5^3}{12} \right] = 7\,052 \,(方向向下)$$

顶盖:与底盖一样,总压力的水平分力为零。其总压力也等于曲面总压力的垂直分力,即

$$P_{z2}/\mathrm{N} = \rho g V_{p2} = \rho g \left[\frac{\pi d^2}{4} \left(H - \frac{h}{2} \right) - \frac{\pi d^3}{12} \right] =$$

$$9\,800 \times \left[\frac{\pi \times 0.5^2}{4} \times (2.5 - 1.0) - \frac{\pi \times 0.5^3}{12} \right] =$$

$$2\,564 \,(方向向上)$$

侧盖:其液体总压力为垂直分力与水平分力的合成。其总压力的水平分力为半球体在垂直平面上投影面积的液体总压力

$$P_{x3}/\mathrm{N} = \rho g h_0 A_x = \rho g H \frac{\pi d^2}{4} = 9\,800 \times 2.5 \times \frac{\pi \times 0.5^2}{4} = 4\,808 \,(方向向左)$$

其总压力的垂直分力应等于侧盖的下半部实压力体与上半部分虚压力体之差的水的重量,亦即半球体积水重。即

$$P_{z3}/\mathrm{N} = \rho g V_{p3} = \frac{\rho g \pi d^3}{12} = \frac{9\,800 \times \pi \times 0.5^3}{12} = 320.5\,(方向向下)$$

故侧盖上总压力的大小和方向为

$$P_z/\mathrm{N} = \sqrt{P_{x3}^2 + P_{z3}^2} = \sqrt{4\,808^2 + 320.5^2} = 4\,819$$

$$\tan \alpha = \frac{P_{z3}}{P_{x3}} = \frac{320.5}{4\,808} = 0.067$$

$$\alpha = 3°50'$$

因为总压力的作用线一定与盖的球面相垂直,故一定通过球心。

2.6　阿基米德原理及固体在液体中的浮沉问题

2.6.1　阿基米德定理 —— 浮力定律

完全浸没在流体中的物体称为潜体。当物体部分浸没在流体中,部分露出在自由液面之上时称为浮体。设有一任意形状物体完全浸没在静止液体中,称为潜体,如图 2.24 所示。据此,讨论一个三向、封闭曲面的浮力计算问题。

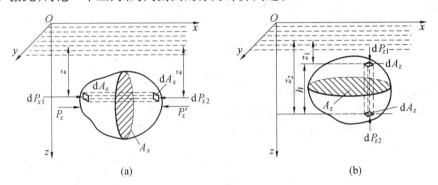

图 2.24　潜体受力分析

(1) 水平方向的受力问题

在水深为 z 的地方,自潜体中划取一垂直投影面积为 $\mathrm{d}A_{x1} = \mathrm{d}A_{x2} = \mathrm{d}A_x$ 的微元水平棱柱体,如图 2.24(a) 所示。由式(2.5.9),此棱柱体在轴方向所受的水平压力为

$$\Delta P_x = \mathrm{d}P_{x1} - \mathrm{d}P_{x2} = \rho g z \mathrm{d}A_{x1} - \rho g z \mathrm{d}A_{x2}$$

参照式(2.5.12),将上式右边对潜体的垂直投影面积 A_x 进行积分,则此潜体在 x 轴方向上所受的水平压力为

$$P_x = \int_{A_x} (\rho g z \mathrm{d}A_{x1} - \rho g z \mathrm{d}A_{x2}) =$$

$$\int_{A_x} (\rho g z \mathrm{d}A_x - \rho g z \mathrm{d}A_x) =$$

$$\rho g h_0 A_x - \rho g h_0 A_x$$

即

$$P_x = 0$$

仿此,潜体在 y 轴方向上所受的水平压力为

$$P_y = 0$$

这个结论是正确的,否则潜体在这些力的作用下将沿水平方向移动。

(2)垂直方向的受力问题

采用类似方法,自潜体中划取一个上部水深为 z_1、下部水深为 z_2、水平投影面积为 $\mathrm{d}A_{z1} = \mathrm{d}A_{z2} = \mathrm{d}A_z$ 的微元垂直棱柱体,如图2.24(b)所示。参照式(2.5.9),此棱柱体在 z 轴方向所受的垂直压力为

$$\Delta P_z = \mathrm{d}P_{z1} - \mathrm{d}P_{z2} = \rho g z_1 \mathrm{d}A_z - \rho g z_2 \mathrm{d}A_z = -\rho g h \mathrm{d}A_z$$

参照式(2.5.11),将上式右边对潜体的水平投影面积 A_z 进行积分,此潜体在 z 轴方向上所受的压力为

$$P_z = \int_{A_z} (-\rho g h \mathrm{d}A_z) = -\rho g V \tag{2.6.1}$$

可以证明浮力作用线通过物体所排开的流体体积的重心,对于均质物体来说,重心也是该物体体积的几何中心,称浮心。

上述关系式和结论同样适用于浮体,只是式(2.6.1)中的 V 为浮体浸没部分所排开的流体体积,浮心指浸没部分体积的几何中心。

综上可知,静止流体作用于物体的浮力,大小等于物体所排开的相同体积流体的重量,方向铅垂向上,且作用线通过浮心,此即阿基米德定理(Archimedes's law)。

2.6.2 固体在液体中的浮沉问题

阿基米德原理有广泛的实用意义,是造船、航运、选矿等专业有关问题的重要理论基础。

(1)固体在液体介质中的重量

设:V 表示浸没在液体介质中的固体体积;$\rho_s g$ 表示浸没固体的重度;$\rho_l g$ 表示液体介质的重度。

当空气对固体的浮力略而不计时,则固体在空气中的重量为

$$G = \rho_s V g$$

固体在液体介质中所受浮力为

$$P_z = \rho_l V g$$

故固体在液体介质中的重量为

$$G_0 = G - P_z = (\rho_s - \rho_l) V g = V \rho_s \frac{\rho_s - \rho_l}{\rho_s} g = M_z \frac{\rho_s - \rho_l}{\rho_s} g \tag{2.6.2}$$

式(2.6.2)应用于选矿工程,G_0 就是矿砂浸没在液体中还具有的重量;应用于航运工程,G_0 则为船舶下水后还具有的自重(当然,船舶浸没在水中的体积 V 仅为整个船舶体积的一部分)。

【例2.5】 球形物体,直径 $d = 0.5$ m,密度 $\rho_s = 2.7 \times 10^3$ N/m³,求:浸没在水中时的重量为多少?

解 因为球体在空气中的重量为

$$G = \rho_s g V = \rho_s g \times \frac{1}{6} \pi d^3$$

球体在水中所受浮力为

$$P_z = \rho_{\mathrm{w}} g V = \rho_{\mathrm{w}} g \times \frac{1}{6} \pi d^3$$

所以,它在水中的重量应为

$$G_0 / \mathrm{N} = G - P_z = (\rho_{\mathrm{s}} - \rho_{\mathrm{w}}) g \times \frac{\pi d^3}{6} =$$

$$(2.7 \times 10^3 - 10^3) \times 9.81 \times \frac{\pi \times (0.5)^3}{6} = 1\ 093$$

(2)固体在液体介质中的浮沉问题

式(2.6.2)是研究固体在液体介质中浮、沉问题的基本方程,为了方便讨论,改写成

$$G_0 = \rho_s V \frac{\rho_s - \rho_1}{\rho_s} g = \rho_s V g_0 \qquad\qquad (2.6.3)$$

式中 g_0——固体在液体介质中的重力加速度,$g_0 = \dfrac{\rho_s - \rho_1}{\rho_s} g$。它是一个由 ρ_s,ρ_1 和 g 所确

定的量。但 g 是常量,g_0 是 ρ_s 和 ρ_1 的函数。即

$$g_0 = f(\rho_s, \rho_1) \qquad\qquad (2.6.4)$$

分析并掌握这一函数及其变化,对于物体在液体介质中的浮、沉规律的认识并将它用于生产实践,显然是重要的。读者可从如下几个方面进行讨论:

① 同一密度 ρ_s 的物体在同一密度 ρ_1 的液体介质中的沉降问题;

② 不同密度 ρ_s 的物体在同一密度 ρ_1 的液体介质中的沉降问题;

③ 同一密度 ρ_s 的物体在不同密度 ρ_1 的液体介质中的沉降问题;

④ 不同密度 ρ_s 的物体在不同密度 ρ_1 的液体介质中的沉降问题。

【例 2.6】　海上一艘货船,水线面积 7 600 m²,吃水深度 8 m,驶入长江后,吃水深度为 8.2 m。求:(1)整个货船重多少吨?(2)此船在长江中及海中的排水量各为多少立方米?(已知:江水密度 $\rho_1 = 1 \times 10^3\,\mathrm{kg/m^3}$;海水密度 $\rho_2 = 1.025 \times 10^3\ \mathrm{kg/m^3}$)

解　设整个货船重量为 W,在江中的排水量为 V_1,在海中的排水量为 V_2。

因为　　　　　　　　　　$W = V_1 \rho_1 g = V_2 \rho_2 g$

于是　　　　　　　　　　$\dfrac{1}{\rho_1 g} = \dfrac{V_1}{W}$;$\dfrac{1}{\rho_2 g} = \dfrac{V_2}{W}$

则　　　　　　　　　　$\dfrac{\rho_2 - \rho_1}{\rho_1 \rho_2 g} = \dfrac{V_1 - V_2}{W}$

故得船重为

$$W = \frac{(V_1 - V_2)\rho_1 \rho_2 g}{\rho_2 - \rho_1} = \frac{(8.2 - 8.0) \times 7\ 600}{1.025 \times 10^3 - 10^3} \times 1.025 \times 10^3 \times 10^3 \times 9.8\ \mathrm{kN} =$$

$$610\ 736\ \mathrm{kN} = 62\ 320\ \mathrm{t}$$

船的排水量分别为

$$V_1 / \mathrm{m}^3 = \frac{W}{\rho_1 g} = \frac{610\ 736}{9.8} = 62\ 320$$

$$V_2 / \mathrm{m}^3 = \frac{W}{\rho_2 g} = \frac{610\ 736}{10.045} = 60\ 800$$

研究潜体或浮体在液体中的稳定性具有重要意义。在一般情况下,物体自身的重心或浮心并不重合。如图2.25(a)所示,当潜体重心D的位置低于浮心C时,若在一外力作用下物体位置发生倾斜,此时重力与浮力将产生一力矩使物体恢复到起始的平衡位置,此时潜体是稳定的。当重心D的位置高于浮心的位置时则不稳定(图2.25(b)),当潜体在外力作用下偏离初始平衡位置,则重力和浮力形成的力矩将使潜体发生翻转,而后在一个新的位置上达到平衡。

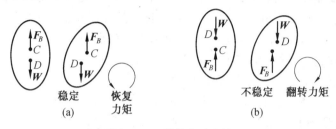

图2.25　潜体的稳定性

浮体的平衡问题比较复杂,因为当浮体偏转时,其浸没部分的几何中心即浮心会随之发生偏移。当浮体在水中位置比较低下时,如图2.26(a)所示的平底船,虽然其重心D高于浮心C,但当其向右倾斜时浮心也随之由C偏移到C',重力和浮力仍能形成一个力矩使其恢复到初始平衡位置,因此它仍是稳定的。而当浮体高而细长时,如图2.26(b)所示,很小的偏移即可能导致浮体的翻转,因此是不稳定的。

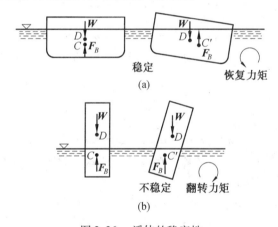

图2.26　浮体的稳定性

2.7　液体的相对平衡

前面讲的液体平衡是液体在重力作用下处于静止状态,液体相对地球是不动的,除对于在地球上取坐标系中的位置是不变的以外,液体质点彼此之间相互位置也同样是不变的。如果以容器内的液体作为整体而言,它对地球有相对运动,但各液体质点彼此之间及液体与容器之间无相对运动,称这种状态为液体的相对平衡(relative equilibrium)状态。

根据达朗贝尔原理,在运动的液体质点上加上惯性力便可把液体质点随容器运动的动力学问题按静力学来研究。下面分别讨论等加速直线运动容器中液体的相对平衡和绕直轴等角速旋转容器中液体的相对平衡。

2.7.1　等加速直线运动中液体的相对平衡

容器如果只有匀速直线运动,由于其惯性力等于零,则流体质点的质量力与只有重力作用下的静止流体情况完全一样。例如,有一装着液体以等加速度 a 在倾角为 α 的轨道上运行的罐车,液体的自由表面由原来静止时的水平面变成倾斜面,对罐车而言,罐内液体处于相对平衡状态,为了分析方便,把参考坐标系选在罐车上,并以自由液面中心为坐标原点,z 轴垂直向上,x 轴正向取运动方向,如图 2.27 所示。

对于此非惯性参考坐标系,应用达朗贝尔原理分析液体的相对平衡,作用到液体质点上的质量力,除了重力外还加上一个大小等于液体质点的质量乘以加速度,方向与加速度方向相反的惯性力。

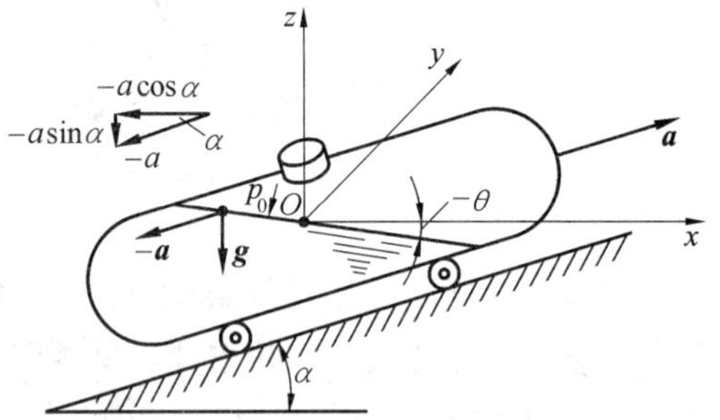

根据式(2.2.2)

$$dp = \rho(Xdx + Ydy + Zdz)$$

上式中 $X = -a\cos\alpha$；$Y = 0$；$Z = -g - a\sin\alpha$，可得

$$dp = -\rho(a\cos\alpha dx + gdz + a\sin\alpha dz)$$

图 2.27　等加速的相对平衡

对上式积分得

$$p = -\rho(a\cos\alpha \cdot x + g \cdot z + a\sin\alpha \cdot z) + c$$

为了确定积分常数 c，引进边界条件。由于坐标取在液体表面,当 $x = y = z = 0$ 时,$p = p_0$ 代入上式,得

$$c = p_0$$

因此

$$p = p_0 - \rho(a\cos\alpha \cdot x + g \cdot z + a\sin\alpha \cdot z) \qquad (2.7.1)$$

这就是等加速直线运动中的液体平衡方程。此公式表明:压力 p 不仅随 z 的变化而变化,而且还随 x 的变化而变化。

将单位质量力在各坐标轴上的分力代入等压面微分方程(2.2.6) 得

$$- a\cos\alpha dx - gdz - a\sin\alpha dz = 0$$

对于上式积分,可得

$$a\cos\alpha \cdot x + (g + a\sin\alpha)z = c \qquad (2.7.2)$$

此式即为等压面方程。等加速直线运动液体的等压面已不是水平面,而是一簇平行的斜面。其与 x 轴方向的斜角大小为

$$\tan\theta = \frac{dz}{dx} = -\frac{a\cos\alpha}{g + a\sin\alpha}$$

即

$$\theta = \arctan\left(-\frac{a\cos\alpha}{g + a\sin\alpha}\right) \qquad (2.7.3)$$

当斜面角度 α 等于 $0°$，$90°$ 或 $270°$ 时,即可得出容器水平铅直向上或铅直向下匀加速直线运动的特例。

2.7.2 绕直轴等角速度旋转容器中液体的相对平衡

如图 2.28 所示,盛有液体的容器绕铅直轴作旋转运动,启动瞬间,液体被甩向外侧,经过一定时间后,当旋转角速度 ω 稳定不变时,液体形成一个似漏斗形状的旋转面,达到相对平衡状态。下面分析其中任意质点的受力情况。

取运动坐标系如图 2.28 所示,xOy 平面与水平面平行,而 Oz 轴铅直向上,与旋转轴线重合。

任意液体质点的质量力除了重力以外,还要加上一个大小等于液体质点的质量乘以向心加速度,方向与向心加速度相反的离心惯性力。

单位质量力的重力部分在各坐标轴上的分力分别为
$$X' = 0, Y' = 0, Z' = -g \qquad (2.7.4a)$$

单位质量力的离心惯性力部分 $\omega^2 r$ 在各坐标轴上的分量为

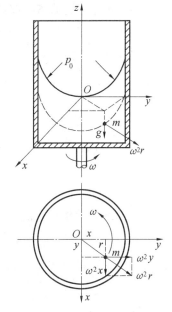

图 2.28　旋转容器中的液体平衡

$$\left.\begin{aligned} X'' &= \omega^2 r \frac{x}{r} = \omega^2 x \\ Y'' &= \omega^2 r \frac{y}{r} = \omega^2 y \\ Z'' &= 0 \end{aligned}\right\} \qquad (2.7.4b)$$

下面分别求出液体等压面及压强分布规律。

（1）等压面

将单位质量力 J 的分力代入等压面微分方程式（2.2.6）得
$$\omega^2 x \mathrm{d}x + \omega^2 y \mathrm{d}y - g \mathrm{d}z = 0$$

积分得
$$\frac{\omega^2 x^2}{2} + \frac{\omega^2 y^2}{2} - gz = c \qquad (2.7.5)$$

由图 2.28 知
$$x^2 + y^2 = r^2$$

代入式（2.7.5）得
$$\frac{\omega^2 r^2}{2} - gz = -c \qquad (2.7.6)$$

上式即此种相对平衡液体中的等压面方程,由此可以推出,等压面是一簇绕 z 轴的旋转抛物面。在自由表面上,当 $r = 0$ 时,$z = 0$ 时,可得积分常数 $c = 0$,故自由面方程为
$$\frac{\omega^2 r^2}{2} - gz = 0$$

或
$$z = \frac{\omega^2 r^2}{2g} \qquad (2.7.7)$$

因此,自由表面同样亦为一旋转抛物面,并称 $\frac{\omega^2 r^2}{2g}$ 为超高,也就是通过抛物面顶点 O

的 Or 轴线到自由面的垂直距离 z，各个液体质点的超高与其所在处半径的平方成正比。

（2）压强分布规律

将单位质量力在各个坐标轴的分力代入式（2.2.2），得

$$dp = \rho(\omega^2 x^2 dx + \omega^2 y dy - g dz)$$

积分得

$$p = \rho(\frac{\omega^2 x^2}{2} + \frac{\omega^2 y^2}{2} - gz) + c$$

$$p = \rho(\frac{\omega^2 r^2}{2} - gz) + c \tag{2.7.8}$$

根据边界条件，当 $r = 0$, $z = 0$ 时，$p = p_0$，求出积分常数 $c = p_0$，于是得

$$p = p_0 + \rho g(\frac{\omega^2 r^2}{2g} - z) \tag{2.7.9}$$

上式即此种相对平衡液体中压强分布规律的一般表达式。式中 $(\frac{\omega^2 r^2}{2g} - z)$ 如用 h 来表示，则代表任意一点在自由液面以下的深度。则相对平衡液体的压强分布规律完全与流体静力学方程式相同。即

$$p = p_0 + \rho g h$$

（3）特例

① 装满液体的容器在顶盖中心开口的相对平衡

如图 2.29 所示，此容器绕其中心轴作等角速旋转时，液体在离心惯性力作用下向外甩，但由于受到顶盖的限制，液面并不能形成旋转抛物面。但此时顶盖上各点静压强仍按旋转抛物面分布，顶盖中心处压强为大气压强，其他处各点压强大于大气压强。根据边界条件当 $r = 0$, $z = 0$ 时，$p = p_a$，故液体内各点的静压强分布仍为

$$p = p_a + \rho g(\frac{\omega^2 r^2}{2g} - z) \tag{2.7.10}$$

可见边缘点 R 处流体静压强最高。角速度 ω 越大，则边缘处流体静压强越大。离心铸造机等就是根据这一原理设计出来的。

② 装满液体的容器在顶盖边缘处开口的相对平衡

如图 2.30 所示，此容器绕其中心轴作等角速度旋转时，液体在离心惯性力作用下向外甩，但容器内部产生真空又将阻止液体被甩出。顶盖上液体负压（真空）同样按旋转抛物面分布；顶盖边缘开口处液面压强为大气压强，其他处各点压强小于大气压强。根据边界条件，当 $r = R$, $z = 0$ 时，$p = p_a$，故液体内各点的静压强分布

$$p = p_a - \rho g\left[\frac{\omega^2}{2g}(R^2 - r^2) + z\right] \tag{2.7.11}$$

对于顶盖各处的相对压强为

$$p' = p - p_a = -\rho g \frac{\omega^2}{2g}(R^2 - r^2) \tag{2.7.12}$$

"–"号说明顶盖处各点存在真空度，图 2.30 向下的箭头表示真空度的分布情况。

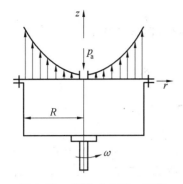
图 2.29　顶盖中心开口容器

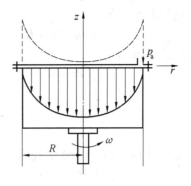
图 2.30　顶盖边缘开口容器

等角速度回转的相对平衡原理在工程上应用很多,如离心水泵、风机、旋风分离器、除尘器等。

【例 2.7】　有一圆筒,直径为 0.60 m,高 1 m,里面盛满了水。如果它绕其中心轴以 60 r/min 的转速旋转,问:

(1) 能有多少水溢出?

(2) 作用于距中心线 0.2 m 处容器底面上的压强为多大?

解　(1) 先求旋转角速度

$$\omega/(\mathrm{rad \cdot s^{-1}}) = \frac{2\pi n}{60} = \frac{60 \times 2\pi}{60} = 2\pi$$

溢出水的体积应等于抛物体的体积,如图 2.31 所示。即

$$V = \int_0^H \pi r^2 \mathrm{d}z$$

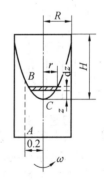

根据式 (2.7.7),$z = \dfrac{\omega^2 r^2}{2g}$,因此

$$r^2 = \frac{2gz}{\omega^2} \qquad ①$$

代入式 ① 得

$$V = \frac{2g\pi}{\omega^2} \int_0^H z\mathrm{d}z = g\pi \left(\frac{H}{\omega}\right)^2 \qquad ②$$

图 2.31　旋转圆筒

根据题意,求 H

$$H/\mathrm{m} = \frac{\omega^2 R^2}{2g} = \frac{(2\pi)^2 \times (0.3)^2}{2 \times 9.8} = 0.18$$

代入式 ② 得

$$V/\mathrm{m}^3 = g\pi \left(\frac{H}{\omega}\right)^2 = g\pi \left(\frac{0.18}{2\pi}\right)^2 = 0.025\ 3$$

(2) 半径 0.2 m 处 A 点对应水面 B 与最低水面 C 的垂直距离 z 由下式求得

$$z/\mathrm{m} = \frac{\omega^2 r^2}{2g} = \frac{(2\pi)^2 \times (0.2)^2}{2 \times 0.98} = 0.081$$

A 点处的水深 h

$$h/\text{m} = 1 - H + z = 1 - 0.18 + 0.081 = 0.901$$

A 点的压强 p_A

$$p_A/\text{Pa} = \rho g h = 9.8 \times 10^3 \times 0.901 = 8.83 \times 10^3$$

习　题　2

1. 在海水以下深 $h = 30$ m 处测得相对压强为 309 kN/m²,求海水的平均密度。

2. 已知大气压强为 98.1 kN/m²,求:(1) 绝对压强为 117.7 kN/m² 时的相对压强,并用水柱高度表示;(2) 绝对压强为 68.5 kN/m² 时的真空度,并用水柱高度表示。

3. 如图所示,在某栋建筑物的第一层楼处,测得煤气管中煤气的相对压强 p' 为 100 mm 水柱高,已知第 8 层楼比第 1 层楼高 $H = 32$ m。问:在第 8 层楼处煤气管中,煤气的相对压强为多少? (空气及煤气的密度可以假定不随高度而变化,煤气的密度 $\rho = 0.5$ kg/m³)。

4. 用杯式微压计确定容器 K 中气体的真空度(以毫米水柱高表示)。该压力计中盛以油($\rho_{\text{oil}} = 920$ kg/m³) 及水两种液体,已知杯的内径 $D = 40$ mm,管的内径 $d = 4$ mm,$h = 200$ mm,如图所示。

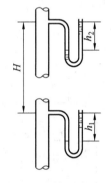

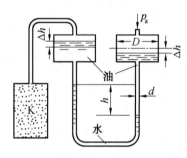

习题 3 图　　　　　　　　　　习题 4 图

5. 如图所示,试由多管压力计中水银面高度的读数确定压力水箱中 A 点的相对压强。(所有读数均自地面算起,其单位为 m)。

6. 装有空气、油($\rho = 801$ kg/m³) 及水的压力容器,油面及 U 形差压计的液面高如图所示,求容器中空气的压强。

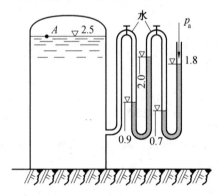

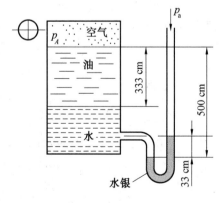

习题 5 图　　　　　　　　　　习题 6 图

7. Pressure gage B is to measure the pressure at point A in a water flow. The oil has a density of 8 720 kg/m³. If the pressure at B is 87 kPa, estimate the pressure at A in kPa. Assume all fluids are at 20. See Fig. 7 .

8. 图示水压机的大活塞直径 $D = 0.5$ m,小活塞直径 $d = 0.2$ m,$a = 0.25$ m,$b = 1.0$ m,$h = 0.4$ m,试求当外加压力 $P = 200$ N 时,A 块受力为多少?(活塞重量不计)

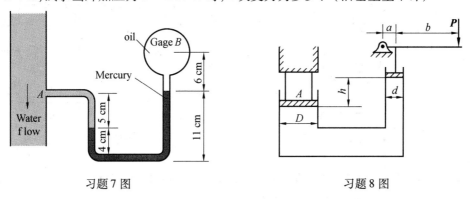

习题 7 图　　　　　　　　　　　习题 8 图

9. 绘出图示 AB 壁面上的相对压强分布图。

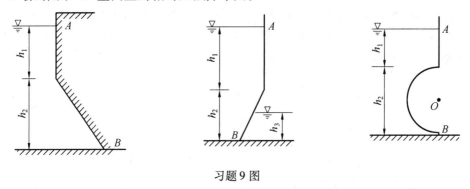

习题 9 图

10. 绕铰链轴 O 转动的自动开启水闸如图所示,当水位超过 $H = 2$ m 时,闸门自动开启。若闸门另一侧的水位 $h = 0.4$ m,角 $\alpha = 60°$,试求铰链的位置 x。

11. 图示一矩形闸门,已知 a 及 h,求证 $H > a + \dfrac{14}{15}h$ 时,闸门可自动打开。

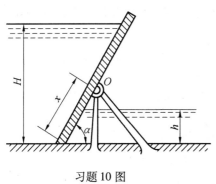

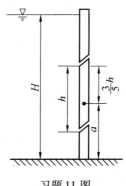

习题 10 图　　　　　　　　　　习题 11 图

12. 图示一圆柱,其左半部在水作用下,受有浮力 P_z,问圆柱在该浮力作用下能否绕其中心轴转动不息。

13. 试绘出(a)、(b) 图中 AB 曲面上的压力体。

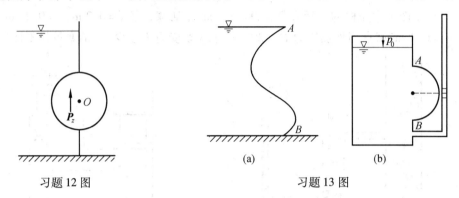

(a)　　　　　　(b)

习题 12 图　　　　　　习题 13 图

14. 如图所示一圆柱形闸门,直径 $d = 4$ m,长度 $L = 10$ m,上游水深 $H_1 = 4$ m,下游水深 $H_2 = 2$ m,求作用于闸门上的静水总压力。

15. Gate ABC is a circular arc, sometimes called a Tainter gate, which can be raised and lowered by pivoting about point O. See Fig. 15. For the position shown, determine (a) the hydrostatic force of the water on the gate and (b) its line of action. Does the force pass through point O?

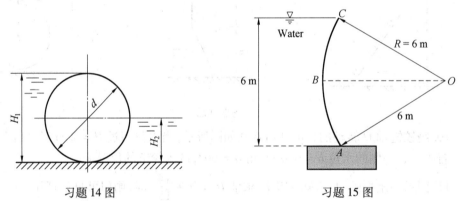

习题 14 图　　　　　　习题 15 图

16. 一扇形闸门如图所示,中心角 $\alpha = 45°$,宽度 $B = 1$ m(垂直于图面),可以绕铰链 C 旋转,用以蓄(泻) 水。水深 $H = 3$ m,确定水作用于此闸门上的总压力 P 的大小和方向。

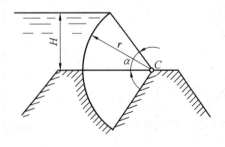

习题 16 图

17. 如图所示有一半圆柱形门扉(直径1.5 m,长1 m),将门扉沿壁DE向上提起来,其摩擦系数为0.15,若门扉的重量为5 886 N,求提起它所需要的力。

18. 水池的侧壁上,装有一根直径$d = 0.6$ m的圆管,圆管内口切成$\alpha = 45°$的倾角,并在这切口上装了一块可以绕上端铰链旋转的盖板,$h = 2$ m,如图所示。如果不计盖板自重以及盖板与铰链间的摩擦力,问升起盖板的力T为多大?(椭圆形面积的$J_c = \dfrac{\pi a^3 b}{4}$)

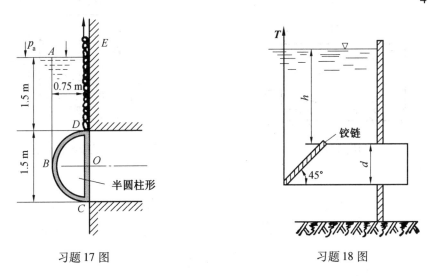

习题 17 图　　　　　　　　　　习题 18 图

19. 如图所示容器底部有一直径为d的圆孔,用一个直径为$D(= 2r)$、重量为G的圆球堵塞。当容器内水深$H = 4r$时,欲将此球向上升起以便放水,问所需垂直向上的力F为多大? 已知:$d = \sqrt{3}\, r$,水的密度设为ρ,$V_{球冠} = \pi h^2\left(r_1 - \dfrac{h}{3}\right)$。

20. 一矩形平底船如图所示,已知船长$L = 6$ m,船宽$b = 2$ m,载货前吃水深度$h_0 = 0.15$ m,载货后吃水深度$h = 0.8$ m,若载货后船的重心C距船底$h' = 0.7$ m,试求货物重量G,并校核平底船的稳定性。

习题 19 图　　　　　　　　　　习题 20 图

21. 一洒水车以等加速度$a = 0.98$ m/s^{2}向前平驶,如图所示。试求车内自由液面与水平面间的夹角α,若A点在运动前位于$x_A = -1.5$ m,$z_A = -1.0$ m,试求A点的相对压强p_A。

22. 盛有水的开口圆筒容器,如图所示,以角速度 ω 绕垂直轴 O 作等速旋转,当露出筒底时,ω 应为多少?(图中符号说明:坐标原点设在筒底中心处。圆筒未转动时,筒内水面高度为 h。当容器绕轴旋转时,其中心处液面降至 H_0,贴壁液面上升至 H 高度,容器直径为 D)

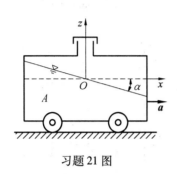 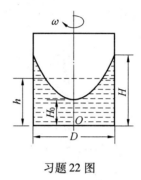

习题 21 图 　　　　　　　　习题 22 图

第 3 章

流体动力学及工程应用

本章导读 流体动力学(hydrodynamics)是研究流体运动规律及流体与力的关系的力学。

在流体静力学中,由于所研究的流体处于平衡状态,流体质点间没有相对运动,流体的黏性没有表现出来,只研究流体的压强就可以了。但是,自然界和工程实际中的流体大多处于运动状态。流体运动时,流体质点间发生相对运动,流体的黏性表现为内部的摩擦力,黏性的存在使流体运动规律的研究复杂了。为了解决工程实际问题,首先忽略流体的黏性,即作为理想流体处理,求得流体的运动规律后,再通过实验对其进行修正,得到与客观实际相符较好的公式,用以解决实际问题。

本章学习要求 了解流体运动要素及流体运动研究方法;掌握流体运动的相关概念,掌握流体流动的位置水头、压强水头和速度水头的概念;掌握流体流动的连续性方程、伯努利方程、动量方程,了解动量矩方程;掌握重要方程的工程应用。

本章是流体力学知识在工程应用中极其重要的内容,是后续章节的理论基础,在学习过程中应足够重视。

3.1 流体运动要素及研究流体运动的方法

3.1.1 流体运动要素

研究流体的运动规律,就是要确定表征流体运动状态的物理量,一般包括速度、加速度、压强、密度、重度和作用力等,这些物理量统称为流体运动要素。每一运动要素都随空间与时间在变化,各要素之间也不是彼此孤立的,存在着本质联系。以一个流体质点为例,其运动加速度是速度对时间的一阶导数;其所受惯性力的大小等于这个流体质点的质量与该质点运动加速度大小的乘积,方向与加速度反向。一般情况下,我们将充满运动的连续流体的空间称为流场。在流场中,每个流体质点均有确定的速度、加速度和压强等运动要素。

3.1.2 研究流体运动的两种方法

要想研究流体的运动规律,首先必须掌握研究流体运动的方法。在流体动力学中,由于着眼点的不同,具体方法有两种:拉格朗日法(Lagrange method)和欧拉法(Euler method)。

（1）拉格朗日法

拉格朗日法是将流场中每一流体质点作为研究对象,研究每一个流体质点在运动过程中的位置、速度、加速度及密度、重度、动压强等物理量随时间的变化规律。然后将所有质点的这些资料综合起来,便得到了整个流体的运动规律。即将整个流体的运动看作许多流体质点运动的总和。质点的运动要素是初始点坐标和时间的函数。

（2）欧拉法

欧拉法是以流场中每一空间位置作为研究对象,而不是跟随个别质点。该方法是在固定空间点上研究连续通过的流体质点的运动情况,描述在流场固定位置处,流体运动速度、加速度、压强等运动要素随时间的变化规律;描述在固定时刻,流体质点由某一空间位置运动到另一空间位置时,其速度、加速度、压强等运动要素随位置的变化规律。应用这种方法研究流体的运动,空间位置坐标一定,只研究流体质点通过这个空间位置时运动要素的变化。因此,表征流体运动特征的速度、加速度、压强、密度等物理量均是时间和空间坐标的连续函数。

比较上述两种方法可以知道:拉格朗日法是以一定流体质点为研究对象,是研究流体质点本身运动的一种方法,这种方法看上去似乎简单,实际上却比较复杂。其原因主要是因为流体质点运动轨迹极为复杂,又很难跟踪和测量质点的运动要素,数学上也存在难以解决的困难,所以这种方法使用的较少。而欧拉法是研究流场中各固定空间点上流体质点的物理量随时间而变化的一种方法。在很多实际问题中,并不需要知道每个质点的运动情况,而只要知道空间每点的流动情况就可解决问题,因此在研究工程流体力学时主要采用欧拉法。

3.2　流体流动的一些基本概念

3.2.1　定常流动与非定常流动

流体的运动形式可分为定常流动和非定常流动两类,其分类的主要依据是:流体的运动要素是否随空间坐标和时间而变化。

（1）定常流动

在流场中,流体质点的一切运动要素都不随时间改变而只是坐标的函数,这种流动为定常流动(steady flow)。定常流动的压强、速度和密度等运动要素只是空间坐标的函数,可表示为

$$\left.\begin{array}{l} p = p(x,y,z) \\ u = u(x,y,z) \\ \rho = \rho(x,y,z) \end{array}\right\} \qquad (3.2.1)$$

对离心式水泵,如果其转速一定,则吸水管中流体的运动就是定常流动。如图 3.1 所示,如果容器水位保持不变,则出水孔口处流体的稳定泄流也是定常流动。容器内有充水和溢流装置来保持水位恒定,流体经孔口的流速及压强不随时间变化,流体经孔口出流为一形状一定的射流,即定常流。

定常流动的研究是有实际意义的,因为许多工程实际中大部分的运动均可近似地看

作定常流动。

（2）非定常流动

如果流体质点的速度、压强和密度等运动要素不仅随时间改变而且随空间坐标的不同而变化,这种流动称为非定常流动。用数学函数可表示为

$$\left.\begin{array}{l} p = p(x,y,z,t) \\ u = u(x,y,z,t) \\ \rho = \rho(x,y,z,t) \end{array}\right\} \tag{3.2.2}$$

如图 3.2 所示,容器内的水位不断变化,这样在变化水位下经孔口的液体出流,其速度和压强等均随时间而变化,流体经孔口的出流便是随时间不同而改变形状的射流,这就是非定常流动。

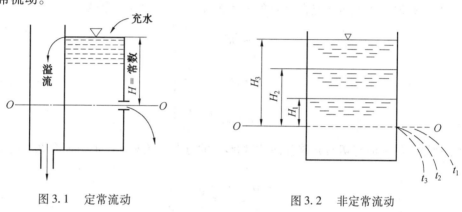

图 3.1　定常流动　　　　　　　　图 3.2　非定常流动

3.2.2　流线与迹线

（1）流线

流线(stream line)就是在流场中某一瞬间作出的一条空间曲线,使这一瞬间在该曲线上各点的流体质点所具有的速度方向与曲线在该点的切线方向重合,如图 3.3 所示,流场中凡是符合这样条件的曲线称为流线。

流线表示的是某一瞬时流场中许多处于这一流线上的流体质点的运动情况,而不是某一个流体质点的运动轨迹。流线不能相交,也不能折转。如果两条流线相交,根据流线的定义在相交点应有沿两流线各自切线方向的两个速度矢量方向,而某一瞬间任一点的速度只能有一个方向,因此流线不能相交。同样道理,如果流线折转,在折转点的速度矢量有两个方向,这是不可能的。由于处于流线上的质点都具有和它相切的速度,在

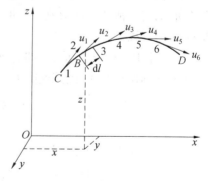

图 3.3　流线

定常流动中流速不随时间改变,所以同一点的流线始终保持不变,且所有处于流线上的质点只能沿流线运动,其他质点不能穿过流线而流动。

流线在空间的分布形状由质点速度决定。而流线上任一点的速度方向与流线相切，由此可以求出流线微分方程。在图 3.3 中，流线上 B 点处的方向余弦为

$$\left.\begin{aligned} \cos(\boldsymbol{\tau},x) &= \frac{\mathrm{d}x}{\mathrm{d}l} \\ \cos(\boldsymbol{\tau},y) &= \frac{\mathrm{d}y}{\mathrm{d}l} \\ \cos(\boldsymbol{\tau},z) &= \frac{\mathrm{d}z}{\mathrm{d}l} \end{aligned}\right\} \tag{3.2.3}$$

式中　　$\boldsymbol{\tau}$——切线方向的单位矢量；

$\mathrm{d}x,\mathrm{d}y,\mathrm{d}z$——$\mathrm{d}l$ 在 x,y,z 轴上的投影。

某一瞬时一个流体质点在 B 处的速度为 $\boldsymbol{u}$，则速度的方向余弦为

$$\left.\begin{aligned} \cos(\boldsymbol{u},x) &= \frac{u_x}{u} \\ \cos(\boldsymbol{u},y) &= \frac{u_y}{u} \\ \cos(\boldsymbol{u},z) &= \frac{u_z}{u} \end{aligned}\right\} \tag{3.2.4}$$

由于速度 $\boldsymbol{u}$ 的方向与切向 $\boldsymbol{\tau}$ 重合，所以切线 $\boldsymbol{\tau}$ 的方向余弦和速度的方向余弦相等，故写出下式

$$\frac{\mathrm{d}l}{u} = \frac{\mathrm{d}x}{u_x} = \frac{\mathrm{d}y}{u_y} = \frac{\mathrm{d}z}{u_z} \tag{3.2.5}$$

或

$$\frac{\mathrm{d}x}{u_x} = \frac{\mathrm{d}y}{u_y} = \frac{\mathrm{d}z}{u_z} \tag{3.2.6}$$

上式就是流线的微分方程。如果已知速度分布时，根据流线微分方程可以求出具体流线形状。

（2）迹线

所谓迹线（path line）就是在流场中，流体质点在某一段时间间隔内的运动轨迹。如图 3.4 所示，有一流体质点 M 在一段时间间隔内由 A 点沿曲线 AB 运动到 B 点，曲线 AB 就是质点 M 的迹线。

在迹线上取一长度微元 $\mathrm{d}l$，即为该质点在 $\mathrm{d}t$ 时间内的位移微元，则其速度为

$$u = \frac{\mathrm{d}l}{\mathrm{d}t} \tag{3.2.7}$$

$$\left.\begin{aligned} u_x &= \frac{\mathrm{d}x}{\mathrm{d}t} \\ u_y &= \frac{\mathrm{d}y}{\mathrm{d}t} \\ u_z &= \frac{\mathrm{d}z}{\mathrm{d}t} \end{aligned}\right\} \tag{3.2.8}$$

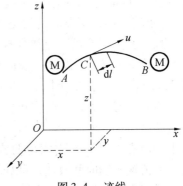

图 3.4　迹线

式中　dx,dy,dz——位移微元 dl 在 x,y,z 各轴上的投影。

由式（3.2.8）可得

$$\frac{dx}{u_x} = \frac{dy}{u_y} = \frac{dz}{u_z} = dt \tag{3.2.9}$$

上式称为迹线的微分方程,表示流体质点运动的轨迹。

流线和迹线存在着本质区别,流线是某一瞬时处在流线上的无数流体质点的运动情况;而迹线则是一个质点在一段时间内运动的轨迹。在定常流动中,流线形状不随时间改变,流线与迹线重合。在非定常流动中,流线的形状随时间而改变,流线与迹线不重合。

3.2.3　流管、流束与总流

（1）流管

在流场中画一封闭曲线（不是流线）,它所包围的面积很小,经过该封闭曲线上的各点作流线,由这无数多流线所围成的管状表面,称为流管（stream tube）,如图 3.5 所示。由流线的定义可知,在各个时刻,流体质点只能在流管内部或流管外部流动,而不能穿出或穿入流管,即垂直于流管表面方向没有分速度。

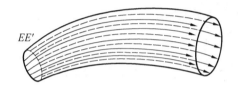

图 3.5　流管

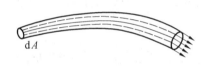

图 3.6　微小流束

（2）流束

充满在流管中的全部流体,称为流束。断面为无穷小的流束称为微小流束（infinitesimal stream bundle）,如图 3.6 所示。由于微小流束的断面无穷小,因此断面上各点的运动要素是相等的。当断面趋近于零时,微小流束变为流线。

（3）总流

无数微小流束的总和称为总流（integral flow）,如图 3.7 所示。水管中水流的总体,风管中气流的总体均为总流。

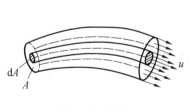

图 3.7　总流

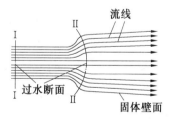

图 3.8　过水断面

3.2.4　过水断面、流量及断面平均流速

（1）过水断面

与微小流束或总流中各条流线相垂直的横断面,称为此微小流束或总流的过水断面(又称有效断面)(effective section),如图 3.8 所示。过水断面不一定是平面,流线互不平行的非定常流动其过水断面是曲面;流线相互平行时其过水断面才是平面。

(2)流量

流量(flow rate)可分为体积流量 Q 和质量流量 M 两类。单位时间内流过过水断面的流体体积,称为体积流量 Q,其单位是 m^3/s。单位时间内流过过水断面的流体质量,称为质量流量 M,其单位是 kg/s。体积流量与质量流量的关系为

$$Q = \frac{M}{\rho} \tag{3.2.10}$$

式中 ρ——流体的密度,kg/m^3。

在流体中取一微小流束,其过水断面面积为 dA,在 dA 上各点的速度在同一时刻可以认为是相等的,且过水断面与速度方向垂直,所以单位时间内通过此过水断面的流体体积,即微小流束的体积流量,可表示为

$$dQ = \frac{dV}{dt} = udA \tag{3.2.11}$$

由此可知,总流的流量等于同一过水断面上所有微小流束的流量之和,即

$$Q = \int_A dQ = \int_A udA \tag{3.2.12}$$

如果知道流速 u 在过水断面的分布,则可通过式(3.2.12)积分求得通过该过水断面的流量。

(3)断面平均流速

由于流体具有黏性,在流场中,各流体质点运动的速度均不相等。在同一过水断面引入断面平均流速 v 的概念。断面平均流速(average velocity of flow)是一个假想的流速,设过水断面上所有点的速度均相等,且为一均匀速度 v,根据流量相等原则,即单位时间内以均匀速度 v 流过过水断面的流体体积与按实际流速通过同一过水断面的流体体积相等,即

$$Q = v \cdot A = \int_A udA \tag{3.2.13}$$

则

$$v = \frac{\int_A udA}{A}$$

由流量相等原则确定的均匀速度 v,就称为断面平均流速。其实质是同一过水断面上各点流速 u 对 A 的算术平均值。工程上常说的管道中流体的流速,指的就是这个断面平均流速 v。

3.3　流体流动的连续性方程

我们曾介绍了流体的连续性,也就是流体连续地充满所占据的空间,当流体流动时在其内部不形成空隙,这就是流体运动的连续性条件。根据流体运动时应遵循质量守恒定

律,将连续性条件用数学形式表示出来,即连续性方程(equation of continuity)。连续性方程是流体力学中的一个基本方程,是质量守恒定律在流体力学中的具体体现,它的形式虽然简单,在管路和明渠等流体力学计算中却得到极为广泛的应用。

3.3.1　直角坐标系中欧拉变数的连续性方程

将质量守恒定律应用于流场中的微元空间,可推导出可压缩三维流体的连续性方程。

如图 3.9 所示,在流场中取一个以 $C(x, y, z)$ 点为中心的微元六面体空间,边长为 dx, dy, dz,分别平行于坐标轴 x, y, z。设在某一时刻,流体流过 C 点的流速为 $\boldsymbol{u}, \boldsymbol{u}$ 在 x, y, z 各轴上的分量分别为 u_x, u_y, u_z,流体的密度为 ρ。

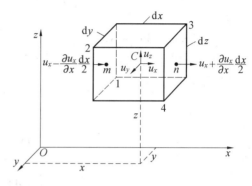

图 3.9　微元六面体空间

如果流体是连续介质,微元六面体内无空隙,根据质量守恒定律,单位时间内流入与流出该微元六面体空间的流体质量差应等于单位时间内六面体密度变化而引起的流体质量增量 。可得可压缩流体三维流动的连续性方程为

$$\frac{\partial \rho}{\partial t} + \frac{\partial(\rho u_x)}{\partial x} + \frac{\partial(\rho u_y)}{\partial y} + \frac{\partial(\rho u_z)}{\partial z} = 0 \tag{3.3.1}$$

可压缩流体的定常流动,由于 $\dfrac{\partial \rho}{\partial t} = 0$,则连续性方程为

$$\frac{\partial(\rho u_x)}{\partial x} + \frac{\partial(\rho u_y)}{\partial y} + \frac{\partial(\rho u_z)}{\partial z} = 0 \tag{3.3.2}$$

不可压缩流体,由于 ρ 为常数,其定常流动和非定常流动的连续性方程为

$$\frac{\partial u_x}{\partial x} + \frac{\partial u_y}{\partial y} + \frac{\partial u_z}{\partial z} = 0 \tag{3.3.3}$$

方程(3.3.3)给出了通过一固定空间点流体的流速在 x, y, z 轴方向的分量 u_x, u_y, u_z 沿其轴向的变化率是互相约束的,它表明对于不可压缩流体其体积是守恒的。

对于流体的二维流动,可压缩流体二维定常流动的连续性方程为

$$\frac{\partial(\rho u_x)}{\partial x} + \frac{\partial(\rho u_y)}{\partial y} = 0 \tag{3.3.4}$$

不可压缩流体二维定常流动的连续性方程为

$$\frac{\partial u_x}{\partial x} + \frac{\partial u_y}{\partial y} = 0 \tag{3.3.5}$$

3.3.2　微小流束和总流的连续性方程

(1) 微小流束的连续性方程

如图 3.10 所示,在总流上取一微小流束,过水断面分别为 dA_1 和 dA_2,相应的速度分别

为 u_1 和 u_2,密度分别为 ρ_1 和 ρ_2。由于微小流束的表面是由流线围成的,所以没有流体穿入或穿出流束表面,只有两端面 dA_1 和 dA_2 有流体的流入和流出。

如果考虑的流体为可压缩流体的定常流动,单位时间内经过 dA_1 面流入的流体质量为 $\rho_1 u_1 dA_1$,经 dA_2 面流出的流体质量为 $\rho_2 u_2 dA_2$,则单位时间内流入和流出这个微小流束的流体质量差为

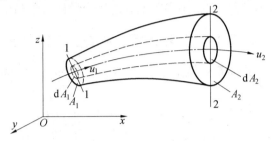

$$dM = \rho_1 u_1 dA_1 - \rho_2 u_2 dA_2$$

图 3.10 微小流束和总流的连续性

由于流体作定常流动,则根据质量守恒定律得

$$dM = 0$$

则

$$\rho_1 u_1 dA_1 - \rho_2 u_2 dA_2 = 0$$

即

$$\rho_1 u_1 dA_1 = \rho_2 u_2 dA_2 \tag{3.3.6}$$

这就是可压缩流体微小流束的连续性方程。

对不可压缩流体的定常流动,$\rho_1 = \rho_2 = \rho$ 则有

$$\left.\begin{array}{r} dQ_1 = dQ_2 \\ u_1 dA_1 = u_2 dA_2 \end{array}\right\} \tag{3.3.7}$$

式(3.3.7)就是不可压缩流体微小流束定常流动的连续性方程。其物理意义是:在同一时间间隔内流过微小流束上任一过水断面的流量均相等。或者说,在任一流束段内的流体体积(或质量)都保持不变。

(2)总流的连续性方程

将微小流束连续性方程(3.3.6)两边对相应的过水断面 A_1 及 A_2 进行积分可得

$$\int_{A_1} \rho_1 u_1 dA_1 = \int_{A_2} \rho_2 u_2 dA_2$$

用过水断面 A_1 及 A_2 上流体的平均密度 ρ_{1m} 和 ρ_{2m} 代替上式中的 ρ_1 和 ρ_2,并借助于式(3.2.13),则上式整理后可写成。

$$\left.\begin{array}{r} \rho_{1m} v_1 A_1 = \rho_{2m} v_2 A_2 \\ \rho_{1m} Q_1 = \rho_{2m} Q_2 \end{array}\right\} \tag{3.3.8}$$

这就是总流的连续性方程,它说明可压缩流体作定常流动时,总流的质量流量保持不变。

对不可压缩流体,ρ 为常数,则式(3.3.8)变为

$$\begin{array}{c} Q_1 = Q_2 \\ v_1 A_1 = v_2 A_2 \end{array} \tag{3.3.9}$$

式(3.3.9)为不可压缩流体定常流动总流连续性方程。其物理意义是:不可压缩流体作定常流动时,总流的体积流量保持不变;各过水断面平均流速与过水断面面积成反比,即过水断面面积越大处,流速越小;而过水断面面积越小处,流速越大。这是不可压缩流体运动的一条很重要的基本规律。选矿工业的中心传动浓密机、倾斜浓密箱、采矿用的

水枪喷嘴及救火用的水龙喷嘴均是应用这一原理制成的。

3.4　流体微元的变形与旋转

三维流动的连续性方程提供了为使流体呈现连续状态时质点速度各分量之间所必须保持的关系。并没有说明在这种关系支配下的质点速度究竟可能包含一些什么样的运动成分。刚体的运动,一般可以用位移和绕某一瞬时轴的旋转运动来描述。流体的运动,由于质点间没有刚性联系,任意微团的运动,除移动和转动外,还可能有变形运动。

在流场中取一微元,设微元质量中心点 $P(x,y,z)$ 的流速分量为 u_x,u_y,u_z,与 P 相距极近的 $Q(x+\mathrm{d}x,y+\mathrm{d}y,z+\mathrm{d}z)$ 点在同一瞬时速度分量为 $u_{x1}=u_x+\mathrm{d}u_x$,$u_{y1}=u_y+\mathrm{d}u_y$,$u_{z1}=u_z+\mathrm{d}u_z$,如图 3.11 所示。将 $\mathrm{d}u_x,\mathrm{d}u_y,\mathrm{d}u_z$ 可用略去二阶以上无穷小量的泰勒公式表示为

$$\left.\begin{aligned}
\mathrm{d}u_x &= \left(\frac{\partial u_x}{\partial x}\right)\mathrm{d}x + \left(\frac{\partial u_x}{\partial y}\right)\mathrm{d}y + \left(\frac{\partial u_x}{\partial z}\right)\mathrm{d}z \\
\mathrm{d}u_y &= \left(\frac{\partial u_y}{\partial x}\right)\mathrm{d}x + \left(\frac{\partial u_y}{\partial y}\right)\mathrm{d}y + \left(\frac{\partial u_y}{\partial z}\right)\mathrm{d}z \\
\mathrm{d}u_z &= \left(\frac{\partial u_z}{\partial x}\right)\mathrm{d}x + \left(\frac{\partial u_z}{\partial y}\right)\mathrm{d}y + \left(\frac{\partial u_z}{\partial z}\right)\mathrm{d}z
\end{aligned}\right\}$$

$$(3.4.1)$$

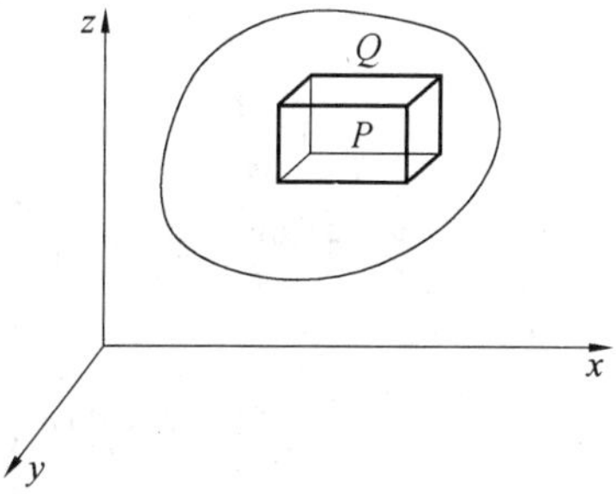

图 3.11　流体微元

于是,u_{x1},u_{y1},u_{z1} 可写成

$$\left.\begin{aligned}
u_{x1} &= u_x + \left(\frac{\partial u_x}{\partial x}\right)\mathrm{d}x + \left(\frac{\partial u_x}{\partial y}\right)\mathrm{d}y + \left(\frac{\partial u_x}{\partial z}\right)\mathrm{d}z \\
u_{y1} &= u_y + \left(\frac{\partial u_y}{\partial x}\right)\mathrm{d}x + \left(\frac{\partial u_y}{\partial y}\right)\mathrm{d}y + \left(\frac{\partial u_y}{\partial z}\right)\mathrm{d}z \\
u_{z1} &= u_z + \left(\frac{\partial u_z}{\partial x}\right)\mathrm{d}x + \left(\frac{\partial u_z}{\partial y}\right)\mathrm{d}y + \left(\frac{\partial u_z}{\partial z}\right)\mathrm{d}z
\end{aligned}\right\}$$

$$(3.4.2)$$

在式(3.4.2)的第一式中人为地增加 $\pm\frac{1}{2}\left(\frac{\partial u_y}{\partial x}\right)\mathrm{d}y$ 和 $\pm\frac{1}{2}\left(\frac{\partial u_z}{\partial x}\right)\mathrm{d}z$,并将式中最末两项也改写成带 $\frac{1}{2}$ 系数的四项,于是第一式变成

$$u_{x1} = u_x + \left(\frac{\partial u_x}{\partial x}\right)\mathrm{d}x + \frac{1}{2}\left(\frac{\partial u_x}{\partial y}+\frac{\partial u_y}{\partial x}\right)\mathrm{d}y + \frac{1}{2}\left(\frac{\partial u_x}{\partial z}+\frac{\partial u_z}{\partial x}\right)\mathrm{d}z +$$

$$\frac{1}{2}\left(\frac{\partial u_x}{\partial z}-\frac{\partial u_z}{\partial x}\right)\mathrm{d}z - \frac{1}{2}\left(\frac{\partial u_y}{\partial x}-\frac{\partial u_x}{\partial y}\right)\mathrm{d}y$$

按类似的方法可将 u_{y1},u_{z1} 也写成类似的形式。

用表 3.1 中的符号,简化可得

$$\left.\begin{aligned}
u_{x1} &= u_x + \theta_{xx}\mathrm{d}x + \varepsilon_{xy}\mathrm{d}y + \varepsilon_{xz}\mathrm{d}z + \omega_y\mathrm{d}z - \omega_z\mathrm{d}y \\
u_{y1} &= u_y + \theta_{yy}\mathrm{d}y + \varepsilon_{yz}\mathrm{d}z + \varepsilon_{yx}\mathrm{d}x + \omega_z\mathrm{d}x - \omega_x\mathrm{d}z \\
u_{z1} &= u_z + \theta_{zz}\mathrm{d}z + \varepsilon_{zx}\mathrm{d}x + \varepsilon_{zy}\mathrm{d}y + \omega_x\mathrm{d}y - \omega_y\mathrm{d}x
\end{aligned}\right\}$$

$$(3.4.3)$$

此式就是流体微元的速度分解公式,亦称为亥姆霍兹(Helmholtz)速度分解定理。

表 3.1　流体微元速度分解公式中的符号

$\theta_{xx} = \dfrac{\partial u_x}{\partial x}$	$\varepsilon_{xy} = \varepsilon_{yx} = \dfrac{1}{2}\left(\dfrac{\partial u_x}{\partial y} + \dfrac{\partial u_y}{\partial x}\right)$	$\omega_x = \dfrac{1}{2}\left(\dfrac{\partial u_z}{\partial y} - \dfrac{\partial u_y}{\partial z}\right)$
$\theta_{yy} = \dfrac{\partial u_y}{\partial y}$	$\varepsilon_{yz} = \varepsilon_{zy} = \dfrac{1}{2}\left(\dfrac{\partial u_y}{\partial z} + \dfrac{\partial u_z}{\partial y}\right)$	$\omega_y = \dfrac{1}{2}\left(\dfrac{\partial u_x}{\partial z} - \dfrac{\partial u_z}{\partial x}\right)$
$\theta_{zz} = \dfrac{\partial u_z}{\partial z}$	$\varepsilon_{zx} = \varepsilon_{xz} = \dfrac{1}{2}\left(\dfrac{\partial u_z}{\partial x} + \dfrac{\partial u_x}{\partial z}\right)$	$\omega_z = \dfrac{1}{2}\left(\dfrac{\partial u_y}{\partial x} - \dfrac{\partial u_x}{\partial y}\right)$

下面就 $\theta,\varepsilon,\omega$ 的物理意义加以说明。为便于说明,仅以二维流动为例来分析矩形微元 $ABCD$ 的运动,如图 3.12 所示。

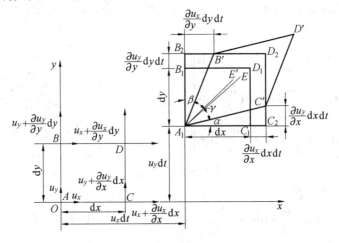

图 3.12　微团的变形与旋转

设微元的边长为 $\mathrm{d}x$ 及 $\mathrm{d}y$,A 点的流速分量为 u_x 及 u_y,B,C,D 各点的流速分量分别列于表 3.2 中。

表 3.2　各方向速度分量

点	x 方向随速度分量	y 方向随速度分量
A	u_x	u_y
B	$u_x + \dfrac{\partial u_x}{\partial y}\mathrm{d}y$	$u_y + \dfrac{\partial u_y}{\partial y}\mathrm{d}y$
C	$u_x + \dfrac{\partial u_x}{\partial x}\mathrm{d}x$	$u_y + \dfrac{\partial u_y}{\partial x}\mathrm{d}x$
D	$u_x + \dfrac{\partial u_x}{\partial x}\mathrm{d}x + \dfrac{\partial u_x}{\partial y}\mathrm{d}y$	$u_y + \dfrac{\partial u_y}{\partial x}\mathrm{d}x + \dfrac{\partial u_y}{\partial y}\mathrm{d}y$

1. 平移运动

微元上各点流速均包含 u_x 和 u_y,这两个分速度使微元上的各点具有沿 x 轴方向移动距离 $u_x\mathrm{d}t$、沿 y 方向移动的距离 $u_y\mathrm{d}t$ 的平移运动。于是在 $\mathrm{d}t$ 时间,微元平移到新位置 $A_1B_1C_1D_1$。

2. 变形运动

（1）直线变形运动

C 点沿 x 轴方向的分速度比 A 点快 $\frac{\partial u_x}{\partial x}\mathrm{d}x$，故边长 AC 在 x 轴方向要拉长 $\frac{\partial u_x}{\partial x}\mathrm{d}x\mathrm{d}t$，即 A_1C_1 拉长到 A_1C_2。如以单位时间单位长度表示，恰好是式（3.4.3）θ_{xx}，即

$$\theta_{xx} = \frac{\partial u_x}{\partial x}\frac{\mathrm{d}x\mathrm{d}t}{\mathrm{d}x\mathrm{d}t} = \frac{\partial u_x}{\partial x}$$

同理

$$\theta_{yy} = \frac{\partial u_y}{\partial y}\frac{\mathrm{d}y\mathrm{d}t}{\mathrm{d}y\mathrm{d}t} = \frac{\partial u_y}{\partial y}$$

这种运动称为微元的直线变形运动。把 θ_{xx}, θ_{yy} 称为微元在 x, y 轴方向的直线应变速度。$\frac{\partial u_x}{\partial x}\mathrm{d}x, \frac{\partial u_y}{\partial y}\mathrm{d}y$ 称为微元的直线变形速度（rate of linear deformation）。

（2）剪切变形运动

因 C 点在 y 轴方向的分速度比 A 点在 y 轴方向的分速度有增量 $\frac{\partial u_y}{\partial x}\mathrm{d}x$，使得 A_1C_2 边逆时针偏转 α 角。同理，因 B 点在 x 轴方向的分速度比 A 点在 x 轴方向的分速度有增量 $\frac{\partial u_x}{\partial y}\mathrm{d}y$，使得 A_1B_2 边顺时针偏转 β 角。考虑到 α 和 β 是很小的角，所以

$$\alpha \approx \tan \alpha = \frac{\frac{\partial u_y}{\partial x}\mathrm{d}x\mathrm{d}t}{\mathrm{d}x + \frac{\partial u_x}{\partial x}\mathrm{d}x\mathrm{d}t}$$

上式分母中第二项为二阶微量，可略去，于是

$$\alpha = \frac{\partial u_y}{\partial x}\mathrm{d}t \qquad (3.4.4a)$$

同理

$$\beta = \frac{\partial u_x}{\partial y}\mathrm{d}t \qquad (3.4.4b)$$

经过 $\mathrm{d}t$ 时间，矩形微元 $ABCD$ 的角度变化为

$$\alpha + \beta = \left(\frac{\partial u_y}{\partial x} + \frac{\partial u_x}{\partial y}\right)\mathrm{d}t$$

$$2\varepsilon_{xy} = \frac{\mathrm{d}\alpha + \mathrm{d}\beta}{\mathrm{d}t} = \left(\frac{\partial u_y}{\partial x} + \frac{\partial u_x}{\partial y}\right)$$

这种运动称为微元的剪切变形运动。把 ε_{xy} 称为微元一个边绕通过 A 点之 z 轴剪切变形角速度（shear angular velocity）。同理，$\varepsilon_{yz}, \varepsilon_{xz}$ 分别为绕 x, y 轴剪切变形角速度。

3. 旋转运动

在一般情况下，$\alpha \neq \beta$（如图 3.12），流体微元在 xOy 平面上除产生剪切变形外，还有绕 z 轴的旋转。$\angle B_1A_1C_1$ 的角分线 A_1E，经过 $\mathrm{d}t$ 时间转移到 $\angle B'A_1C'$ 的角分线 A_1E' 位置，扫过的角度 γ 为

$$\gamma = \frac{1}{2}(\angle B'A_1C' - \angle B_1A_1C_1) + \alpha$$

$$= \frac{1}{2}\left[90^0 - (\alpha + \beta) - 90^0\right] + \alpha$$

$$= \frac{1}{2}(\alpha - \beta)$$

将式(3.4.4)代入上式,得

$$\gamma = \frac{1}{2}\left(\frac{\partial u_y}{\partial x} - \frac{\partial u_x}{\partial y}\right)\mathrm{d}t$$

$$\frac{\mathrm{d}\gamma}{\mathrm{d}t} = \frac{1}{2}\left(\frac{\partial u_y}{\partial x} - \frac{\partial u_x}{\partial y}\right) = \omega_z$$

由此可见,ω_z 代表流体微元绕 z 轴的旋转角速度(revolute angular velocity)。同理,ω_x,ω_y 分别为绕 x,y 轴旋转的角速度。

从以上的分析可知,式(3.4.3)中各式右边第一项为平移速度;第二项和第三、四项分别为直线变形和剪切变形引起的速度增量;第五、六项为旋转运动产生的速度增量。所以流场中任何微元的运动都可以认为由平移、变形和旋转 3 种运动构成。对于存在着平移、变形和旋转运动的实际流体,流体微元表面上的表面力不仅有压应力(压强),而且根据牛顿内摩擦定律,其表面上也有切应力。所以实际流体微元受力状态较黏性力不起主要作用的平衡流体或者没有黏性力的理想流体复杂,研究流体运动规律时,多从理想流体入手。

3.5　理想流体的运动微分方程及伯努利积分

3.5.1　理想流体的运动微分方程

自然界的实际流体都有黏性,且大多可压缩,为了研究问题的方便,首先研究无黏性不可压缩的理想流体,然后将所得结论推广到实际流体。本节讨论理想流体受力与运动之间的动力学关系,即根据牛顿第二定律,建立理想流体的动力学方程。由于理想流体无黏性,可不考虑内摩擦力,作用在流体表面上的力只有压力,其方向垂直于受压面且指向内法线方向。如图 3.13 所示,从运动的理想流体中取一以 $C(x,y,z)$ 点为中心的微元六面体 1 − 2 − 3 − 4,其边长分别为 $\mathrm{d}x,\mathrm{d}y,\mathrm{d}z$。它与推导连续性方程时所取微元六面体不同,该六面体不是固定空间,而是一个运动的流体质点。C 点处压强为 p,密度为 ρ,C 点处流速沿 x,y,z 轴的分量分别为 u_x,u_y,u_z。由于微元六面体无限小,整个六面体的流动速度在各轴上的分量也是 u_x,u_y,u_z。作用于此微元六面体上的力有质量力和表面力。

根据牛顿第二定律,作用在微元六面体上的合外力在某坐标轴方向投影的代数和等于此流体微元质量乘以其加速度。数学形式可写为 $\sum \boldsymbol{F} = m\boldsymbol{a}$,则

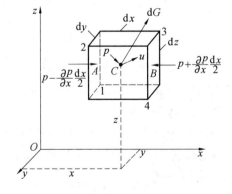

图 3.13　微元六面体流体质点

$$\mathrm{d}\boldsymbol{G} + \mathrm{d}\boldsymbol{P} - \mathrm{d}\boldsymbol{P'} = m\boldsymbol{a} \tag{a}$$

其中,$\mathrm{d}G,\mathrm{d}P$ 和 $\mathrm{d}P'$ 与第 2 章 2.2 节的意义和推导过程相同,$m\boldsymbol{a} = \rho\mathrm{d}x\mathrm{d}y\mathrm{d}z\dfrac{\mathrm{d}\boldsymbol{u}}{\mathrm{d}t}$。将式 $\mathrm{d}\boldsymbol{G},\mathrm{d}\boldsymbol{P},\mathrm{d}\boldsymbol{P'}$ 和 $m\boldsymbol{a}$ 代入式(a),化简并等式两边同除以 $\rho\mathrm{d}x\mathrm{d}y\mathrm{d}z$,得

$$\boldsymbol{J} - \left(\frac{1}{\rho}\frac{\partial p}{\partial x}\boldsymbol{i} + \frac{1}{\rho}\frac{\partial p}{\partial y}\boldsymbol{j} + \frac{1}{\rho}\frac{\partial p}{\partial z}\boldsymbol{k}\right) = \frac{\mathrm{d}\boldsymbol{u}}{\mathrm{d}t} \tag{b}$$

所以流体微元沿 x,y,z 轴方向的运动方程为

$$\left.\begin{array}{l} X - \dfrac{1}{\rho}\dfrac{\partial p}{\partial x} = \dfrac{\mathrm{d}u_x}{\mathrm{d}t} \\[2mm] Y - \dfrac{1}{\rho}\dfrac{\partial p}{\partial y} = \dfrac{\mathrm{d}u_y}{\mathrm{d}t} \\[2mm] Z - \dfrac{1}{\rho}\dfrac{\partial p}{\partial z} = \dfrac{\mathrm{d}u_z}{\mathrm{d}t} \end{array}\right\} \tag{3.5.1}$$

这就是理想流体的运动微分方程,该方程是欧拉在 1755 年推导出来的,又称欧拉运动微分方程(Euler's differential equation of motion)。它表述了理想流体所受外力与流体运动加速度之间的关系。它是研究理想流体各种运动规律的基础,对可压缩性流体和不可压缩性流体都是适用的。

如果流体运动状态不随时间改变,即处于平衡状态,则

$$\frac{\mathrm{d}u_x}{\mathrm{d}t} = \frac{\mathrm{d}u_y}{\mathrm{d}t} = \frac{\mathrm{d}u_z}{\mathrm{d}t} = 0$$

将上式代入式(3.5.1),则得到欧拉平衡微分方程,由此可见,流体的平衡问题只是流体运动的一个特例。

对于实际流体,微元六面体流体质点除了受表面压力、质量力以外,还受切应力的作用。不可压缩的实际流体运动的微分方程一般称为纳维 – 斯托克斯方程,可写为

$$\left.\begin{array}{l} X - \dfrac{1}{\rho}\dfrac{\partial p}{\partial x} + \nu\nabla^2 u_x = \dfrac{\mathrm{d}u_x}{\mathrm{d}t} \\[2mm] Y - \dfrac{1}{\rho}\dfrac{\partial p}{\partial y} + \nu\nabla^2 u_y = \dfrac{\mathrm{d}u_y}{\mathrm{d}t} \\[2mm] Z - \dfrac{1}{\rho}\dfrac{\partial p}{\partial z} + \nu\nabla^2 u_z = \dfrac{\mathrm{d}u_z}{\mathrm{d}t} \end{array}\right\} \tag{3.5.2}$$

式中　　∇^2——拉普拉斯算子,$\nabla^2 = \dfrac{\partial^2}{\partial x^2} + \dfrac{\partial^2}{\partial y^2} + \dfrac{\partial^2}{\partial z^2}$;

ν——流体的运动黏性系数。

3.5.2　理想流体运动微分方程的伯努利积分

理想流体运动微分方程至今尚未找到它的通解,只是在几种特殊情况下得到了它的特解,并且是在一些特定条件下进行积分。如流体力学中常见的理想流体运动微分方程的伯努利积分,它是在以下具体条件下进行的积分。

流体是均匀不可压缩的,即

$$\rho = 常数$$

流体的运动是定常流动,此时有

$$\frac{\partial u_x}{\partial t} = \frac{\partial u_y}{\partial t} = \frac{\partial u_z}{\partial t} = 0$$

$$\frac{\partial p}{\partial t} = 0$$

质量力是定常而有势的,设 $W = W(x, y, z)$ 是质量力的势函数,则

$$dW = \frac{\partial W}{\partial x}dx + \frac{\partial W}{\partial y}dy + \frac{\partial W}{\partial z}dz = Xdx + Ydy + Zdz$$

沿流线进行积分,由于是定常流动,所以流线与迹线重合,此时有

$$\left. \begin{aligned} u_x &= \frac{dx}{dt} \\ u_y &= \frac{dy}{dt} \\ u_z &= \frac{dz}{dt} \end{aligned} \right\}$$

在上述 4 个条件的限制下,将欧拉运动微分方程(3.5.1)的 3 个等式分别乘以 $dx, dy,$ dz,然后相加,得

$$(Xdx + Ydy + Zdz) - \frac{1}{\rho}\left(\frac{\partial p}{\partial x}dx + \frac{\partial p}{\partial y}dy + \frac{\partial p}{\partial z}dz\right) = \frac{du_x}{dt}dx + \frac{du_y}{dt}dy + \frac{du_z}{dt}dz \quad (3.5.3)$$

由给定的 4 个条件对上式进行整理。质量力是定常而有势的,则

$$Xdx + Ydy + Zdz = dW$$

流体运动是不可压缩流体的定常流动,则

$$\frac{1}{\rho}\left(\frac{\partial p}{\partial x}dx + \frac{\partial p}{\partial y}dy + \frac{\partial p}{\partial z}dz\right) = \frac{1}{\rho}dp$$

流线与迹线重合,则

$$\frac{du_x}{dt}dx + \frac{du_y}{dt}dy + \frac{du_z}{dt}dz = u_x du_x + u_y du_y + u_z du_z =$$

$$\frac{1}{2}d(u_x^2 + u_y^2 + u_z^2) =$$

$$\frac{1}{2}d(u^2) = d\left(\frac{u^2}{2}\right)$$

将上述 3 等式代入式(3.5.3),可得

$$dW - \frac{1}{\rho}dp = d\left(\frac{u^2}{2}\right)$$

因为 $\rho =$ 常数,上式可写成

$$d\left(W - \frac{p}{\rho} - \frac{u^2}{2}\right) = 0$$

沿一条流线对上式积分得

$$W - \frac{p}{\rho} - \frac{u^2}{2} = 常数 \quad (3.5.4)$$

这就是理想流体运动微分方程的伯努利积分。它表明:对于不压缩的理想流体,在有

势质量力的作用下作定常流动时,函数$(W - \dfrac{p}{\rho} - \dfrac{u^2}{2})$的值在同一条流线上保持不变。即处于同一流线上的所有流体质点,其函数$(W - \dfrac{p}{\rho} - \dfrac{u^2}{2})$之值均是相同的。但是,对于不同流线上的流体质点来说,伯努利积分函数$(W - \dfrac{p}{\rho} - \dfrac{u^2}{2})$的值一般是不同的,如图 3.14 所示。

在同一流线上取任意的两点 a,b 可得

$$W_a - \frac{p_a}{\rho} - \frac{u_a^2}{2} = W_b - \frac{p_b}{\rho} - \frac{u_b^2}{2}$$

式中　　W_a, p_a, u_a—— 分别表示在某一条流线上 a 点处的有关量;

　　　　W_b, p_b, u_b—— 分别表示在同一条流线上 b 点处的有关量。

而对于不同的流线,伯努利积分分别为

$$W_1 - \frac{p_1}{\rho} - \frac{u_1^2}{2} = 常数\ Ⅰ$$

$$W_2 - \frac{p_2}{\rho} - \frac{u_2^2}{2} = 常数\ Ⅱ$$

$$W_3 - \frac{p_3}{\rho} - \frac{u_3^2}{2} = 常数\ Ⅲ$$

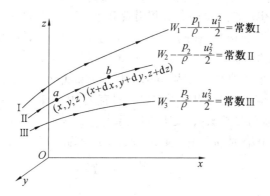

图 3.14 不同流线上的$(W - \dfrac{p}{\rho} - \dfrac{u^2}{2})$ 值

3.6　理想流体微小流束的伯努利方程

流体的运动形式多种多样、纷繁复杂,但流体的运动是物质运动的一部分,遵守能量守恒及转换定律。本节主要研究运动流体所具有的能量以及各种能量之间的转换规律,即伯努利方程。理想流体微小流束的伯努利方程,一般有以下两种情况:

(1)流体所受质量力只有重力;

(2)流体所受质量力为重力和离心力。

3.6.1 质量力只有重力

如果作用在流体质点上的质量力只有重力,在图 3.14 中,质点沿流线运动时,受到的单位质量力(重力)在 x,y,z 轴上的分量分别为

$$X = 0, Y = 0, Z = -g$$

则

$$dW = Xdx + Ydy + Zdz = -gdz$$

积分得

$$W = -gz$$

将 $W = -gz$ 代入式(3.5.4)中得到

$$gz + \frac{p}{\rho} + \frac{u^2}{2} = 常数 \tag{3.6.1}$$

上式中的每一项均是对单位质量的流体而言。式(3.6.1)中的各项除以重力加速度 g,则有

$$z + \frac{p}{\rho g} + \frac{u^2}{2g} = 常数 \tag{3.6.2}$$

对于同一流线上的任意两点 1,2,有

$$z_1 + \frac{p_1}{\rho g} + \frac{u_1^2}{2g} = z_2 + \frac{p_2}{\rho g} + \frac{u_2^2}{2g} \tag{3.6.3}$$

式(3.6.2)是理想流体运动微分方程沿着微小流束中的某一流线进行积分的结果。由于微小流束的过水断面很小,在同一过水断面上各点的运动要素 p,u,z 是等值的。因此沿流线积分得到的方程式(3.6.2)和(3.6.3)可推广到微小流束中去使用,一般将其称为理想流体微小流束的伯努利方程(Bernoulli's equation)。它是能量守恒与转换定律在流体力学中的具体应用,它表明了当质量力只有重力时,单位重力的理想流体沿着某一流线作定常运动时,运动要素 z,p,u 之间的关系。

当流体处于静止状态时,$u = 0$。则式(3.6.2)变为

$$z + \frac{p}{\rho g} = 常数$$

这是流体静力学基本方程,是伯努利方程的一个特例。

另外,理想流体微小流束的伯努利方程还可简单地利用理论力学或物理学中的动能定理推导得出。1738 年,丹尼尔·伯努利本人就是这样得到的。

3.6.2 质量力为重力与离心力共同作用

一般情况下,运动流体将受到各种不同性质的质量力,无论流体以什么形式运动,都受重力作用,许多工程实际问题中,流体所受的质量力只有重力。但是,在变速流动和相对运动中,流体所受质量力为重力和惯性力共同作用。如叶轮机械旋转轨道内的流体所受质量力为重力和离心力共同作用。

在水泵和水涡轮机等水力机械中常用如图 3.15 所示的叶轮,由于叶轮的转动,采用绝对静止的参照系研究,流体的运动是非定常流动。但是如果选择叶轮为参照系研究,且叶轮转速不变时,则相对于转动参照系而言,流体的运动是定常流动。当叶轮转动角速度

为 ω 时,流体从半径为 r_1 的圆周进入叶轮,经过叶轮通道,最后离开叶轮,离开叶轮时圆周的半径为 r_2。流体相对叶轮是定常流动,现在叶轮通道中取一流线 1—2,在流线上取一点 A,此处半径为 r,流体质点相对叶轮速度为 W。此时流体质点所受质量力为重力和由转动产生惯性离心力,所以,质点所受单位质量力在 x,y,z 轴上的分量分别为

$$X = \omega^2 x$$
$$Y = \omega^2 y$$
$$Z = -g$$

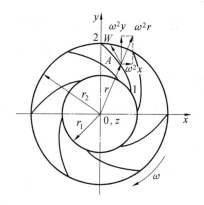

图 3.15   旋转叶轮的分析

则

$$\mathrm{d}W = X\mathrm{d}x + Y\mathrm{d}y + Z\mathrm{d}z = \omega^2 x\mathrm{d}x + \omega^2 y\mathrm{d}y - g\mathrm{d}z$$

积分可得

$$W = \frac{1}{2}\omega^2 x^2 + \frac{1}{2}\omega^2 y^2 - gz = \frac{1}{2}\omega^2 r^2 - gz$$

将上式代入式(3.5.4)得

$$\frac{1}{2}\omega^2 r^2 - gz - \frac{p}{\rho} - \frac{u^2}{2g} = 常数$$

将上式各项除以重力加速度 g,对单位重量流体而言,上式变为

$$z + \frac{p}{\rho g} + \frac{W^2}{2g} - \frac{\omega^2 r^2}{2g} = 常数 \tag{3.6.4}$$

对同一流线或同一微小流束上的任意两点 1,2,上式可写成

$$z_1 + \frac{p_1}{\rho g} + \frac{W_1^2}{2g} - \frac{\omega^2 r_1^2}{2g} = z_2 + \frac{p_2}{\rho g} + \frac{W_2^2}{2g} - \frac{\omega^2 r_2^2}{2g} \tag{3.6.5}$$

式(3.6.4)和(3.6.5)就是在质量力为重力和离心力共同作用时的伯努利方程。

3.7   伯努利方程式的意义

伯努利方程式是流体力学中重要的方程式之一,我们不但要掌握这个方程式,还要深刻理解这个方程式的意义,下面讲解伯努利方程式的物理意义及几何意义。

3.7.1   物理意义

伯努利方程的物理意义主要是指其能量意义。理想流体微小流束伯努利方程中的 3 项 $z, \dfrac{p}{\rho g}, \dfrac{u^2}{2g}$ 分别表示单位重量流体的 3 种不同形式的能量。

z 的物理意义在流体静力学中已经说明,它表示单位重量流体流经给定点时所具有的位势能(potential energy of elevation),称为比位能。重量为 mg、高度为 z 的流体的位势能(重力势能)为 mgz。

$\dfrac{p}{\rho g}$ 的物理意义在流体静力学中也已经说明过,它也是一种能量,表示单位重量流体流经给定点时所具有的压力势能(potential energy of pressure),称为比压能。

$\dfrac{u^2}{2g}$ 表示单位重量流体流经给定点所具有的动能(kinetic energy),称为比动能。由物理学中的动能公式可知,质量为 m,速度为 u 的流体,其动能为

$$E_k = \frac{1}{2}mu^2$$

则单位重量流体的动能为

$$E_{k0} = \frac{\frac{1}{2}mu^2}{G} = \frac{mu^2}{2mg} = \frac{u^2}{2g}$$

比位能 z 和比压能同属于势能,所以,$z + \dfrac{p}{\rho g}$ 就是单位重量流体的总势能,称为比势能。$\dfrac{u^2}{2g}$ 是比动能,则 $z + \dfrac{p}{\rho g} + \dfrac{u^2}{2g}$ 就是单位重量流体的总机械能,称为总比能。由伯努利方程可知:单位重量的理想流体沿流线运动时,其携带的总能量在所流经的路程上任意位置时总是保持不变的,但其位势能、压力势能和动能是可以相互转化的。所以,理想流体微小流束的伯努利方程式实质就是能量转换与守恒定律在流体力学中的具体体现。

3.7.2 几何意义

参照流体静力学中水头的概念,用几何图形将伯努利方程中各物理量的变化关系描述出来,这就是伯努利方程的意义,如图 3.16 所示。

z 是微小流束上任意过水断面的中心处流体质点距离基准面的高度,称为位置水头(potential head),显然它具有长度的量纲,即

$$[z] = [L]$$

对于同一流束上每一过水断面都具有这样的高度,因此对于同一流束段就形成了一条曲线 AB,它就是流束的中心轴线,称为位置水头线。

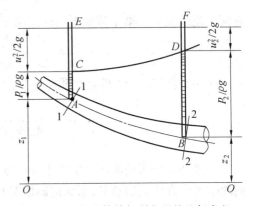

图 3.16　理想流体伯努利方程的几何意义

$\dfrac{p}{\rho g}$ 表示所研究的流体质点在某给定 z 位置时,由于受到压强 P 的作用而能够上升的高度,即压强高度,称为压强水头(pressure head)。如图 3.16 所示,假设在流束的每个过水断面上都装有一个测压管,测压管中水位就反映出相应于该过水断面的 $\dfrac{p}{\rho g}$ 值。每个过水断面上的 $z + \dfrac{p}{\rho g}$ 值所画出的曲线 CD 称为测压管水头线。压强水头同样具有长度量纲,即

$$\left[\frac{p}{\rho g}\right] = \left[\frac{MLT^{-2}/L^2}{MLT^{-2}/L^3}\right] = [L]$$

$\dfrac{u^2}{2g}$ 的量纲也是长度量纲,即

$$\left[\frac{u^2}{2g}\right] = \left[\frac{L^2 T^{-2}}{LT^{-2}}\right] = [L]$$

$\dfrac{u^2}{2g}$ 表示所研究的流体质点在 z 位置时,以速度 u 铅直向上喷射到空气中时所达到的高度(不计空气阻力),称为速度水头(velocity head),这一点应用物理学中的机械能守恒定律很容易证明。

流体的质量为 m,以初速度 u 铅直向上喷射,不计空气阻力,则流体上升的最大高度 h_u 为

$$mgh_u = \frac{1}{2}mu^2$$

得

$$h_u = \frac{u^2}{2g}$$

速度水头的实验测量如图 3.17 所示,在管路的运动流体中安装一个测速管 CD,它是弯成直角的两端开口的细管,C 端正对迎面而来的流体,D 端铅直向上。C 端的运动流体质点,由于测速管的阻滞而流速等于零,动能全部转化为压能,使得测速管中液面升高为 $\dfrac{p'}{\rho g}$。同时在 C 点上游的管壁上,安装一个一般的测压管 AB。A,C 两点在同一水平线上,AB 未受测速管影响,流速为 u,测压管中液面高度为 $\dfrac{p}{\rho g}$,对 A,C 两点应用理想流体微小流束的伯努利方程,有

$$\frac{p}{\rho g} + \frac{u^2}{2g} = \frac{p'}{\rho g}$$

则

$$\Delta h = \frac{p'}{\rho g} - \frac{p}{\rho g} = \frac{u^2}{2g}$$

根据这一原理,将测压管与测速管组合在一起制成一种测量定点流速的仪器,称为毕托管(Pitot tube),如图 3.17 所示。

由于速度水头具有长度量纲,可以用高度表示,如图 3.16 所示,对于理想流体某一流线上(或微小流束过水断面上)各点的 z,$\dfrac{p}{\rho g}$,$\dfrac{u^2}{2g}$ 加在一起形成直线 EF,它是水平的,称为理想流体的总水头线。所以,理想流体伯努利方程式的几何意义是理想流体沿流线

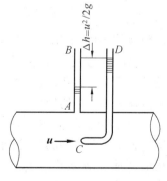

图 3.17　毕托管

运动时,其位置水头、压强水头、速度水头可能有变化或 3 个水头之间相互转化,但其各水

头之和总是保持不变,即理想流体各过水断面上的总水头永远是相等的。如果用 H 表示各项水头之和,即总水头,则

$$H = z + \frac{p}{\rho g} + \frac{u^2}{2g}$$

伯努利方程写为

$$H = 常数$$

或

$$H_1 = H_2$$

3.8 实际流体的伯努利方程及其工程应用

在工程实践中,流体并非是理想流体,而是实际流体,本节我们讨论实际流体的伯努利方程,并设运动流体所受质量力只有重力,流体的运动是定常流动。

3.8.1 实际流体伯努利方程式的建立

1. 实际流体微小流束的伯努利方程

实际流体的运动与理想流体的运动有很大差别,主要是由于实际流体具有黏性,当流体流动时,在流体与边界之间,流体与流体之间将产生摩擦阻力。在流动过程中摩擦阻力做功,要想克服摩擦阻力,流体就要消耗自己的一部分机械能,使之不可逆地转变为热能、声能等其他形式的能量而耗散掉。因此,流体的机械能沿流体流过的路程而减小,也可以说沿着流体流过的路程,单位重力流体所具有的总水头不断减小,如图 3.18 所示。

用 h'_w 表示微小流束从断面 1—1 流动到断面 2—2 的单位重量流体的水头损失,则实际流体微小流束的伯努利方程(Bernoulli equation of infinitesimal stream tube)为

$$z_1 + \frac{p_1}{\rho g} + \frac{u_1^2}{2g} = z_2 + \frac{p_2}{\rho g} + \frac{u_2^2}{2g} + h'_w$$

$$(3.8.1)$$

式中,z,$\frac{p}{\rho g}$,$\frac{u^2}{2g}$ 3 个量的物理意义及几何意义与在理想流体中的均相同。h'_w 显然具有长度的量纲,称为损失水头,它表示单位重量流体在流动过程中所损耗的机械能,即能量损失。

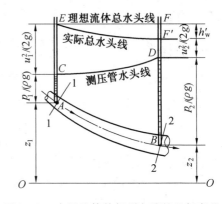

图 3.18 实际流体伯努利方程的几何意义

实际流体微小流束的伯努利方程式中各项、总水头及测压管水头沿流体流动路程的变化可由几何曲线表示,如图 3.18 所示。从图中可以看出,实际流体的总水头线沿着流体的流动路程是一条下降的曲线,而不像理想流体水头线是一条水平线。

流体流动时,总水头线沿微小流束(或流线)的变化情况,可以用水力坡度表示。

(1)总水头线水力坡度

总水头线沿微小流束(或流线)长度的下降值 $\mathrm{d}H$ 与该流束(或流线)长度 $\mathrm{d}l$ 的比值,

称为总水头线的水力坡度,简称水力坡度,它是单位重量的流体沿微小流束(或流线)单位长度的机械能损失。水力坡度用 i 表示,即

$$i = -\frac{\mathrm{d}H}{\mathrm{d}l} = -\frac{\mathrm{d}(z + \dfrac{p}{\rho g} + \dfrac{u^2}{2g})}{\mathrm{d}l} = \frac{\mathrm{d}h'_{\mathrm{w}}}{\mathrm{d}l} \tag{3.8.2}$$

因为总水头 H 沿着流体的流动方向是下降的,其增量必定为负值,因此,$\mathrm{d}H$ 前冠以"−"号。但 h'_{w} 沿流动方向是逐渐增加的,即 $\mathrm{d}h'_{\mathrm{w}}$ 为正值。

断面 1−1 断面 2—2 之间的平均水力坡度,或者说实际流体总水头线是直线时的总水头线水力坡度为

$$i = \frac{H_1 - H_2}{l} = \frac{(z_1 + \dfrac{p_1}{\rho g} + \dfrac{u_1^2}{2g}) - (z_2 + \dfrac{p_2}{\rho g} + \dfrac{u_2^2}{2g})}{l} = \frac{h'_{\mathrm{w}}}{l} \tag{3.8.3}$$

(2)测压管水头线水力坡度

测压管水头线沿微小流束(或流线)长度的变化值 $\mathrm{d}(z + \dfrac{p}{\rho g})$ 与该微小流束(或流线)长度 $\mathrm{d}l$ 的比值,称为此运动流体的测压管水头线的水力坡度,它是单位重量流体沿微小流束(或流线)单位长度的势能减小量。测压管水头线水力坡度用 i_{p} 表示,则

$$i_{\mathrm{p}} = \pm\frac{\mathrm{d}(z + \dfrac{p}{\rho g})}{\mathrm{d}l} \tag{3.8.4}$$

沿着流体的流动方向,测压管水头 $z + \dfrac{p}{\rho g}$ 有时增加,有时减小,因此,式前用"±"号。

断面 1—1 和 2—2 间的平均测压管水头线水力坡度为

$$i_{\mathrm{p}} = \pm\frac{(z_1 + \dfrac{p_1}{\rho g}) - (z_2 + \dfrac{p_2}{\rho g})}{l} \tag{3.8.5}$$

通过上述讨论可知,实际流体的总水头线沿流体的流动方向总是降低的,而测压管水头线有时上升,有时降低。如果过水断面逐渐增大时,即速度水头逐渐减小时,测压管水头线将逐渐上升;过水断面逐渐缩小时,测压管水头线将逐渐降低。如果过水断面沿流动方向不改变时,即 $u = $ 常数,则总水头线水力坡度与测压管水头线水力坡度彼此相等。即

$$i = i_{\mathrm{p}}$$

2. 实际流体总流的伯努利方程

前面讨论了实际流体微小流束的伯努利方程,它只能应用于微小流束或一条流线上,因为微小流束的过水断面面积很小,同一过水断面上各流体质点的 z,p,u 等物理量可以看作是相同的。但在工程技术实践中,不但需要知道某一流线上的伯努利方程,更重要的是必须把微小流束的伯努利方程推广到实际流体的总流上去。由于总流的过水断面面积为有限大,在同一过水断面上各流体质点的 z,p,u 等物理量之值变化较大。为了建立总流的伯努利方程,还须了解下面的有关概念。

(1)急变流和缓变流

总流都可以看成是无穷多微小流束的总和,在总流中某一微小流束的同一过水断面上的物理参数,可能相同也可能不同。因此引入急变流(rapidly varied flow)和缓变流

（gradually varied flow）概念。

① 急变流

流线的曲率半径 r 很小，或流线之间的夹角 β 很大的流动，称为急变流。如图 3.19 所示，1—2 流段内、2—3 流段内、4—5 流段内，流线曲率半径很小，流线之间的夹角 β 又很大，因此均是急变流。在急变流中，形成不可忽略的惯性力，流体内部摩擦力在垂直于流线的过水断面上也有分量存在。在急变流段的过水断面上，有许多种力存在，且其成因都很复杂。所以，不能将伯努利方程中的过水断面取在急变流段中。

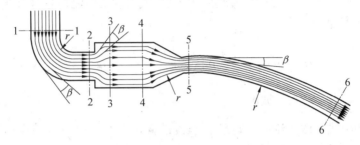

图 3.19   急变流与缓变流

② 缓变流

流线的曲率半 r 无限大，或流线之间的夹角 β 无限小，即流线接近于平行直线，这样的流动称为缓变流。如图 3.19 中的 3—4 段、5—6 段就是缓变流。

在缓变流段中，因为流线的曲率半径 r 无限大，形成的离心惯性力无限小，可以忽略不计；流线接近于平行直线，其过水断面都是平面且与流动方向垂直；流体内摩擦力在过水断面上也没有分量。由于过水断面与流动方向垂直，其上速度分量为零。所以，缓变流段过水断面上压强的分布，遵循重力场中流体静力学规律，即

$$z + \frac{p}{\rho g} = 常数 \tag{3.8.6}$$

由此可见，应该将伯努利方程中的过水断面取在缓变流段中。这一点可通过缓变流过水断面上压强的分布规律加以证明，证明略。

（2）实际流体总流的伯努利方程

下面讨论如何把实际流体微小流束的伯努利方程应用于总流的缓变流断面上，从而推导出实际流体总流的伯努利方程（Bernoulli equation of integral flow）。

总流是由无数微小流束组成的，如图 3.20 所示。假定流体是不可压缩的实际流体，并且作定常流动，其中任一微小流束的伯努利方程为

$$z_1 + \frac{p_1}{\rho g} + \frac{u_1^2}{2g} = z_2 + \frac{p_2}{\rho g} + \frac{u_2^2}{2g} + h'_{w}$$

上式表示的是任一微小流束单位重量流体能量的变化关系。

对于缓变流断面，$z + \frac{p}{\rho g} = 常数$。由于流速 u 在总流过水断面上的分布很难确定，因此，用过水断面的平均流速 v 代替流体质点的速度 u。但此时必须引入动能修正系数概念，即实际动能与按过水断面平均流速计算的动能之比值。α 取决于总流过水断面上流速的分布。α 一般大于 1，如果流速分布较均匀时，$\alpha = 1.05 \sim 1.10$。在圆管层流运动中 α

$= 2$。由于工程中许多水流及气流的紊流度较大，故在工程计算中一般常取 $\alpha = 1$。

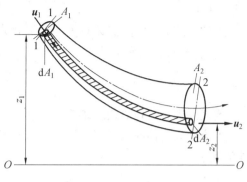

图 3.20　微小流束和总流

$\int_{A_2} h'_w u \mathrm{d}A$ 流体由过水断面 1—1 至过水断面 2—2，因克服摩擦阻力而损失的机械能。由于 h'_w 与 u 的关系不知道，这个积分很困难。为了简便起见，引入单位重量流体的平均能量损失 h_w，则

$$h_w = \frac{\rho g \int_{A_2} h'_w u \mathrm{d}A}{\rho g Q}$$

则任一微小流束的伯努利方程对应于总流，得

$$z_1 + \frac{p_1}{\rho g} + \frac{\alpha_1 v_1^2}{2g} = z_2 + \frac{p_2}{\rho g} + \frac{\alpha_2 v_2^2}{2g} + h_w \tag{3.8.7}$$

这就是重力场中实际流体总流的伯努利方程，它表示单位重量实际流体总流的能量变化规律，是工程流体力学中最重要的方程之一。

通过上面的讨论可以看出，总流的伯努利方程在推导过程中是有一定条件限制的，可归纳如下：

① 流体为不可压缩的实际流体；

② 流体的运动为定常流动；

③ 流体所受质量力只有重力；

④ 所选取的两过水断面必须处在缓变流段中；

⑤ 总流的流量沿程不变，即在两过水断面间无流量的分出或汇入。如两过水断面间有连续的流量分出或汇入，则为沿程变量流。沿程变量流的伯努利方程具有另外的形式；

⑥ 两过水断面间除了水头损失之外，总流没有能量的输入或输出。当总流在两过水面间通过水泵、风机或水轮机等流体机械，使流体额外地获得或失去能量时，则总流的伯努利方程应该进行修正。

实际流体总流的伯努利方程，在解决工程实际问题时有着极其重要的作用，而且应用范围很广。但由于它是在上述条件限制下推导出来，所以使用时必须注意：

实际流体总流的伯努利方程表示的是：在重力场作用下，单位重量不可压缩实际流体作定常流动时能量转化关系式。

方程中 z_1，z_2 的基准面可任选，但对于两个不同过水断面必须选择同一基准面，一般使 $z \geqslant 0$。h_w 值的计算在第 5 章中将做详细讨论。在解伯努利方程时，必须运用连续性方程，以减少伯努利方程中的未知量。

总流的伯努利方程只能用于流量沿流程不变的连续流动中，且两个过水断面必须取在缓变流段中，当然在两过水断面之间是否为缓变流，则无关系。由于在缓变流过水断面上各点存在 $z + \dfrac{p}{\rho g} = 常数$，所以在列伯努利方程时，可以在选定的两个过水断面上任取空间点的位置，不必在同一条流线上。

伯努利方程中的压强 p_1 和 p_2，即可用绝对压强，也可用相对压强，但等式两边的标准

应是一样的。

式(3.8.7)是实际流体总流的伯努利方程,但也可应用于其他流体运动的情况。

当 $h_w = 0$ 时,方程变为

$$z_1 + \frac{p_1}{\rho g} + \frac{\alpha_1 v_1^2}{2g} = z_2 + \frac{p_2}{\rho g} + \frac{\alpha_2 v_2^2}{2g}$$

这就是理想流体总流的伯努利方程。

当流体为气体时,由于气体在流动时,密度 ρ 是个变量,如果不考虑内能的影响,伯努利方程为

$$z_1 + \frac{p_1}{\rho_1 g} + \frac{\alpha_1 v_1^2}{2g} = z_2 + \frac{p_2}{\rho_2 g} + \frac{\alpha_2 v_2^2}{2g} + h_w$$

矿井中的通风过程就属于这种情况,如果 ρ 变化不大,也可直接使用式(3.8.7)。

当在两个过水断面之间通过泵、风机或水轮机等流体机械,有机械能的输入或输出时,伯努利方程变为

$$z_1 + \frac{p_1}{\rho g} + \frac{\alpha_1 v_1^2}{2g} \pm E = z_2 + \frac{p_2}{\rho g} + \frac{\alpha_2 v_2^2}{2g} + h_w$$

E 表示输入或输出的能量,使用泵或风机对系统输入能量时,E 前冠以"+"号;使用水轮机,由系统输出能量时,E 前冠以"−"号。

【例3.1】 如图3.21所示水塔供水管道系统,已知 $h_1 = 9\ \text{m}$,$h_2 = 0.7\ \text{m}$,当阀门打开时,管道中水的平均流速 $v = 4\ \text{m/s}$,总能量损失 $h_w = 13\ \text{mH}_2\text{O}$,试确定水塔的水面高度 H。

解 以水平管轴线所在水平面为基准面,对水塔自由液面 0—0 和管道出口断面列伯努利方程

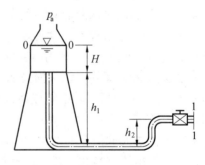

图 3.21 水塔供水管道

$$z_0 + \frac{p_0}{\rho g} + \frac{\alpha_0 v_0^2}{2g} = z_1 + \frac{p_1}{\rho g} + \frac{\alpha_1 v_1^2}{2g} + h_w$$

式中,$z_0 = H + h_1$,$z_1 = h_2$,$\dfrac{p_0}{\rho g} = \dfrac{p_1}{\rho g}$,$v_0$ 很小,故 $\dfrac{a_0 v_0^2}{2g}$ 可以忽略不计,则上式为

$$H + h_1 = h_2 + \frac{\alpha_1 v_1^2}{2g} + h_w$$

因为水塔较高,压强水头较大,管内流动比较紊乱,可取 $\alpha_1 = 1$

则

$$H/\text{m} = h_2 + \frac{v_1^2}{2g} + h_w - h_1 = 0.7 + \frac{4^2}{2 \times 9.8} + 13 - 9 = 5.52$$

【例3.2】 由一高位水池引出一条供水管路 AB,如图3.22所示。已知:流量 $Q = 0.034\ \text{m}^3/\text{s}$;管路直径 $D = 0.15\ \text{m}$;压力表读数 $p_b = 4.9 \times 10^4\ \text{N/m}^2$;高度 $H = 20\ \text{m}$,试计算水流在管路 AB 段的水头损失。

解 取 $O - O$ 为水平基准面,设单位重量的水自过水断面 1－1 沿管路 AB 流到 B 点,列出过水断面 1－1 和过水断面 2－2 的伯努利方程

$$z_1 + \frac{p_1}{\rho g} + \frac{\alpha_1 v_1^{\ 2}}{2g} = z_2 + \frac{p_2}{\rho g} + \frac{\alpha_2 v_2^{\ 2}}{2g} + h_w$$

由于 $z_1 = H = 20\ \text{m}, z_2 = 0, \dfrac{p_1}{\rho g} = 0, \dfrac{p_2}{\rho g} = \dfrac{p_b}{\rho g} = \dfrac{4.9 \times 10^4}{10^3 \times 9.8} = 5\ \text{m}, \alpha_1 = \alpha_2 = 1, v_1 = 0,$

$$v_2 = \frac{Q}{A} = \frac{0.034}{\frac{\pi}{4}(0.15)^2} = 1.92\ \text{m/s}$$

将以上各量之值代入伯努利方程,得 $20 + 0 + 0 = 0 + 5 + \dfrac{1 \times (1.92)^2}{2 \times 9.80} + h_w$

所以 $\qquad\qquad\qquad\qquad h_w/\text{m} = 20 - 5.188 = 14.812$

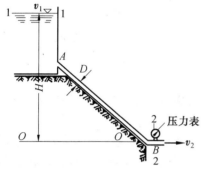

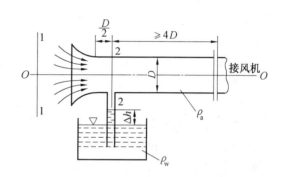

图 3.22　高位水池及供水管路　　　　图 3.23　气体集流器

【**例 3.3**】　如图 3.23 所示为测量风机流量常用的集流器装置示意图。其入口为圆弧形或圆锥形,已知直管内径 $D = 0.3$ m,气体密度与重力加速度的乘积为 $\rho_a g = 12.6\ \text{N/m}^3$,在距入口直管段 $D/2$ 处(即过水断面 2 - 2 位置)安装静压测压管,测得 $\Delta h = 0.25$ m。试计算此风机的风量 Q。

解　取 $O - O$ 为水平基准面,并在集流器入口前方稍远处取过水断面 1 - 1,由于过水断面 1 - 1 远远大于集流器断面,故可近似地取 $v_1 = 0$。断面 1 - 1 上的压强等于大气压,即 $p_1 = p_a$。过水断面 2 - 2 的流速为 v_2,压强为 p_2,且 $p_2 = p_a - \rho_w g \Delta h$。$z_1 = z_2 = 0$。

由于流速不高,直管段不长,能量损失可以忽略不计,流体可看作为理想流体,对过水断面 1 - 1 及过水断面 2 - 2 列出总流的伯努利方程

$$z_1 + \frac{p_1}{\rho_a g} + \frac{v_1^2}{2g} = z_2 + \frac{p_2}{\rho_a g} + \frac{v_2^2}{2g}$$

化简上式得

$$v_2 = \sqrt{2g \frac{1}{\rho_a g}(p_1 - p_2)}$$

而

$$p_1 - p_2 = p_a - (p_a - \rho_w g \Delta h) = \rho_w g \Delta h$$

所以

$$v_2 = \sqrt{2g \frac{\rho_w g}{\rho_a g} \Delta h}$$

代入数值得

$$v_2/(\mathrm{m \cdot s^{-1}}) = \sqrt{2 \times 9.8 \times \frac{9\,800}{12.6} \times 0.25} = 61.7$$

风机的风量 Q 为

$$Q/(\mathrm{m^3 \cdot s^{-1}}) = A_2 v_2 = \frac{\pi}{4}(0.3)^2 \times 61.7 = 4.36$$

3.8.2 伯努利方程式的工程应用

1. 测量流速与流量的仪表

在生产实际和科学实验中,经常会遇到流体的各种物理量的测量问题。如选矿工业中矿浆流量的测量、矿井通风中风速、风量的测量等,这些参数都是极其重要的。工程上常用的流速和流量测量仪表,多数都是以伯努利方程为其工作原理而制成的。我们着重介绍毕托管和文丘里流量计的构造、工作原理及测试方法。

(1)毕托管

毕托管是用来测量运动流体内任一点流速的仪器,其结构如图 3.24 所示。现在我们应用微小流束的伯努利方程对其进行分析。

如图 3.24(a)所示,在管路内流体中的一水平微小流束(或流线)$O-O$ 上,沿流体流向取非常接近的两点 1、2,并在 1、2 两点分别安装两个测压管,对 1、2 两点列出伯努利方程

$$\frac{p_1}{\rho g} + \frac{u_1^2}{2g} = \frac{p_2}{\rho g} + \frac{u_2^2}{2g} \qquad (\mathrm{a})$$

由式(a)可知,流体质点流经 1,2 两点时其总水头相等。如果在 2 点处安装一个弯成 90°的弯管,如图 3.24(b)所示,弯管的弯头正对流体流向,当弯管内流体上升的液柱稳定后,2 点处的流体停止运动,速度变为零,称 2 点为停滞点(stagnation point),2 点处的压强变为 p_2^*,流体在弯管内上升到高度为 h,则有

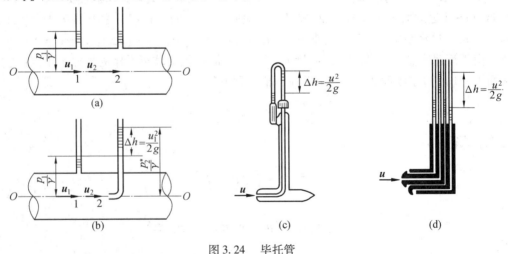

图 3.24　毕托管

$$h = \frac{p_2^*}{\rho g}$$

对 1,2 两点列出伯努力方程

$$\frac{p_1}{\rho g} + \frac{u_1^2}{2g} = \frac{p_2^*}{\rho g} \qquad\qquad (\text{b})$$

由于 1,2 两点取得非常近,由(a)、(b)两式得出

$$\frac{p_2^*}{\rho g} = \frac{p_1}{\rho g} + \frac{u_1^2}{2g} = \frac{p_2}{\rho g} + \frac{u_2^2}{2g}$$

则

$$\frac{u_1^2}{2g} = \frac{p_2^*}{\rho g} - \frac{p_1}{\rho g} = \Delta h$$

得

$$u_1 = \sqrt{2g\Delta h} \qquad\qquad (\text{c})$$

上式表明的只是理想情况,如果考虑实际流体存在黏性、毕托管对流体运动的干扰以及弯管的加工精度的影响,流体的实际流速经过修正后为

$$u_1 = \varphi\sqrt{2g\Delta h} \qquad\qquad (3.8.8\text{a})$$

也可表示为

$$u_1 = \varphi\sqrt{2g\frac{p_2^* - p}{\rho g}} = \varphi\sqrt{\frac{2(p_2^* - p)}{\rho}} \qquad\qquad (3.8.8\text{b})$$

式中 φ——毕托管的流速修正系数,其值由实验确定,一般取 $\varphi = 0.98$。如果毕托管外形尺寸很小,且弯管弯头端加工特别精细,又近似于流线型,在 2 点处以后不产生流体旋涡,则修正系数 φ 近似等于 1。

在工程实际中,经常将 1、2 两点处的测压管组装在一起,做成图 3.24 中(c)和(d)所示的形式,毕托管可用来测量风管、水管和矿井中任意一点的流体流速。由于毕托管体积小,因此便于携带、安装和测量,广泛应用于各行各业的工程实践中。需要说明的是,用毕托管测量气体流速时,若气体流速小 50 m/s,则管道内气流的压缩性可以忽略不计;若管道内气流速度大于 50 m/s,则要考虑气流的压缩性,应按可压缩流体流动的规律加以修正。

(2)文丘里流量计

文丘里流量计(Venturi flow meter)是根据伯努利方程设计的测量管道中流体流量的仪表,其结构如图 3.25 所示,文丘里管是由渐缩管 A、喉管 B 和渐扩管 C 组成。渐缩管 A 的断面急速变小,渐扩管的断面逐渐增大,恢复到原来的断面,断面最小段为喉管。用测压管测出主管和喉管的压强差,即可求出流量。其原理如下:

文丘里流量计倾斜放置(也可水平放置),如图 3.25 所示,假设管道内的流体为理

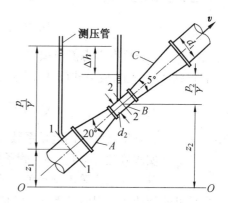

图 3.25 文丘里流量计

想流体的定常流动,且暂不考虑能量损失,在主管和喉管上分别装一根测压管,取 $O-O$ 为水平基准面,对过水断面 $1-1$ 和过水断面 $2-2$ 列出伯努利方程

$$z_1 + \frac{p_1}{\rho g} + \frac{v_1^2}{2g} = z_2 + \frac{p_2}{\rho g} + \frac{v_2^2}{2g}$$

又根据连续流体的连续性方程

$$A_1 v_1 = A_2 v_2$$

得

$$v_2 = \frac{A_1}{A_2} v_1 = \frac{\frac{\pi}{4} d_1^2}{\frac{\pi}{4} d_2^2} v_1 = \frac{d_1^2}{d_2^2} v_1$$

将 v_2 代入上面的伯努利方程,得

$$\left(z_1 + \frac{p_1}{\rho g}\right) - \left(z_2 + \frac{p_2}{\rho g}\right) = \frac{1}{2g}(v_2^2 - v_1^2) = \frac{v_1^2}{2g}\left(\frac{d_1^4}{d_2^4} - 1\right)$$

由上式可求 v_1 为

$$v_1 = \frac{1}{\sqrt{\dfrac{d_1^4}{d_2^4} - 1}} \sqrt{2g\left[\left(z_1 + \frac{p_1}{\rho g}\right) - \left(z_2 + \frac{p_2}{\rho g}\right)\right]}$$

令

$$\left(z_1 + \frac{p_1}{\rho g}\right) - \left(z_2 + \frac{p_2}{\rho g}\right) = \Delta h$$

则有

$$v_1 = \frac{1}{\sqrt{\dfrac{d_1^4}{d_2^4} - 1}} \sqrt{2g\Delta h}$$

或写为

$$v_1 = c\sqrt{\Delta h}$$

式中,$c = \dfrac{\sqrt{2g}}{\sqrt{\dfrac{d_1^4}{d_2^4} - 1}}$,对于某一固定尺寸的文丘里流量计,其主管和喉管的内径均是定值,

所以 c 也是常数,这样便得到理想情况下流量的计算公式为

$$Q_0 = A_1 v_1 = \frac{\pi}{4} d_1^2 c\sqrt{\Delta h} \tag{3.8.9}$$

式(3.8.9)是没有考虑能量损失而得出的关系式,由其求得的流量将大于实际流量 Q,要想得到实际流量,应对式(3.8.9)进行修正

$$Q = \mu Q_0 = \mu \frac{\pi d_1^2}{4} c\sqrt{\Delta h} \tag{3.8.10}$$

式中　μ——文丘里流量计的流量系数,它是实际流量与理想流量的比值。μ 值通常由实验确定,其值主要与管子材料、尺寸、加工精度、安装质量,流体的黏性及其运动速度等因素有关。一般情况下,μ 值约在 0.95 ~ 0.98 之间。

文丘里流量计在工程中已得到广泛应用,为了使测得流量值更接近实际流量,使用时应注意以下几点:

① 流量计中的压强不能太低,如果压强太低,流体将会产生汽化现象,流体的流动不再保持连续性,流量计也就无法正常工作。

② 为了保证流体的流动不受干扰而作定常流动,在流量计前15倍 d_1 的长度内,不要安装阀门、弯管或其他局部装置,否则影响 μ 的数值。

③ 测试前先检查测压管内是否有气泡,如果有气泡,要设法排除掉。

文丘里流量计只是众多流量计中的一种,以伯努利方程为工作原理的流量计还有喷嘴流量计、孔板流量计等。除此之外,工程上常用的流量计还有转子流量计、靶式流量计、电磁流量计、超声流量计等。各种流量计种类繁多,且不断改进,详细情况可参考热工仪表测量的有关资料,这里不再一一列举。

【例 3.4】 如图 3.26 所示,在 $D = 0.15$ m 的水管中,装一附有水银差压计的毕托管,用以测量管轴心处的流速。假设 1、2 两点相距很近而且毕托管加工很好,水流经过时没有干扰,水银密度 $\rho_M = 13\,600$ kg/m³,水的密度 $\rho_W = 1\,000$ kg/m³,则管轴心点处的流速是多少?

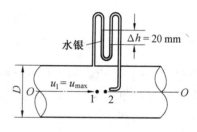

图 3.26 毕托管

解 1、2 两点相距很近,可以认为水流自 1 点流到 2 点没有能量损失。取 $O - O$ 轴所在水平面为基准面,并过 1 点和 2 点取过水断面 1 - 1 和 2 - 2 垂直于流向。对过水断面 1 - 1 和 2 - 2 列出理想流体的伯努利方程

$$z_1 + \frac{p_1}{\rho_W g} + \frac{u_1^2}{2g} = z_2 + \frac{p_2}{\rho_W g} + \frac{u_2^2}{2g}$$

由于 $z_1 = z_2 = 0, u_2 = 0$ 所以

$$\frac{p_1}{\rho_W g} + \frac{u_1^2}{2g} = \frac{p_2}{\rho_W g}$$

$$u_1 = \sqrt{2 \frac{p_2 - p_1}{\rho_W}}$$

实际流速

$$u_1 = \varphi \sqrt{2 \frac{p_2 - p_1}{\rho_W}}$$

1,2 两点压差为

$$p_2 - p_1 = (\rho_M - \rho_W) g \Delta h$$

$$u_1/(\text{m} \cdot \text{s}^{-1}) = \varphi \sqrt{2 \frac{p_2 - p_1}{\rho_W}} = \varphi \sqrt{2 \frac{(\rho_M - \rho_W) g}{\rho_W} \Delta h} =$$

$$0.98 \sqrt{2 \times 9.8 \times \left(\frac{13\,600 - 1\,000}{1\,000} \right) \times 0.02} = 2.175$$

【例 3.5】 如图 3.27 所示为一文丘里流量计,主管路直径 $D = 0.1$ m,喉管直径 $d = 0.05$ m;定常流条件下,测压管水头差 $\Delta h = 0.5$ m,实验测得流量系数 $\mu = 0.98$。求管路中实际水流量 Q 为多少?

解 取 $O - O$ 为水平基准面,取如图 3.27 所示的过水断面 1 - 1 和过水断面 2 - 2。

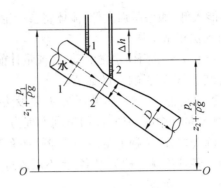

图 3.27　文丘里流量计

对过水断面 1 - 1 和 2 - 2 列出理想流体的伯努力方程

$$z_1 + \frac{p_1}{\rho g} + \frac{v_1^2}{2g} = z_2 + \frac{p_2}{\rho g} + \frac{v_2^2}{2g}$$

化简得　　　　　$$\frac{1}{2g}(v_2^2 - v_1^2) = \left(z_1 + \frac{p_1}{\rho g}\right) - \left(z_2 + \frac{p_2}{\rho g}\right) = \Delta h$$

这说明:对于理想流体,流体动能的增量等于其势能的减小。

上式中有 v_1 和 v_2 两个未知数,还需建立过水断面 1 - 1 和 2 - 2 总流的连续性方程 $A_1 v_1 = A_2 v_2$,即

$$v_2 = \frac{A_1}{A_2} v_1 = \left(\frac{D}{d}\right)^2 v_1$$

由此可得　　　　　$$\left(\frac{D}{d}\right)^4 \frac{v_1^2}{2g} - \frac{v_1^2}{2g} = \Delta h$$

则　　　　　$$v_1 = \frac{1}{\sqrt{\left(\frac{D}{d}\right)^4 - 1}} \sqrt{2g\Delta h}$$

所以理想流体的流量为　　　　　$$Q_0 = A_1 v_1$$

实际流量为　　　$$Q = \mu Q_0 = \mu A_1 v_1 = \mu \frac{\pi}{4} D^2 \frac{1}{\sqrt{\left(\frac{D}{d}\right)^4 - 1}} \sqrt{2g\Delta h}$$

代入数值得

$$Q/(\mathrm{m}^3 \cdot \mathrm{s}^{-1}) = 0.98 \times \frac{\frac{1}{4} \times 3.14 \times 0.1^2}{\sqrt{\left(\frac{0.1}{0.05}\right)^2 - 1}} \sqrt{2 \times 9.8 \times 0.5} = 0.006\ 22$$

2. 虹吸现象

在生产和生活中,常常用一根管子从大容器液面下,绕过容器上口往外引水,这种管子称为虹吸管。这种现象称为虹吸现象(siphon phenomenon),如图 3.28 所示。

现以 $O - O'$ 为基准面(过虹吸管出口断面 2 - 2'),列断面 1 - 1' 与 2 - 2' 的伯努利方程式

$$\frac{p_a}{\rho g} + \frac{\alpha_1 v_1^2}{2g} + H = \frac{p_2}{\rho g} + \frac{\alpha_2 v_2^2}{2g} + h_{w1-2}$$

由于 $A_1 \gg A_2$，所以 $v_1 \approx 0$；$p_2 = p_a$，并取 $\alpha_2 = 1$，则上式变成

$$H = \frac{v_2^2}{2g} + h_{w1-2}$$

从上式可以看出，虹吸管引水的主要能源，是靠虹吸管出口至容器内水面的高度（位置水头）H，它一部分用于克服虹吸管内阻力，另一部分转变为速度水头，保证有一定的流量流出，现将上式就 v_2 加以整理

$$v_2 = \sqrt{2g(H - h_{w1-2})} \quad (3.8.11)$$

求流量

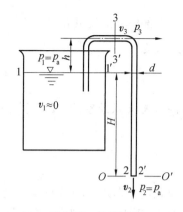

图 3.28　虹吸管

$$Q = A_2 \sqrt{2g(H - h_{w1-2})} \quad (3.8.12)$$

其次，列出断面 $1 - 1'$ 与 $3 - 3'$ 的伯努利方程式（以 $O - O'$ 为基准面）。

$$\frac{p_a}{\rho g} + \frac{\alpha_1 v_1^2}{2g} + H = \frac{p_3}{\rho g} + \frac{\alpha_3 v_3^2}{2g} + H + h + h_{w1-3}$$

设 $v_1 \approx 0$，$\alpha_3 = 1$，则上式变成：

$$\frac{p_3}{\rho g} - \frac{p_a}{\rho g} = -\left(\frac{v_3^2}{2g} + h + h_{w1-3} \right) \quad (3.8.13)$$

由此可知，虹吸管断面 $3 - 3$ 处将产生负压，其真空度 $\dfrac{p_B}{\rho g}$ 为

$$\frac{p_B}{\rho g} = \frac{v_3^2}{2g} + h + h_{w1-3} \quad (3.8.14)$$

式中　h——断面 $1 - 1'$ 断面 $3 - 3'$ 的高度。

$\qquad p_B$——断面 $3 - 3'$ 处真空度，$p_B = \dfrac{p_a}{\rho g} - \dfrac{p_3}{\rho g}$。

3.9　定常流动总流的动量方程及其工程应用

前面我们讨论了流体动力学的两个基本方程 —— 连续性方程和伯努利方程。流体力学中有关流体运动方面的许多实际问题可以应用这两个方程加以解决，但是有一些实际问题，由于事先无法求得流体流动的压头损失，伯努利方程无法求解。特别是在某些工程上需要计算运动流体与固体边界的相互作用力，例如：流体在弯曲管道内流动，弯管的受力情况；水力采矿时，高压水枪射流对水枪、对矿床的作用力；火箭飞行过程中，从火箭尾部喷射出的高温高压气体对火箭的反推力等等。对于这类问题，应用运动流体的动量方程就很容易解决。

3.9.1　动量方程

从物理学我们知道，运动的物体都有动量，动量等于物体的质量与其速度的乘积，即 mv 其中 m 为物体的质量，v 为物体的运动速度。又根据质点系的动量定理：作用在所研究

的质点上全部外力的矢量和应等于该质点系动量矢量和($\sum m\boldsymbol{v}$)对时间 t 的变化率。其数学表达式为

$$\boldsymbol{F} = \frac{\mathrm{d}}{\mathrm{d}t}\left(\sum m\boldsymbol{v}\right)$$

用符号 $\boldsymbol{K}$ 表示动量,即 $\boldsymbol{K} = \sum m\boldsymbol{v}$,则上式可写成

$$\boldsymbol{F} = \frac{\mathrm{d}\boldsymbol{K}}{\mathrm{d}t} \tag{3.9.1a}$$

或
$$\mathrm{d}\boldsymbol{K} = \boldsymbol{F}\mathrm{d}t \tag{3.9.1b}$$

下面我们根据式(3.9.1a)来推导流体作定常流动时的动量方程。

如图 3.29 所示为一弯管,其中的液体作定常流动,在总流中任意取一微小流束 $1-2$,并取过水断面 $1-1$、$2-2$ 间的流束段进行研究。该流体段在重力、两端面压力和边界面上作用力的共同作用下,经过 $\mathrm{d}t$ 时间后,流束段由原来的 $1-2$ 位置沿着微元流束运动到 $1'-2'$ 位置,流束段的动量也要发生变化。

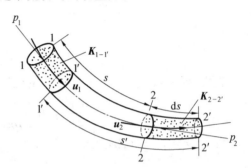

图 3.29　流束动量变化

p_1 表示作用于过水断面 $1-1$ 上的压强;
p_2 表示作用于过水断面 $2-2$ 上的压强;
$\boldsymbol{u}_1$ 表示流体流经过水断面 $1-1$ 时的速度;
$\boldsymbol{u}_2$ 表示流体流经过水断面 $2-2$ 时的速度。

下面计算该流束段的动量变化 $\mathrm{d}\boldsymbol{K}$。

动量的变化 $\mathrm{d}\boldsymbol{K}$,实际上应该是流束段 $1'-2'$ 的动量 $\boldsymbol{K}_{1'-2'}$ 与流速段 $1-2$ 的动量 $\boldsymbol{K}_{1-2}$ 的矢量差。由于流体作定常流动,在 $\mathrm{d}t$ 时间内,经过流束段 $1'-2$ 的流体动量不发生变化,所以,所取的流束段由 $1-2$ 位置运动到 $1'-2'$ 位置时,整个流束段的动量变化,就相当于流束段 $2-2'$ 的流体动量与流束段 $1-1'$ 的流体动量之差。

即 $\mathrm{d}\boldsymbol{K} = \boldsymbol{K}_{1'-2'} - \boldsymbol{K}_{1-2} = (\boldsymbol{K}_{1'-2} + \boldsymbol{K}_{2-2'}) - (\boldsymbol{K}_{1-1'} + \boldsymbol{K}_{1'-2}) = \boldsymbol{K}_{2-2'} - \boldsymbol{K}_{1-1'} = $
$\mathrm{d}m_2\boldsymbol{u}_2 - \mathrm{d}m_1\boldsymbol{u}_1 = \rho\mathrm{d}Q_2\mathrm{d}t\boldsymbol{u}_2 - \rho\mathrm{d}Q_1\mathrm{d}t\boldsymbol{u}_1$

对不可压缩流体 $\mathrm{d}Q_1 = \mathrm{d}Q_2$,则微小流束的动量方程为

$$\boldsymbol{F} = \frac{\mathrm{d}\boldsymbol{K}}{\mathrm{d}t} = \rho\mathrm{d}Q(\boldsymbol{u}_2 - \boldsymbol{u}_1)$$

将上式推广到总流中去,则得

$$\sum \mathrm{d}\boldsymbol{K} = \int_{Q_2}\rho\mathrm{d}Q_2\mathrm{d}t\boldsymbol{u}_2 - \int_{Q_1}\rho\mathrm{d}Q_1\mathrm{d}t\boldsymbol{u}_1 =$$
$$\mathrm{d}t\left(\int_{A_2}\rho\boldsymbol{u}_2\mathrm{d}A_2\boldsymbol{u}_2 - \int_{A_1}\rho\boldsymbol{u}_1\mathrm{d}A_1\boldsymbol{u}_1\right) \tag{3.9.2}$$

由定常流动总流的连续性方程,有

$$\int_{A_2}\boldsymbol{u}_2\mathrm{d}A_2 = Q_2 = \int_{A_1}\boldsymbol{u}_1\mathrm{d}A_1 = Q_1 = Q$$

因为过水断面上速度分布难以确定,所以要求出单位时间动量表达式的积分是有困

难的,工程上常引入均速 v,有

$$\sum \mathrm{d}\boldsymbol{K} = \rho Q \mathrm{d}t(\alpha_{02}\boldsymbol{v}_2 - \alpha_{01}\boldsymbol{v}_1)$$

式中 α_{01}, α_{02} —— 动量修正系数,它的大小决定于断面上流速分布的均匀程度。动量修正系数的实验值为 $1.02 \sim 1.05$,一般工程计算常取 $\alpha_{01} = \alpha_{02} = 1$。

所以

$$\sum \mathrm{d}\boldsymbol{K} = \rho Q \mathrm{d}t(\boldsymbol{v}_2 - \boldsymbol{v}_1) \tag{3.9.3}$$

整理可得

$$\sum \boldsymbol{F} = \rho Q(\boldsymbol{v}_2 - \boldsymbol{v}_1) \tag{3.9.4}$$

这就是理想流体定常流动总流的动量方程(equation of momentum)。其物理意义是:作用在所研究的流体上的外力矢量和等于单位时间内流出与流入的动量之差。作用在流体上的外力主要包括流束段 $1-2$ 上流体的重力 $\boldsymbol{G}$,两过水断面 $1-1$、$2-2$ 上的压力 p_1A_1、p_2A_2 及其他边界面上所受到的表面压力的总值 $\boldsymbol{R}_\mathrm{w}$。上式也可写为

$$\sum \boldsymbol{F} = \boldsymbol{G} + \boldsymbol{R}_\mathrm{w} + p_1A_1 + p_2A_2 = \rho Q(\boldsymbol{v}_2 - \boldsymbol{v}_1) \tag{3.9.5}$$

为了便于计算,通常写成下列的分量式

$$\left.\begin{array}{l} \sum F_x = \rho Q(v_{2x} - v_{1x}) \\ \sum F_y = \rho Q(v_{2y} - v_{1y}) \\ \sum F_z = \rho Q(v_{2z} - v_{1z}) \end{array}\right\} \tag{3.9.6}$$

式(3.9.6)说明了作用在流体段上合力在某一轴上的投影等于流体沿该轴的动量变化率。如果将流动过程中流体表面所受阻力沿流向的投影也考虑进去,则上式也可应用于黏性流体的流动。因此,确定流体与固体边界之间的作用力,上述方程是一个重要方程。

3.9.2 动量方程的应用

(1)流体作用于弯管上的力

如图 3.30(a)所示,为一断面面积逐渐缩小的弯管。在弯管上取两过水断面 $1-1$、$2-2$,断面 $1-1$ 处流体的速度为 v_1,断面 $2-2$ 处流体的速度为 v_2,以断面 $1-1$ 和 $2-2$ 之间的流体为分离体,进行受力分析。其所受重力为 $\boldsymbol{G}$,弯管对该分离体的作用力为 $\boldsymbol{R}$,并建立坐标系,如图 3.30(b)所示。

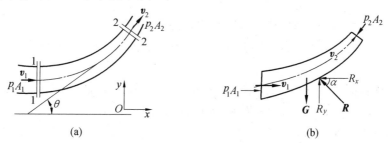

(a)   (b)

图 3.30 流体作用于弯管上的力

断面 1－1、2－2 上流体运动速度的大小和方向均发生了变化,根据式(3.9.6)、列出沿 x 轴、y 轴的动量方程

$$\sum F_x = p_1 A_1 - p_2 A_2 \cos \theta - R_x = \rho Q(v_{2x} - v_{1x})$$

$$\sum F_y = - p_2 A_2 \sin \theta - G + R_y = \rho Q(v_{2y} - v_{1y})$$

所以

$$R_x = p_1 A_1 - p_2 A_2 \cos \theta - \rho Q(v_2 \cos \theta - v_1)$$

$$R_y = p_2 A_2 \sin \theta + G + \rho Q v_2 \sin \theta$$

则

$$R = \sqrt{R_x^2 + R_y^2}$$

$$\boldsymbol{R} = R_x \boldsymbol{i} + R_y \boldsymbol{j}$$

$\boldsymbol{R}$ 的方向为

$$\alpha = \arctan \frac{R_y}{R_x}$$

流体对弯管的作用力,与 $\boldsymbol{R}$ 是一对作用力和反作用力,大小与 $\boldsymbol{R}$ 相等,方向与 $\boldsymbol{R}$ 相反。

(2) 射流作用在固定平面上的冲击力

所谓射流就是流体从管嘴喷射出而形成的。如射流在同一大气压强之下,并忽略自身重力,那么作用在流体上的力,只有固定平面对射流的阻力,它与射流对固定平面的冲击力构成一对作用力和反作用力。

如图 3.31 所示,一固定平板与水平面所成角度为 θ 角,流体从喷管射出,喷管处过水断面面积为 A_0,射流平均流速为 v_0,射流到平板后即分成两股射流沿平板平面流动,其动量分别为 $m_1 v_1$ 和 $m_2 v_2$。

以平板法线方向为 x 轴方向,向右为正方向,取射流为分离体进行研究,平板沿其法线方向对射流的作用力为 $\boldsymbol{R}$,射流处在同一大气压强之下,因此射流所受的相对压强为零。根据式(3.9.1b) 可得

$$\mathrm{d}(m_1 \boldsymbol{v}_1 + m_2 \boldsymbol{v}_2 - m_0 \boldsymbol{v}_0) = \boldsymbol{R} \mathrm{d} t$$

轴方向的动量方程为

$$\mathrm{d}(- m \boldsymbol{v}_0 \sin \theta) = - R \mathrm{d} t$$

即

$$R = \frac{\mathrm{d}(m \boldsymbol{v}_0 \sin \theta)}{\mathrm{d} t} = \rho A_0 v_0^2 \sin \theta$$

射流对平板的冲击力 $\boldsymbol{R}'$,其大小与 $\boldsymbol{R}$ 相等,方向与 $\boldsymbol{R}$ 相反。

如果 $\theta = 90°$,即射流对称地冲击垂直于射流的平板上,射流对于平板的冲击力为

$$R' = - \rho A_0 v_0^2$$

如果平板不固定,沿射流方向以速度 $\boldsymbol{u}$ 运动,则射流对移动平板的冲击力为

$$R' = - \rho A_0 (v_0 - u)^2$$

(3) 射流的反推力

我们知道,火箭飞行的根本动力是火箭内部的燃料发生爆炸性燃烧,产生大量高温高压的气体,从尾部喷出形成射流,射流对火箭有一反推力,使火箭向前运动。下面我们具

体讨论反推力的计算。

如图 3.32 所示,有一容器内装有流体,在容器的测壁上开一面积为 A 的小孔,流体便从小孔流出形成射流,如果流体运动为定常流动(出流量很小,在很短时间内可以看成是定常流动),则流体的出流速度为

$$v = \sqrt{2gh}$$

在 x 轴方向上,流体动量对时间的变化率(即单位时间内射出的流体动量)为

$$\frac{\mathrm{d}K}{\mathrm{d}t} = \rho Q v = \rho A v^2$$

根据动量定理,冲量等于动量的增量,所以动量对时间的变化率即是冲力。在图3.32中,容器给射流的作用力在 x 轴上的投影 $R_x = \rho A v^2$,由牛顿第三定律可知,射流也给容器一个反作用力 $\boldsymbol{F}_x$,其大小与 $\boldsymbol{R}_x$ 相等,方向与 $\boldsymbol{R}_x$ 相反。即

$$F_x = -\rho A v^2$$

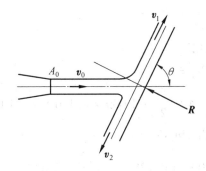

图 3.31 射流对固定平面的冲击力

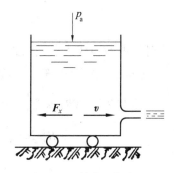

图 3.32 射流反推力

如果容器与底面间无摩擦,可沿 x 轴自由运动,那么容器在反推力 F_x 的作用下,将沿与射流相反的方向运动,这就是射流的反推力。火箭、喷气式飞机、喷水船等都是借助这种反推力而工作的。

【例3.6】 某供水系统中一水平供水管道,直径 $D = 0.2$ m,拐弯处的弯角 $\alpha = 45°$,管中断面1—1处的平均流速 $v_1 = 4$ m/s,压强为 9.8×10^4 Pa,如图 3.33 所示,若不计弯管内的水头损失,求水流对弯管的作用力。

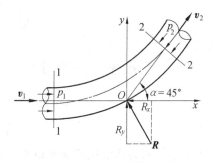

图 3.33 45° 弯管的受力

解 过水断面1—1和2—2的断面积、平均流速和压强分别用 A_1, v_1, p_1 和 A_2, v_2, p_2 表示,建立如图 3.33 的坐标系。

断面1—1和断面2—2所受压力分别为 $p_1 A_1$ 和 $p_2 A_2$,管壁对流体的作用力为 $\boldsymbol{R}$。$\boldsymbol{R}$ 可沿 x, y 轴分解为 R_x, R_y,由于弯管是水平放置的,重力在 x 轴和 y 轴的投影等于零。总流的动量方程在 x 轴和 y 轴的投影为

$$\rho Q_2 v_2 \cos 45° - \rho Q_1 v_1 = p_1 A_1 - p_2 A_2 \cos 45° - R_x$$
$$\rho Q_2 v_2 \sin 45° = -p_2 A_2 \sin 45° + R_y$$

即

$$R_x = p_1 A_1 - p_2 A_2 \cos 45° - \rho Q_2 v_2 \cos 45° + \rho Q_1 v_1$$

$$R_y = p_2 A_2 \sin 45° + \rho Q_2 v_2 \sin 45°$$

根据题意可知

$$A_1 = A_2 = \frac{\pi}{4} D^2$$

$$Q_1/(\mathrm{m}^3 \cdot \mathrm{s}^{-1}) = Q_2 = Q = A_1 v_1 = \frac{1}{4} \times 3.14 \times 0.2^2 \times 4 = 0.126$$

由连续性方程可知，$v_1 = v_2 = 4$ m/s，同时，又由于弯管水平放置，且不计水头损失，则由总流的伯努利方程得到 $p_1 = p_2 = 1$ ata $= 9.8 \times 10^4$ N/m²，于是

$$p_2 A_2/\mathrm{N} = p_1 A_1 = p_1 \frac{1}{4} \pi D^2 = 9.8 \times 10^4 \times \frac{1}{4} \times 3.14 \times 0.2^2 = 3\,077$$

又

$$\rho = 1\,000 \text{ kg/m}^3$$

将上述这些数值代入前面二式，可求出 R_x，R_y，得

$$R_x/\mathrm{N} = p_1 A_1 - p_2 A_2 \cos 45° - \rho Q v_2 \cos 45° + \rho Q v_1 =$$

$$3\,077 - 3\,077 \times \frac{\sqrt{2}}{2} - 1\,000 \times 0.126 \times 4 \times \frac{\sqrt{2}}{2} + 1\,000 \times 0.126 \times 4 = 1\,049$$

$$R_y/\mathrm{N} = p_2 A_2 \sin 45° + \rho Q v_2 \sin 45° =$$

$$3\,077 \times \frac{\sqrt{2}}{2} + 1\,000 \times 0.126 \times 4 \times \frac{\sqrt{2}}{2} = 2\,532$$

水流对弯管的作用力 R' 与 R 大小相等，方向相反，即

$$R'_x = 1\,049 \text{ N}$$

$$R'_y = 2\,532 \text{ N}$$

最后得

$$R'/\mathrm{N} = \sqrt{R'^2_x + R'^2_y} = \sqrt{1\,049^2 + 2\,532^2} = 2\,740.7$$

$$\tan \alpha = \frac{R'_y}{R'_x} = \frac{2\,532}{1\,049} = 2.41$$

$$\alpha = \arctan 2.41$$

【例3.7】 水力清洗用高压水枪喷嘴结构如图3.34所示，喷嘴入口直径 $d_1 = 50$ mm，出口直径 $d_2 = 25$ mm，流量为 $Q = 0.005$ m³/s，喷嘴前压强为 $p_1 = 196$ kPa。试求：(1) 喷嘴与水管接头处所受拉力；(2) 若水射流垂直作用在被清洗物体平面后，分成两支沿水平面方向流出，求被清洗物体平面所受冲击力。

解 (1) 取喷嘴内的流体为分离体，流体在断面 3—3 上所受压力为 $p_1 A_1$，在断面 1—1 上所受压力为零(由于断面 1—1 上相对压强等于零)，取喷嘴轴线方向为 x 轴方向，喷嘴壁对流体的作用力在 x 轴方向的分力为 R_1，则 $\sum F_x = p_1 A_1 - R_1 = \rho Q(v_2 - v_1)$，那么

$$R_1/\mathrm{N} = p_1 A_1 - \rho Q(v_2 - v_1) = \frac{\pi}{4} d_1^2 p_1 - \rho Q \left(\frac{Q}{\frac{\pi}{4} d_2^2} - \frac{Q}{\frac{\pi}{4} d_1^2} \right) =$$

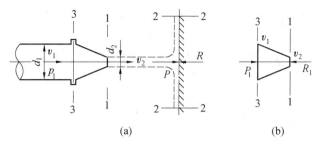

图 3.34　喷嘴射流

$$\frac{3.14}{4} \times 0.05^2 \times 196 \times 10^3 - 1\ 000 \times 0.005 \times \left(\frac{0.005}{\frac{3.14}{4} \times 0.025^2} - \frac{0.005}{\frac{3.14}{4} \times 0.05^2}\right) = 350$$

流体对喷嘴的作用力,其大小与 R_1 相等、方向与 R_1 相反。因此,喷嘴与水管接头处所受的拉力为 350 N。

（2）取过水断面 1—1、2—2 及 2′—2′,并设 R 为被清洗物体平面对射流的作用力,射流所受重力及沿被清洗物体平面流出流体的动量在喷嘴轴线方向上的投影均等于零,则轴向的动量方程为

$$\sum F_x = -R = -\rho Q v_2$$

$$R/\mathrm{N} = \rho Q v_2 = \rho Q \frac{Q}{\frac{\pi}{4} d_2^2} = -1\ 000 \times 0.005 \times \frac{0.005}{\frac{1}{4} \times 3.14 \times 0.025^2} = -50.85$$

射流对平面的冲击力 R' 与 R 大小相等,方向相反,即 $R' = 50.85$ N

3.10　动量矩方程

应用动量方程可以确定运动流体与固体边界面之间的相互作用力,但是要确定运动流体对固体边界面或某点的力矩时,一般情况下是运用动量矩方程。例如,离心式水泵、风机、汽涡轮机及水轮机等流体机械,其叶轮流道中的流体,由于随叶轮转动,所以流体对转轴的力矩必须用动量矩方程解决。

为了说明问题的方便,先简单介绍控制体及流体系统等概念。

流场中某一确定的空间区域称为控制体,这个区域的周界称为控制面。控制体的形状是根据流体流动情况和边界面位置任意选定的,一旦选定以后,它的形状就不随流体的流动而变化。如果其位置相对于所选定的坐标系是固定的,称为固定控制体,否则称为运动控制体。

流体系统是流体质点在选定控制面里的集合体。即是指包含有一定的物质质量以及能和周围物质区别开来的物质的集合。系统的边界形成一封闭的表面,它随着流体一起运动,其形状和大小可随时间变化,但系统内的质量不变,也就是说,在系统边界处没有质量交换。但受到外界作用在系统上的力,则在系统边界上可以有能量交换。

从物理学我们知道,作用在物体上的力 $\boldsymbol{F}$ 对某一点或某一转轴的力矩。

$$\boldsymbol{M} = \boldsymbol{r} \times \boldsymbol{F}$$

式中　$\boldsymbol{r}$——流体转动中心到作用力 $\boldsymbol{F}$ 的矢径。当质量为 m 的物体以速度 $\boldsymbol{v}$ 运动时具有

动量为 mv，该物体对某点或某一转动轴的动量矩（也称角动量）为

$$L = r \times mv$$

式中 r——流体转动中心到物体的矢径。并且力矩 M 等于该物体对同一转动中心或转轴的动量矩对时间的变化率，即

$$M = \frac{\mathrm{d}L}{\mathrm{d}t} = \frac{\mathrm{d}(r \times mv)}{\mathrm{d}t}$$

上式称为动量矩定理。

流体力学中的动量矩方程就是根据上述动量矩定理推导出来的，即动量矩定理在运动流体中的推广应用。

由上节的动量方程

$$F = \rho \mathrm{d}Q(u_2 - u_1)$$

得 $r \times F = \rho \mathrm{d}Q(r_2 \times u_2 - r_1 \times u_1)$

即 $M = \rho \mathrm{d}Q(r_2 \times u_2 - r_1 \times u_1)$ (3.10.1)

式中 r_1, r_2——分别是从固定点（转动中心）到流速矢量 u_1, u_2 的作用点的矢径。

式（3.10.1）就是定常流动微小流束的动量矩方程（moment of momentum equation）。

将式（3.10.1）积分即得总流的动量矩方程

$$\sum r \times F = \sum M = \int \rho \mathrm{d}Q(r_2 \times u_2) - \int \rho \mathrm{d}Q(r_1 \times u_1) =$$

$$\rho \int_{A_1} r_2 \times u_2 u_2 \mathrm{d}A_2 - \rho \int_{A_1} r_1 \times u_1 u_1 \mathrm{d}A_1$$

$$\sum M = L_2 - L_1 \qquad\qquad (3.10.2)$$

这就是说，外界作用在流体系统上的力对某一点的力矩矢量和，等于单位时间内从控制面流出的动量矩与流入的动量矩之差。

动量矩方程的一个最重要的应用是可利用它导出叶片式流体机械（泵、通风机、水轮机、及涡轮机等）的基本方程。现以离心式水泵或风机为例进行推导。

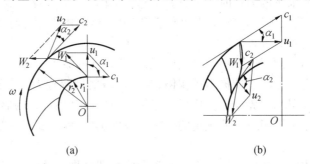

(a)   (b)

图 3.35   叶轮进出口速度

如图 3.35 所示，流体从叶轮的内边缘流入，经叶片流道从外缘流出。叶轮中流体质点同时参与两种运动，一方面，在惯性离心力的作用下相对叶片流动称为相对运动，另一方面，流体质点受旋转叶片的作用而作圆周运动称为牵连运动。流体质点的绝对速度 u 等于其相对速度 w 与牵连速度 c 的矢量和，则

$$u = w + c$$

离心式水泵或风机的进出口处速度 $\boldsymbol{u},\boldsymbol{w},\boldsymbol{c}$ 三者之间的关系如图 3.35(a) 所示,其中 α_1 与 α_2 分别是进出口处绝对速度与相应圆周切向(切向速度 $\boldsymbol{u}_t$ 方向)的夹角。

取进出口轮缘(两圆柱面)为控制面。虽然叶轮通道中流体是非定常流,但控制面内的动量矩不随时间变化。所以仍可用定常流总流的动量矩方程。在流体系统所受外力对轮心的外力矩中,重力的合力矩等于零(左右相互抵消),叶轮进出口圆柱面上的压力由于通过轮心,其力矩也等于零。如果流体为理想流体,则切应力及其力矩仍等于零,存在的只有叶片对流体的作用力对转轴产生的合力矩 $\sum M$。利用动量矩方程式(3.10.2)得

$$\sum M = \rho Q (u_2 r_2 \cos \alpha_2 - u_1 r_1 \cos \alpha_1)$$

设叶轮转动的角速度为 ω,$\omega = \dfrac{c_2}{r_2} = \dfrac{c_1}{r_1}$,单位时间内叶轮对流体做的功(输入功率)为

$$N = \omega \sum M = \rho Q (u_2 c_2 \cos \alpha_2 - u_1 c_1 \cos \alpha_1)$$

则单位重量流体获得的能量为

$$H = \frac{1}{g} (u_2 c_2 \cos \alpha_2 - u_1 c_1 \cos \alpha_1)$$

如用 u_{t1}, u_{t2} 表示进出口处流体质点的切向速度,$u_{t1} = u_1 \cos \alpha_1, u_{t2} = u_2 \cos \alpha_2$,则

$$H = \frac{1}{g} (u_{t2} c_2 - u_{t1} c_1)$$

这就是离心水泵与风机等涡轮机械的基本方程,它首先是欧拉在 1754 年得到的,因此也称欧拉方程。

如果流体从叶轮外缘流入内缘流出,则其基本方程为

$$H = \frac{1}{g} (u_1 c_1 \cos \alpha_1 - u_2 c_2 \cos \alpha_2)$$

$$H = \frac{1}{g} (u_{t1} c_1 - u_{t2} c_2)$$

习　题　3

1. 如图所示,某自来水管直径 $D_1 = 0.20$ m,通过水流量 $Q = 25$ L/s,求管中平均流速 v_1;该管后面接一直径 $D_2 = 0.1$ m 的较细水管,如图所示。求细管断面平均流速 v_2。

2. 由两根不同直径的管子与一渐变连接管组成的管路如图所示,已知:$D_A = 0.25$ m,$p_A = 7.85 \times 10^4$ N/m^2;$D_B = 0.50$ m,$p_B = 4.91 \times 10^4$ N/m^2,流速 $v_B = 1.2$ m/s,$h = 1$ m。试判断流动方向,并计算 A,B 两断面之间的水头损失。

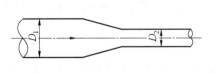

习题 1 图

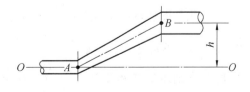

习题 2 图

3. 在水平放置的文丘里流量计上连接水银差压计,如图所示。已知:$D_1 = 0.15$ m, $D_2 = 0.1$ m,水银差压计液面高差 $h = 0.2$ m。若不计阻力损失,求通过该文丘里流量计水的流量;若考虑阻力损失,且该流量计的流量系数 $\mu = 0.98$,求通过该文丘里流量计的实际流量。

4. 如图所示为一文丘里流量计,已知:$D_1 = 0.05$ m, $D_2 = 0.025$ m, $p_1 = 0.784$ N/cm^2,今测得 $h = 47.3$ mm 水银柱,不计损失,试计算水的流量为多少?

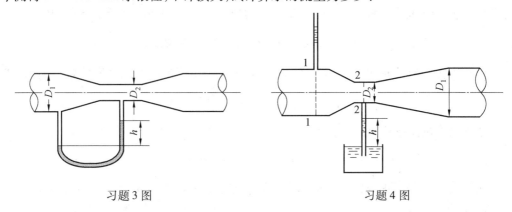

习题 3 图　　　　　　　　　　　　　　习题 4 图

5. 离心式通风机用管道 A 从大气中吸取空气,在直径 $D = 0.2$ m 处接一玻璃管,其下端插入水槽中,水沿此管上升 $H = 0.25$ m,空气密度为 $\rho = 1.23$ kg/m^3。求每秒钟管道 A 所吸取的空气量。(不计吸气过程损失)。

6. 高压水箱的出水管如图所示,出水管直径 $D = 0.1$ m,当阀门关闭时,压力表读数为 4.91×10^4 N/m^2。当阀门打开后,压力表读数为 1.96×10^4 N/m^2。不考虑水头损失时,试求出水流量。若水头损失为 2.5 m,求出水流量。

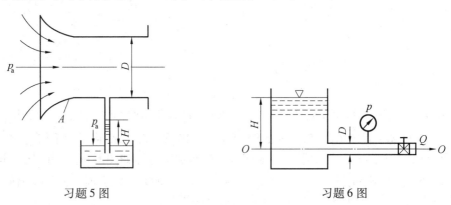

习题 5 图　　　　　　　　　　　　　　习题 6 图

7. 利用如图所示的毕托管测量气体流动速度,设气体的密度为 ρ,U 形测压管中液体的密度为 ρ',试证明 $v = \sqrt{2gh\dfrac{\rho'}{\rho}}$。

8. 如图所示的虹吸管中,已知直径 $D_1 = 0.15$ m,喷嘴出口直径 $D_2 = 0.05$ m,不计水头损失,求虹吸管的输水流量及管中 A、B、C、D 各点的压强值。

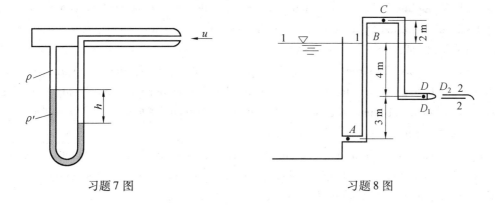

习题7图   习题8图

9. 一水力喷射器如图所示,其喷嘴圆锥角 $\theta = 13°$,出口断面直径 $d = 1.5$ cm,若喷射器上压强 $p_M = 0.25$ at,试求此喷嘴射流速度和出流量(取流量系数 $\mu = 0.94$)。

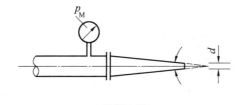

习题9图

10. 如图所示为一内径 $D = 0.5$ m 的 90° 弯管,弯管内水流的速度 $v = 3.0$ m/s,进出口处的相对压强 $p_1 = p_2 = 5.05 \times 10^4$ N/m²,求流体作用在弯管上的力的大小和方向。

11. 如图所示,水自喷嘴射向一与其交成 60° 的光滑平板上。若喷嘴出口直径 D 为 0.025 m,喷射流量 Q 为 33.4 L/s,试求射流沿平板向两侧的分流流量 Q_1 与 Q_2 以及射流对平板的作用力 F。(不计水头损失和摩擦)

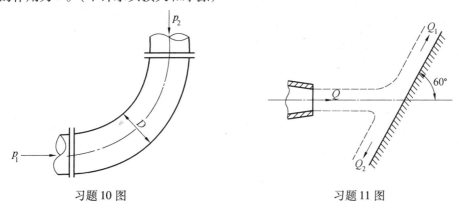

习题10图   习题11图

12. Water flows through a pipe AB 1.2 m in diameter at 3 m · s⁻¹ and then passes through a pipe BC which is 1.5 m in diameter. At C the pipe forks. Branch CD is 0.8 m in diameter and carries one-third of the flow in AB. The velocity in branch CE is 2.5 m · s⁻¹. Find (a) the volume rate of flow in AB, (b) the velocity in BC, (c) the velocity in CD, (d) the diameter of CE.

13. A pipeline is 120 m long and 250 mm diameter. At the outlet there is a nozzle 25 mm in diameter controlled by a shut-off valve. When the valve is fully open, water issues as a jet with a velocity of 30 m $\cdot$ s^{-1}. Calculate the reaction of the jet.

14. A flat plate is struck normally by a jet of water 50 mm in diameter with a velocity of 18 m $\cdot$ s^{-1}. Calculate (a) the force in the plate when it is stationary, (b) the force in the plate when it moves in the same direction as the jet with a velocity of 6 m $\cdot$ s^{-1}, (c) the work done per second and the efficiency in case (b).

15. A jet of water is initially 12 cm in diameter and when directed vertically upwards reaches a maximum height of 20 m. Assuming that the jet remains circular determine the rate of water flowing and the diameter of the jet at a height of 10 m.

第 4 章

相似原理与量纲分析

本章导读　实验既是发展理论的依据又是检验理论的准绳,解决科技问题往往离不开实验手段的配合。在探讨流体流动的内在机理和物理本质方面,当根据不同问题提出新研究方法、发展流体力学理论、解决各种工程实际问题时,都必须以科学实验为基础。

工程流体力学实验主要有两种:一种是工程性的模型实验,目的在于预测即将建造的大型机械或水工结构上的流动情况;另一种是探索性的观察实验,目的在于寻找未知的流动规律。例如制造船舶模型,在水池中进行试验,可为船舶设计提供有价值的资料;对飞机模型,在风洞中的试验则是必不可少的。所谓模型,并不仅仅是几何尺寸上的缩小,它必须是与实物原型有同样的运动规律,各运动参数存在固定比例的缩小物。通过模型实验,把研究结果转换为原型的流动,从而预测在原型流动中将要发生的现象。只有这样,模型才是有效的模型,实验的研究才有意义。指导这些实验的理论基础是相似原理和量纲分析。

本章内容就是介绍工程流体力学实验中所需要的这些基本原理。

4.1　相似原理

4.1.1　力学相似的基本概念

为了能够在模型流动上表现出实物流动的主要现象和性能,也为了能够从模型流动上预测实物流动的结果,必须使模型流动与其相似的实物流动保持力学相似关系。所谓力学相似是指实物流动与模型流动在对应点上对应物理量都应该有一定的比例关系,具体地说,两种流动相似的必要和充分条件是几何相似、运动相似及动力相似。

(1)几何相似

模型流动与实物流动有相似的边界形状,各对应部分夹角相等而且对应部分长度(包括粗糙度)均成一定比例。如果用无上标的物理量符号表示实物流动,用有上标"′"的物理量符号表示模型流动,则线性比例尺

$$\delta_l = \frac{l}{l'} \tag{4.1.1}$$

是应该确定的基本比例尺,据此不难得出:

面积比例尺

$$\delta_A = \frac{A}{A'} = \frac{l^2}{l'^2} = \delta_l^2 \tag{4.1.2}$$

体积比例尺

$$\delta_V = \frac{V}{V'} = \frac{l^3}{l'^3} = \delta_l^3 \qquad (4.1.3)$$

因为线性尺寸 l 的量纲是"L",面积 A 的量纲"L^2",体积 V 的量纲是"L^3"。可见导出比例尺(δ_A,δ_V)与基本比例尺(δ_l)的关系就是导出物理量(A,V)的量纲与基本物理量(l)的量纲之间的关系。或者说对照导出物理量的量纲,就可以直接写出导出物理量的比例尺,这一结论不但适用于几何相似,也适用于下面将要讨论的运动相似和动力相似。

几何相似即是通过比例尺 δ_l 来表达,只要 δ_l 维持一定,就能保证两个流动的几何相似。几何相似是力学相似的前提,只有保证几何相似,才可能有其他的相似。

完全的几何相似一般不易达到。例如,无法将一个小模型的表面粗糙度成比例地减小,除非人们能够将此表面加工得比原型光滑很多。同样,在研究沉淀物的输送时,不可能将河床上的物质按比例缩减成没法再细小的物质。因为细微的粉末微团之间是有内聚力的,不能模拟砂粒的特性。

（2）运动相似

实物流动与模型流动的流线应该几何相似,而且对应点上的速度成比例。因此速度比例尺

$$\delta_v = \frac{v}{v'} \qquad (4.1.4)$$

是应该确定的又一个基本比例尺,其他运动学的比例尺可以按照物理量的定义或量纲由 δ_l 及 δ_v 确定出来。

时间比例尺

$$\delta_t = \frac{t}{t'} = \frac{l/v}{l'/v'} = \frac{\delta_l}{\delta_v} \qquad (4.1.5)$$

加速度比例尺

$$\delta_a = \frac{a}{a'} = \frac{v/t}{v'/t'} = \frac{\delta_v}{\delta_t} = \frac{\delta_v^2}{\delta_l} \qquad (4.1.6)$$

流量比例尺

$$\delta_q = \frac{q_v}{q'_v} = \frac{l^3/t}{l'^3/t'} = \frac{\delta_l^3}{\delta_t} = \delta_l^2 \delta_v \qquad (4.1.7)$$

运动黏度比例尺

$$\delta_\nu = \frac{\nu}{\nu'} = \frac{l^2/t}{l'^2/t'} = \frac{\delta_l^2}{\delta_t} = \delta_l \delta_v \qquad (4.1.8)$$

由这些公式可以看出,只要确定了 δ_l 及 δ_v,则一切运动学比例尺都可以确定。由于速度场的研究是流体力学的首要任务,因此运动相似是模型实验的目的。

（3）动力相似

实物流动与模型流动应该受同种外力作用,而且对应点上的对应力成比例。

密度比例尺

$$\delta_\rho = \frac{\rho}{\rho'} \qquad (4.1.9)$$

是应该确定的第三个基本比例尺,其他动力学的比例尺均可按照物理量的定义或量纲由

δ_ρ, δ_l 及 δ_v 确定出来。

质量比例尺

$$\delta_m = \frac{m}{m'} = \frac{\rho V}{\rho' V'} = \delta_\rho \delta_l^3 \qquad (4.1.10)$$

力的比例尺

$$\delta_F = \frac{F}{F'} = \frac{ma}{m'a'} = \delta_m \delta_a = \delta_\rho \delta_l^2 \delta_v^2 \qquad (4.1.11)$$

力矩(功、能)比例尺

$$\delta_M = \frac{Fl}{F'l'} = \delta_F \delta_l = \delta_\rho \delta_l^3 \delta_v^2 \qquad (4.1.12)$$

动力黏度的比例尺

$$\delta_\mu = \frac{\mu}{\mu'} = \frac{\rho \nu}{\rho' \nu'} = \delta_\rho \delta_\nu = \delta_\rho \delta_l \delta_v \qquad (4.1.13)$$

值得注意的是无量纲系数的比例尺

$$\delta_c = 1 \qquad (4.1.14)$$

即在相似的实物流动与模型流动之间存在着一切无量纲系数皆对应相等的关系,这提供了在模型流动上测定实物流动中的流速系数、流量系数、阻力系数等等的可能性。

4.1.2 相似准则

模型流动与实物流动如果力学相似,则必然存在着许许多多的比例尺,但是我们却不可能也不必要用一一检查比例尺的方法去判断两个流动是否力学相似,因为这样是不胜其繁的。

在动力相似中,要使作用在原型和模型上所有同种力都满足相似是不现实的,而只能要求作用在流体上最主要的作用力满足相似,这就抓住了主要矛盾。从力的性质看,惯性力代表了保持原有流动状态的力,而其他力代表了试图改变原有流动状态的力,因此,常选惯性力为特征力,将重力、压力、黏性力、弹性力等其他力分别与惯性力相比,组成一些重要的准则。由这些准则得到的准则数(简称准数)在相似流动中应该是相等的。

(1) $$\frac{\delta_v^2}{\delta_g \delta_l} = 1 \qquad (4.1.15)$$

或 $$\frac{v^2}{gl} = \frac{v'^2}{g'l'} \qquad (4.1.16)$$

式中,$\frac{v^2}{gl} = Fr$ 称为弗劳德(Froude)数,它代表惯性力与重力之比。

(2) $$\frac{\delta_\rho \delta_v^2}{\delta_p} = 1 \ 或 \frac{\delta_p}{\delta_\rho \delta_v^2} = 1 \qquad (4.1.17)$$

即 $$\frac{p}{\rho v^2} = \frac{p'}{\rho' v'^2} \qquad (4.1.18)$$

式中,$\frac{p}{\rho v^2} = Eu$ 称为欧拉(Euler)数,它代表压力与惯性力之比。

(3) $$\frac{\delta_v \delta_l}{\delta_\nu} = 1 \qquad (4.1.19)$$

或
$$\frac{vl}{\nu} = \frac{v'l'}{\nu'} \tag{4.1.20}$$

式中，$\frac{vl}{\nu} = Re$ 称为雷诺(Reynold)数，它代表惯性力与黏性力之比。

总结以上可见，如果两个流动成力学相似，则它们的弗劳德数、欧拉数、雷诺数必须各自相等。于是

$$\left. \begin{array}{l} Fr = Fr' \\ Eu = Eu' \\ Re = Re' \end{array} \right\} \tag{4.1.21}$$

称为不可压缩流体定常流动的力学相似准则。据此判断两个流动是否相似，显然比——检查比例尺要方便得多。

相似准则不但是判别相似的标准，而且也是设计模型的准则，因为满足相似准则实质上意味着相似比例尺之间要保持下列三个互相制约的关系

$$\left. \begin{array}{l} \delta_v^2 = \delta_g \delta_l \\ \delta_p = \delta_\rho \delta_v^2 \\ \delta_\nu = \delta_l \delta_v \end{array} \right\} \tag{4.1.22}$$

由于比例尺制约关系的限制，同时满足弗劳德和雷诺准则是困难的，因而一般模型实验难于实现全面的力学相似。欧拉准则与上述两个准则并无矛盾，因此如果放弃弗劳德和雷诺准则，或者放弃其一，那么选择基本比例尺就不会遇到困难。这种不能保证全面力学相似的模型设计方法叫做近似模型法。

4.1.3　近似模型法

近似模型法也不是没有科学根据的，弗劳德数代表惯性力与重力之比，雷诺数代表惯性力与黏性力之比，这 3 种力在一个具体问题上不一定具有同等的重要性，只要我们能够针对所要研究的具体问题，保证它在主要方面不致失真，而有意识地摒弃与问题本质无关的次要因素，不仅无碍于实际问题的研究，而且从突出主要矛盾来说甚至是有益的。

近似模型法有 3 种。

(1) 弗劳德模型法

在水利工程及明渠无压流动中，处于主要地位的力是重力。用水位落差形式表现的重力是支配流动的原因，用静水压力表现的重力是水工结构中的主要矛盾。黏性力有时不起作用，有时作用不甚显著，因此弗劳德模型法的主要相似准则是

$$\frac{v^2}{gl} = \frac{v'^2}{g'l'}$$

一般模型流动与实物流动中的重力加速度是相同的，于是

$$\frac{v^2}{l} = \frac{v'^2}{l'} \tag{4.1.23}$$

或
$$\delta_v = \delta_l^{\frac{1}{2}} \tag{4.1.24}$$

此式说明在弗劳德模型法中，速度比例尺可以不再作为需要选取的基本比例尺。

弗劳德模型法在水利工程上应用甚广，大型水利工程设计必须首先经过模型实验的论证而后方可投入施工。

（2）雷诺模型法

管中有压流动是在压差作用下克服管道摩擦而产生的流动,黏性力是主要的作用力,此时压力、重力等是无足轻重的次要因素,因此雷诺模型法的主要准则是

$$\frac{vl}{\nu} = \frac{v'l'}{\nu'}$$

$$\delta_v = \frac{\delta_\nu}{\delta_l}$$

这说明速度比例尺 δ_l 依赖于线性比例尺 δ_l 和运动黏度比例尺 δ_ν。

雷诺模型法的应用范围也很广泛,管道流动、液压技术、水力机械等方面的模型实验多数采用雷诺模型法。

（3）欧拉模型法

研究雷诺数处于自动模型区时的黏性流动不满足雷诺准则也会自动出现黏性力相似。因此设计模型时,黏性力的影响不必考虑了;如果是管中流动或气体流动,其重力的影响也不必考虑;这样我们只需考虑压力和惯性力之比的欧拉准则就可以了。事实上欧拉准则的比例尺制约关系

$$\delta_p = \delta_\rho \delta_v^2$$

这说明我们需要独立选取基本的比例尺仍然是 $\delta_l, \delta_v, \delta_\rho$,于是按欧拉准则设计模型实验时,其他物理量的比例尺与力学相似的诸比例尺是完全一致的。

欧拉模型法用于自动模型区的管中流动、风洞实验及气体绕流等情况。

【例4.1】 弦长为 3 m 的飞机机翼以 300 km/h 的速度在温度为 20℃、压强为 9.8×10^4 Pa 的静止空气中飞行,用比例为 20 的模型在风洞中做实验,要求满足动力相似。

（1）如果风洞中空气的温度、压强和飞行中的相同,风洞中空气的速度应当怎样?

（2）如果模型在水中实验,水温为 20 ℃,则速度应是怎样?

解 风洞实验,对流体起主要作用的力是黏性力,应满足雷诺准则。

（1）对温度不变的空气 ν 相同

$$v'/(\mathrm{km \cdot h^{-1}}) = v\frac{l}{l'} = 300 \times \frac{20}{1} = 6\ 000$$

要用这么大的风速做实验,比较难以实现,因此要改变实验条件。

（2）改用水

$$\nu_{水} = 1.007 \times 10^{-6}\ \mathrm{m^2/s}, \nu_{空气} = 15.7 \times 10^{-6}\ \mathrm{m^2/s}$$

$$v'/(\mathrm{km \cdot h^{-1}}) = v\frac{l'\nu}{l'\nu} = 300 \times 20 \times \frac{1.007 \times 10^{-6}}{15.7 \times 10^{-6}} = 385$$

【例4.2】 如图 4.1 所示深为 $H = 4$ m 的水在弧形闸门下的流动。

（1）试求 $\delta_\rho = 1, \delta_l = 10$ 的模型上的水深 H'。

（2）在模型上测得流量 $q'_v = 155$ L/s,收缩断面的速度 $v' = 1.3$ m/s,作用在闸门上的力 $F' = 50$ N,力矩 $M' = 70$ N·m。试求实物流动上的流量、收缩断面上的速度、作用在闸门上的力和力矩。

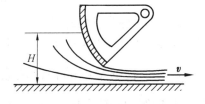

图 4.1 弧形闸门

解 闸门下的水流是在重力作用下的流动,因而模型应该是按弗劳德模型法设计。

(1) 模型水深

$$H'/\text{m} = \frac{H}{\delta_l} = \frac{4}{10} = 0.4$$

(2) 实物上的流量

$$Q/(\text{m}^3 \cdot \text{s}^{-1}) = \delta_q Q' = \delta_l^{\frac{5}{2}} Q' = 10^{\frac{5}{2}} \times 0.155 = 49$$

实物收缩断面上的速度

$$v/(\text{m} \cdot \text{s}^{-1}) = \delta_v v' = \delta_l^{\frac{1}{2}} v' = \sqrt{10} \times 1.3 = 4.11$$

实物闸门上的力

$$F/\text{N} = \delta_F F' = \delta_\rho \delta_l^3 F' = 1 \times 10^3 \times 50 = 5 \times 10^4$$

实物闸门上的力矩

$$M/(\text{N} \cdot \text{m}) = \delta_M M' = \delta_\rho \delta_l^4 M' = 1 \times 10^4 \times 75 = 75 \times 10^4$$

4.2 π 定理和量纲分析的应用

4.2.1 量纲分析方法提出的根据

(1) 自然界一切物理现象的内在规律,都可以用完整的物理方程来表示。
(2) 任何完整的物理方程,必须满足量纲和谐性条件。

4.2.2 几个定义

(1) 表示物理量的差别,如长度、时间、质量及力等称为量纲。比较同类物理量大小,人为地用单位表示,不管用什么单位,量纲只有一个。

(2) 物理量的数值决定于所取量度单位的称为有量纲量;与所取单位无关的称为无量纲量。

(3) 量纲是物理量的类别和本质属性,物理量的量纲之间有一定的联系。在量纲分析中常需选定少数几个物理量的量纲作为基本量纲,其他物理量的量纲就都可以由这些基本量纲导出,称为导出量纲。基本量纲是相互独立的,不能相互表达。在力学中,常用质量、长度、时间(M、L、T、Θ)作为基本量纲,对于不可压缩流体的运动常用 M、L、T 这三个基本量纲,用 dim$A$ 代表物理量 A 的量纲,它可用这三个基本量纲的指数乘积形式表示,即

$$\text{dim}A = \text{M}^a \text{L}^b \text{T}^c \tag{4.2.1}$$

式(4.2.1) 称为量纲公式。当 $a = 0, b \neq 0, c = 0$ 时,A 称为几何学量;当 $a = 0, c \neq 0$ 时,A 称为运动学量;当 $a \neq 0$ 时,A 称为动力学量。

4.2.3 物理量纲的和谐性原理

凡能正确反映客观规律的数学物理方程,其各项的量纲一定是一致的,这被称为量纲和谐性原理,它是一个正确方程首先所必须满足的。当然,我们有时也会遇到一些方程和公式并不满足量纲和谐性,这只能说明可能是对这个问题还未了解清楚,或者是依靠实验

数据建立的一些经验公式,而这些经验公式,往往只能在某一范围内近似地适用。

4.2.4 无量纲的物理量

当量纲公式中各量纲的指数均为零,则 $\dim A = M^0 L^0 T^0 = 1$,该物理量就是无量纲的量,也就是纯数。它可由一些有量纲的物理量组成。例如

$$\dim Re = \dim\left(\frac{vd}{\nu}\right) = \frac{(LT^{-1})L}{L^2 T^{-1}} = 1$$

无量纲的物理量有如下意义:

(1)客观性。凡是有量纲的物理量都有单位,同一物理量,如果选取的度量单位不同,数值也不同。因此,要使计算结果不受主观选取单位的影响,就需要把方程中各项物理量组成无量纲项。

(2)不受运动规模的影响。由于无量纲量是纯数,数值大小与度量单位无关,因此它不受运动规模的影响。不管是原型还是模型,只要相应的无量纲数相同,这两个流动就是相似的。

(3)清楚反映问题的实质。具有相似流动的机械,例如某一系列的水泵,如果采用有量纲的量来研究其性能曲线,将会有一系列不同的性能曲线;而采用无量纲的量来研究,将只有一条性能曲线,它更清楚地反映了该系列水泵的特性。

满足量纲和谐性的方程,各项量纲相同,如果用其中一项分别除各项,便得到一个由无量纲项组成的方程,显然它仍将保持原方程的性质。由于无量纲的物理量具有上述特点,因此,真正客观的方程,应是由无量纲项组成的方程。

4.2.5 π 定理(布金汉定理)

量纲分析法是在量纲和谐性原理基础上发展起来的,主要有 π 定理,或称布金汉(Bucking-ham)法,是一种具有普遍性的方法。

π 定理指出,若某一物理过程包含 n 个物理量,即

$$f(q_1, q_2, \cdots, q_n) = 0$$

其中有 m 个基本量,则该物理过程可用由 $(n - m)$ 个无量纲项所表达的关系式来描述。即

$$f(\pi_1, \pi_2, \cdots, \pi_{n-m}) = 0 \tag{4.2.2}$$

由于无量纲项用 π 表示,π 定理由此得名。以下通过例子来说明 π 定理应用的具体步骤。

【例4.3】 求有压管流压力损失的表达式。

解 (1)找出物理过程中有关的物理量,组成一个未知的函数关系。由经验和对已有资料的分析,管流的压力损失 Δp 与流体的性质(密度 ρ、运动黏度 ν)、管道条件(管长 l、直径 d、管壁绝对粗糙度 Δ)以及流动情况(流速 v)有关,有关量数 $n = 7$,组成一个未知的函数关系。

$$f(\Delta p, \rho, \nu, l, d, \Delta, v) = 0$$

(2)从几个物理量中选取 m 个基本量,对不可压缩流体的运动,通常选取几何学量 l,运动学量 v,动力学量 ρ 为基本量,即 $m = 3$。基本量的选取不是唯一的,但必须满足基本

量纲独立的条件,即量纲公式中的指数行列式不等于零。

$$\begin{vmatrix} a_1 & b_1 & c_1 \\ a_2 & b_2 & c_2 \\ a_3 & b_3 & c_3 \end{vmatrix} \neq 0$$

如本题取 v,d,ρ 为基本量

$\dim v = LT^{-1}$ （M,L,T 的指数分别是 $0,1,-1$） （$a_1 = 0, b_1 = 1, c_1 = -1$）

$\dim d = L$ （M,L,T 的指数分别是 $0,1,0$） $\Rightarrow$ （$a_2 = 0, b_2 = 1, c_2 = 0$）

$\dim \rho = ML^{-3}$ （M,L,T 的指数分别是 $1,-3,0$） （$a_3 = 1, b_3 = -3, c_3 = 0$）

其指数行列式

$$\begin{vmatrix} 0 & 1 & -1 \\ 0 & 1 & 0 \\ 1 & -3 & 0 \end{vmatrix} = 1 \neq 0$$

(3) 基本量依次与其余物理量组成 π 项,本题共有 $(n-m) = 4$ 个 π 项。

$$\pi_1 = \frac{\Delta p}{v^{a_1} d^{b_1} \rho^{c_1}}$$

$$\pi_2 = \frac{\nu}{v^{a_2} d^{b_2} \rho^{c_2}}$$

$$\pi_3 = \frac{l}{v^{a_3} d^{b_3} \rho^{c_3}}$$

$$\pi_4 = \frac{\Delta}{v^{a_4} d^{b_4} \rho^{c_4}}$$

(4) 确定各 π 项基本量的指数。

$$\dim \Delta p = \dim(v^{a_1} d^{b_1} \rho^{c_1})$$

对 π_1 $ML^{-1}T^{-2} = (LT^{-1})^{a_1} (L)^{b_1} (ML^{-3})^{c_1}$

比较两边系数 $M: 1 = c_1$

$\qquad\qquad\qquad L: -1 = a_1 + b_1 - 3c_1$

$\qquad\qquad\qquad T: -2 = -a_1$

得 $a_1 = 2, b_1 = 0, c_1 = 1$

$$\pi_1 = \frac{\Delta p}{v^2 \rho}$$

同理可得 $\pi_2 = \frac{\nu}{vd}; \pi_3 = \frac{l}{d}; \pi_4 = \frac{\Delta}{d}$

(5) 整理方程式。

$$f(\frac{\Delta p}{v^2 \rho}, \frac{\nu}{vd}, \frac{l}{d}, \frac{\Delta}{d}) = 0$$

也可写成 $f_1(\frac{\Delta p}{v^2 \rho}, Re, \frac{l}{d}, \frac{\Delta}{d}) = 0$

这样,未知函数的变量由 7 个变成 4 个。

由于想求压力损失的表达式,故

$$\frac{\Delta p}{v^2 \rho} = f_2 \left(Re, \frac{l}{d}, \frac{\Delta}{d} \right)$$

其中我们已知道 Δp 与管长 l 成正比,与管径 d 成反比,故将 l/d 移至函数式外面

$$\frac{\Delta p}{v^2 \rho} = f_3 \left(Re, \frac{\Delta}{d} \right) \frac{l}{d}$$

进一步可写成
$$\Delta p = f_3 \left(Re, \frac{\Delta}{d} \right) \frac{l}{d} \rho \frac{v^2}{2} = \lambda \frac{l}{d} \rho \frac{v^2}{2}$$

这就是我们所熟悉的管道压力损失的计算公式。$\lambda = f_3 \left(Re, \frac{\Delta}{d} \right)$,称为沿程阻力系数,一般情况下是 Re 和 Δ / d 的函数。

【例 4.4】 管壁切应力 τ_0 的一般表达式。

解 假定管壁上的切应力 τ_0 与管内水流平均流速 v、管径 d、液体密度 ρ、动力黏性系数 μ 和管壁粗糙突起高度 Δ 有关,并假设具有如下函数关系式

$$\tau_0 = f(v, d, \rho, \mu, \Delta)$$

在上式中把 τ_0 包括在内,共有 6 个物理量,选取平均流速 v、管道内径 d 和液体密度 ρ 作为基本量,其量纲式为

$$\dim v = \mathrm{LT}^{-1}$$
$$\dim d = \mathrm{L}$$
$$\dim \rho = \mathrm{MT}^{-3}$$

列出其余 3 个导出量的 π 项

$$\pi_1 = \frac{\tau_0}{v^{a_1} d^{b_1} \rho^{c_1}}$$

$$\pi_2 = \frac{\mu}{v^{a_2} d^{b_2} \rho^{c_2}}$$

$$\pi_3 = \frac{\Delta}{v^{a_3} d^{b_3} \rho^{c_3}}$$

根据 π 项必须是无量纲组合数和等号两端量纲必须和谐的条件来确定待求指数。例如,对于 π_1 将各物理量的基本量纲分别代入,得

$$\dim \tau_0 = \dim(v^{a_1} d^{b_1} \rho^{c_1})$$
$$\mathrm{ML}^{-1}\mathrm{T}^{-2} = (\mathrm{LT}^{-1})^{a_1} (\mathrm{L})^{b_1} (\mathrm{ML}^{-3})^{c_1}$$

比较两边系数
$$\mathrm{M}: 1 = c_1$$
$$\mathrm{L}: -1 = a_1 + b_1 - 3c_1$$
$$\mathrm{T}: -2 = -a_1$$

得
$$a_1 = 2, b_1 = 0, c_1 = 1$$

$$\pi_1 = \frac{\tau_0}{\rho v^2}$$

同理可得
$$\pi_2 = \frac{\mu}{\rho v d}; \pi_3 = \frac{\Delta}{d}$$

因无量纲数 $\dfrac{\rho v d}{\mu}$ 为雷诺数,$\dfrac{\Delta}{d}$ 表示管道的相对粗糙度,故管壁切应力 τ_0 的一般表达式为

$$\tau_0 = \rho v^2 \varphi \left(Re, \frac{\Delta}{d} \right)$$

通过以上例子,再做几点说明:

(1) 基本量的选取:在管流中,一般选 ρ, v, d。

(2) 变量的选取:有关变量的选取,要靠经验和对实验资料的分析。如果遗漏了一个重要的变量,将使量纲分析得出错误结果,尽管它也满足量纲和谐性原理;相反,如果引入多余的、无关紧要的变量,将会出现多余的、无关紧要的 π 项,增加了分析上的繁琐性。因此,对物理过程有一定程度的理解是非常重要的。

量纲分析和相似性原理为科学地组织实验、简化实验过程及整理实验成果提供了理论指导。它是沟通流体力学理论和实验之间的桥梁,是发展流体力学理论、解决复杂工程问题非常有用的工具。

习 题 4

1. 为了求得水管中蝶形阀的特性,预先在空气中做模型实验。两种阀的 α 角相同。已知:空气密度 $\rho' = 1.25 \ \text{kg/m}^3$,空气流量 $q'_v = 1.6 \ \text{m}^3/\text{s}$,实验模型的直径 $D' = 250 \ \text{mm}$,实验结果得出阀的压强损失 $\Delta p' = 275 \ \text{kPa}$,作用力 $F' = 140 \ \text{N}$,作用力矩 $M' = 3 \ \text{N} \cdot \text{m}$,实物蝶阀直径 $D = 2.5 \ \text{m}$,实物流量 $q_v = 8 \ \text{m}^3/\text{s}$。

实验是根据力学相似设计的。

(1) 试求速度比例尺 δ_v,长度比例尺 δ_l,密度比例尺 δ_ρ。

(2) 求实物蝶阀上的压强损失、作用力和作用力矩。

习题 1 图

2. 某弧形闸门下出流,今以比例尺 $\delta_l = 10$ 做模型实验。

(1) 已知原型上游水深 $H = 5 \ \text{m}$,求 H';

(2) 已知原型上游流量 $Q = 30 \ \text{m}^3/\text{s}$,求 Q';

(3) 在模型上测得水流对闸门的作用力 $F' = 400 \ \text{N}$,计算原型上水流对闸门的作用力 F;

(4) 在模型上测得水跃损失的功率 $P' = 0.2 \ \text{kW}$,计算原型中水跃损失的功率 P。

3. 某蓄水库线性比例尺 $\delta_l = 225$ 的小模型,在开闸后 4 min 可放空库水,问原型中放空库水需多长时间?

4. 同心滑动轴承的摩擦力 F 与轴的转速 n、油膜动力黏度 μ、轴的直径 D、径向间隙 δ、油膜中的压强 p 有关,试用 π 定理确定其函数关系(建议取 n, D, p 为基本量)。

5. 水翼船的阻力 F 与翼弦长度 l、翼型截面积 A、航行速度 v、水的密度 ρ、水的黏度 μ 有关,取 v, A, ρ 为基本量,用 π 定理确定阻力的函数关系式。

6. 已知文丘里流量计喉管流速 v 与流量计压强差 Δp、主管直径 d_1、喉管直径 d_2 以及流体的密度 ρ 和运动黏度 ν 有关,试用 π 定理确定流速与其他变量之间的关系。

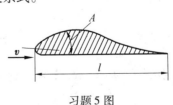

习题 5 图

第 5 章

管流损失和水力计算

本章导读 实际流体与理想流体的不同之处在于实际流体具有黏性,这在第 3 章实际流体总流的伯努利方程中体现为水头损失。水头损失与流体的物理特性和边界条件均有密切关系。

本章研究的中心问题是总流伯努利方程中水头损失 h_w 项的确定。讲述了水头损失的两种形式(沿程阻力损失和局部阻力损失)、两种流动形态(层流和紊流)及水头损失的计算式等内容,还对边界层、绕流阻力作了简单介绍,并应用水头损失的计算公式解决工程中管路计算问题。

本章学习要求 掌握两种流态和雷诺数概念,掌握两种流态特性及流态判别方法,掌握圆管层流的运动规律,了解圆管紊流特性、紊流速度分布。理解管路沿程阻力系数的变化规律,掌握管路沿程阻力损失及局部阻力损失的计算方法和管路计算。了解边界层概念和边界层分离现象及绕流阻力。

由于实际流动的复杂性,目前仍有许多问题的阻力损失 h_w 的计算难以用分析方法来完善解决,而是更多地采用了理论分析与实验研究相结合的半经验公式,有的甚至完全采用实验结果。

5.1 流体流动与流动阻力的两种形式

5.1.1 过水断面上影响流动阻力的主要因素

过水断面上影响流动阻力的因素有两个:一是过水断面的面积 A;二是过水断面的湿润周长 χ,简称湿周(wet circuit)。

当流量相同的流体经过面积相等而湿周不等的两个过水断面时,湿周长的过水断面给予流体的阻力要大些;当流量相同的流体经过湿周相等而面积不等的两个过水断面时,面积小的过水断面给予流体的流动阻力要大些。

由上述分析可知,流动阻力与过水断面面积 A 的大小成反比,而与湿周 χ 的大小成正比。为了描述过水断面与流动阻力的关系,引入水力半径 R 的概念。

$$R = \frac{A}{\chi} \tag{5.1.1}$$

可见水力半径 R 与流动阻力成反比,当同一运动流体经过水力半径 R 较小的过水断面时,将受到较大的阻力;反之,则受到较小的阻力。

在常见的充满圆管的流体运动中,其过水断面上的水力半径为

$$R = \frac{A}{\chi} = \frac{\pi r^2}{2\pi r} = \frac{r}{2} \tag{5.1.2}$$

式中　r—— 圆管半径。

可见,水力半径与一般圆截面的半径是完全不同的概念。

对充满流体的正方形管,则其水力半径(hydraulic radius) 为

$$R = \frac{A}{\chi} = \frac{a^2}{4a} = \frac{a}{4} \tag{5.1.3}$$

式中　a—— 正方形边长。

由(5.1.2) 知:$d = 4\,\frac{r}{2} = 4\,\frac{\pi r^2}{2\pi r} = 4\,\frac{A}{\chi} = 4R$

得到启发,异型管道也可以用过流断面积 A 与湿周 χ 的比值的4倍作为特征尺寸。这种尺寸称为水力直径,用 d_H 表示

$$d_H = 4\,\frac{A}{\chi} \tag{5.1.4}$$

5.1.2　流体运动与流动阻力的两种形式

流体所受的阻力与其所经过的过水断面密切相关。如果运动流体连续通过面积和形状不变的过水断面,则它在每一个断面上的能量损失相同;如果过水断面的面积和形状发生变化,则它在每一个过水断面上的能量损失不同。为此根据过水断面变化情况的不同将流体的流动和流动阻力分成两种形式。

(1) 均匀流动(uniform flow) 和沿程阻力损失

如果流体通过的过水断面,其面积大小、形状和流动方向不变,这种流动称为均匀流动。该流动中,流体所受的阻力只有沿程不变的摩擦力,称其为沿程阻力。克服这种阻力而消耗的能量称为沿程阻力损失(path energy loss),用"h_f" 表示。

(2) 不均匀流动和局部阻力损失

如果流体通过的过水断面,其面积大小、形状和流动方向发生急剧变化,则该流体的流速分布也产生急剧变化,称这种流动为不均匀流动。在工程上这种情况一般发生在弯头、三通、异径管、管径突然扩大、管径突然缩小以及闸门等处。由于液流变形、方向变化、流速重新分布,质点间碰撞进行着剧烈的动量交换,甚至使主流脱离边界,形成旋涡区,从而产生的阻力称为局部阻力。显然,局部阻力是由于各种阻碍破坏了流体的正常流动所引起的,其大小必然取决于各种阻碍的类型,特点是集中在一段较短的流程内。克服它而产生的能量损失称局部阻力损失(local energy loss),用"h_j" 表示。

5.2　黏性流体的均匀流动

为了推导沿程阻力损失的计算公式,先研究黏性流体定常均匀流动中力与运动的关系。

5.2.1　均匀流动基本方程

设自定常均匀流动中取出一段长为 l 的流体,两端面为过水断面 1—1 和 2—2,如图

5.1 所示。由于是均匀流动,则 $A_1 = A_2 = A$,$v_1 = v_2 = v$。流体作等速流动,沿流向力的平衡方程为

$$P_1 - P_2 + G\cos\beta - T = 0$$

式中　P_1,P_2——流段两端表面上所受总压力,$P_1 = p_1 A$,$P_2 = p_2 A$;

　　　　G——流段自重,$G = \rho g A l$,它在流向上的投影为 $G\cos\beta = \rho g A l\cos\beta$;

　　　　T——流体与边界壁面的摩擦力,$T = \tau_0 \chi l$;

　　　　τ_0——单位边界壁面面积上的摩擦力;

　　　　χ——过水断面的湿周。

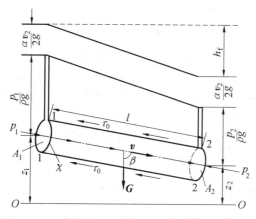

图 5.1　均匀流动运动分析

于是有

$$p_1 A - p_2 A + \rho g A l\cos\beta - \tau_0 \chi l = 0$$

整理并注意 $R = A/\chi$,则得

$$\left(\frac{p_1}{\rho g} - \frac{p_2}{\rho g}\right) + (z_1 - z_2) = \frac{\tau_0 \chi l}{\rho g A}$$

$$\left(z_1 + \frac{p_1}{\rho g}\right) - \left(z_2 + \frac{p_2}{\rho g}\right) = \frac{\tau_0 l}{\rho g R} \tag{5.2.1}$$

式(5.2.1)即为均匀流动的基本方程。该式表明:在均匀流动中,势能之差用于克服摩擦阻力。

5.2.2　均匀流动中的水头损失与摩擦阻力的关系

如图 5.1 所示,选取 O—O 为水平基准面,在 1—1、2—2 过水断面上列出伯努力方程。

$$z_1 + \frac{p_1}{\rho g} + \frac{\alpha_1 v_1^2}{2g} = z_2 + \frac{p_2}{\rho g} + \frac{\alpha_2 v_2^2}{2g} + h_f$$

因为 $\alpha_1 = \alpha_2 = \alpha$,$v_1 = v_2 = v$,上式可写成

$$z_1 + \frac{p_1}{\rho g} = z_2 + \frac{p_2}{\rho g} + h_f$$

即

$$\left(z_1 + \frac{p_1}{\rho g}\right) - \left(z_2 + \frac{p_2}{\rho g}\right) = h_\mathrm{f} \tag{5.2.2}$$

式(5.2.2)为均匀流动水头损失的计算式,由式(5.2.1)及式(5.2.2)得出

$$h_\mathrm{f} = \frac{\tau_0 l}{\rho g R}$$

或

$$\frac{\tau_0}{\rho g} = R i \tag{5.2.3}$$

式中　i——总水头线的水力坡度,$i = \dfrac{h_\mathrm{f}}{l}$。

式(5.2.3)表明:在既定均匀流中 R 已知,如果解决了 τ_0 的计算,便可确定水力坡度 i,从而计算出均匀流体中的水头损失 h_f。而 τ_0 与流体的流动状态有关,当流体作层状流动时,τ_0 可由牛顿内摩擦定律计算,但实际流体的流动是否只有这一种状态,尚需探讨。

5.3　流体流动的两种状态

5.3.1　雷诺实验

在上节中已经得到,流体流动阻力损失与流动状态有关。英国科学家雷诺在 1883 年发表的论著中不仅肯定了流体流动的两种状态,而且测定了流动阻力损失与这两种流动状态的关系。

雷诺实验装置如图 5.2(a) 所示。该装置放于对液流无扰动的固定平台上,1 是一端光滑修圆的喇叭口水平玻璃管,细管 2 位于玻璃管的轴心线上,为了观察玻璃管中水的流动情况,其中注入的是带颜色的水,3 是控制色水的阀门,4 是盛色水容器,5 是保持一定水头的水箱,6 是蜂窝板,7 是溢水隔板,8 是供水阀门,9 是放水管,10 是控制阀,11 是测压管,12 是量水筒。实验时微微打开 10 和 3,1 内流速较小,此时色水成一条鲜明的细流,非常平稳,并与管的中心线平行,这表示水质点只作沿管轴线的直线运动,而无横向运动,可以认为此时水在管中是作分层流动的,各层间互不干扰,互不相混,这种流动状态称为层流(laminar flow),如图 5.2(b) 所示。逐渐打开 10 到一定程度,色水细流显出波动,这表示此时流体质点有了与主流方向垂直的横向运动,可以从这一层运动至另一层,如图 5.2(c) 所示。继续打开 10,色水细流波动剧烈,开始出现断裂,最后形成与周围清水混杂、穿插的紊乱流动,如图 5.2(d) 所示。这种流动称为紊流或湍流(turbulent flow)。反向实验,关小阀 10,则色流逐渐恢复到图 5.2(c) 所示过渡状态。再关小阀 10,则恢复到图 5.2(b) 所示层流状态。

实验时如记录流体流速,则当流速逐渐增大到某一个临界值时,层流状态就改变成紊流状态,把这一临界值称上临界速度(higher critical velocity),用"v'_cr"表示。按相反的顺序调节阀 10,则流速逐渐减小,当流速减小到某一临界值时,紊流又恢复到层流状态,这一临界值称下临界速度(lower critical velocity),用"v_cr"表示。实验表明,v_cr 远小于 v'_cr。

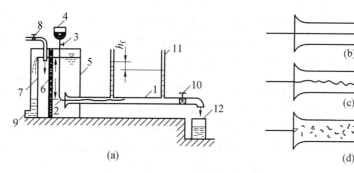

图 5.2 雷诺实验装置

实验表明,水在毛细管和岩石缝隙中的流动,重油在管道中的流动,多处于层流运动状态,而实际工程中,水在管道(或水渠)中的流动,空气在管道中的流动,大多是紊流运动。

5.3.2 流动状态与水头损失的关系

不同流动状态形成不同阻力,也必然形成不同的水头损失。为了确切地找到水头损失与流速的关系,将实验数据绘在坐标纸上,则得到它们的关系曲线,其直线方程可表示为

$$\lg h_{f} = \lg k + m\lg v \qquad (5.3.1)$$

即

$$h_{f} = kv^{m}$$

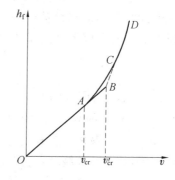

图 5.3 水头损失与流速的关系

实验表明:当 $v < v_{cr}$ 时流动处于层流状态,$m = 1$,即水头损失与流速成线性关系;当 $v_{cr} < v < v'_{cr}$ 时,流动处于过渡状态,$m = 1.75 \sim 2$,即水头损失与流速成曲线关系;当 $v > v'_{cr}$ 时流动处于紊流状态,$m = 2$,即水头损失与流速成二次方关系。图 5.3 为水头损失与流速的关系。

5.3.3 流动状态判别准则 —— 雷诺数(Reynolds number)

虽然用临界流速可以确定流体的流动状态。但是实际使用很不方便,原因是临界流速随流体的黏度、密度以及流道的线性尺寸不同而变化。雷诺根据大量实验归纳出一个无因次综合量,称为雷诺数,作为判别流体流动状态的准则,雷诺数以"Re"表示,即

$$Re = \frac{\rho vd}{\mu} = \frac{vd}{\nu} \qquad (5.3.2)$$

对应于临界速度有

$$Re'_{cr} = \frac{v'_{cr}d}{\nu} \qquad (5.3.3)$$

$$Re_{cr} = \frac{v_{cr}d}{\nu} \qquad (5.3.4)$$

式(5.3.3)、(5.3.4)中 Re'_{cr} 称为上临界雷诺数,Re_{cr} 称为下临界雷诺数。

实验结果表明,对几何形状相似的一切流体其下临界雷诺数基本上相等,即Re_{cr} = 2 320;上临界雷诺数可达 12 000 或更大,数值不固定,并且随实验环境、流动起始状态的不同而有所不同。当流体的雷诺数$Re < Re_{cr}$时流动为层流;当$Re > Re'_{cr}$时流动为紊流;当$Re_{cr} < Re < Re'_{cr}$时流动可能是层流,也可能是紊流,处于极不稳定的状态。这时,小心地实验可以保持层流,只要稍有扰动,层流瞬时转变成紊流。因此,上临界雷诺数在工程上没有实用意义,通常我们用下临界雷诺数Re_{cr}作为判别层流与紊流的准则。而且实际使用的下临界雷诺数更小。 实际工程中圆管内流体流动的临界雷诺数Re_{cr} = 2 000,即

$$Re < 2\ 000\ 为层流$$

$$Re > 2\ 000\ 为紊流$$

当流体的过水断面为非圆形时,用其水力直径作为特征长度,计算其临界雷诺数。

水利、矿山等工程中常见的明渠流更不稳定,其下临界雷诺数更低,工程计算时一般取Re_{cr}为

$$Re_{cr} = 300 \tag{5.3.5}$$

当流体绕过固体物而流动时,也会出现层状绕流(round flow)(物体后面无旋涡)和紊乱绕流(物体后面形成旋涡)的运动现象,同时也产生流体给予固体不同的作用力(简称流体阻力)。在研究阻力计算时,也需要事先判别流态,其常用的雷诺数表达式为

$$Re = \frac{vl}{\nu} \tag{5.3.6}$$

式中　　v—— 流体的绕流速度;

　　　　ν—— 流体的运动黏性系数;

　　　　l—— 固体物的特征长度。

大量实验得出流体绕球形物体流动时下临界雷诺数为

$$Re_{cr} = \frac{vd}{\nu} = 1 \tag{5.3.7}$$

这一数据对于选矿、水力输送等工程计算,具有重大的意义。

雷诺数为什么能用来判别流态呢? 这是因为雷诺数 Re 反映了惯性力(分子)与黏滞力(分母)作用的对比关系。Re 较小,反映出黏滞作用力大,对流体的质点运动起着约束作用,因此当 Re 小到一定程度时,质点呈现有秩序的线状运动,互不掺混,也即呈层流形态。当流动的 Re 数逐渐加大时,惯性力增大,黏滞力的控制作用则随之减小,当这种作用削弱到一定程度时,层流失去了稳定,又由于各种外界原因,如边界的高低不平,流体质点离开了线状运动,因黏滞性不再能控制这种扰动,而惯性作用则将从微小扰动不断发展扩大,从而形成了紊流流态。雷诺数具有普遍意义,所有牛顿流体圆管流的临界雷诺数Re_{cr} = 2 320。

5.3.4　流态分析

层流和紊流的根本区别在于层流各流层间互不掺混,只存在黏性引起的各流层间的滑动摩擦阻力;紊流时则有大小不等的涡体动荡于各流层间。除了黏性阻力,还存在着由于质点掺混,互相碰撞所造成的惯性阻力。因此,紊流阻力比层流阻力大得多。

层流到紊流的转变是与涡体的产生联系在一起的,图 5.4 绘出了涡体产生的过程。

设流体原来作直线层流运动,由于某种原因的干扰,流层发生波动,如图5.4(a)所示。于是在波峰一侧断面受到压缩,流速增大,压强降低;在波谷一侧由于过流断面增大,流速减小,压强增大。因此流层受到图5.4(b)中箭头所示的压差作用,这将使波动进一步加大,如图5.4(c)所示,终于发展成涡体。涡体形成后,由于其一侧的旋转切线速度与流动方向一致,故流速较大,压强较小;而另一侧旋转切线速度与流动方向相反,流速较小,压强较大。于是涡体在其两侧压差作用下,将由一层转到另一层,如图5.4(d)所示,这就是紊流掺混的原因。

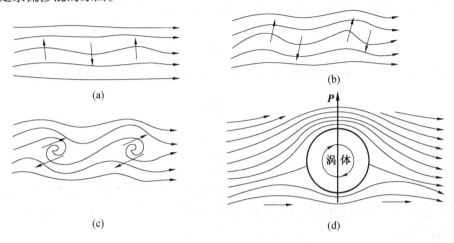

图5.4 层流到紊流的转变过程

流层受扰动后,当黏性的稳定作用起主导作用时,扰动受到黏性的阻滞而衰减下来,流层就是稳定的。当扰动占上风,黏性的稳定作用无法使扰动衰减下来,流动便变为紊流。因此,流动呈现什么流态,取决于扰动的惯性作用和黏性的稳定作用互相斗争的结果。

【例5.1】 在横断面积为 $2.5 \text{ m} \times 2.5 \text{ m}$ 的矿井巷道中,当空气流速 $v = 1 \text{ m/s}$ 时,气流处于什么运动状态(已知井下温度 $t = 20 \text{ ℃}$,空气的运动黏性系数 $\nu = 0.15 \text{ cm}^2/\text{s}$)?

解 因为 $Re = \dfrac{vd_{\text{H}}}{\nu} = \dfrac{v \cdot \dfrac{4A}{\chi}}{\nu} = 166\ 668 > Re_{\text{cr}} = 2\ 000$

故气流处于紊流运动状态。

【例5.2】 在大气压力下,15 ℃ 水的运动黏性系数 $\nu = 1.442 \times 10^{-6} \text{ m}^2/\text{s}$。如果水在内径为 $d = 50 \text{ mm}$ 的圆管中流动,从紊流逐渐降低流速,问降到多大速度时才能变为层流?

解 已知 $Re_{\text{cr}} = 2\ 000$

则 $$v/(\text{m} \cdot \text{s}^{-1}) = \frac{Re_{\text{cr}}\nu}{d} = \frac{2\ 000 \times 1.142}{0.05 \times 1\ 000\ 000} = 0.046$$

5.4 流体在圆管中的层流运动

圆管流动在实际工程中数量较大,理论和实验研究也较完善,其中有许多基本概念同样适用于明渠或其它类型的流动。另外,工程中某些很细的圆管流动,或者低速、高黏流体的圆管流动,即雷诺数 Re 较小的情况下,如阻尼管、润滑油管、原油输油管道、化工管道、地下水渗流以及人体血管中血液的流动等多属层流。层流运动规律也是流体黏度测量和研究紊流运动的基础。因此,本节主要研究流体在圆管中层流的运动规律。

5.4.1 均匀流动中内摩擦力的分布规律

设过水断面的半径为 r_0,则相应的水力半径 $R = \dfrac{r_0}{2}$,代入式(5.2.3) 得

$$\frac{\tau_0}{\rho g} = \frac{r_0}{2} i \tag{5.4.1}$$

在其中取出半径为 r 的圆柱形流段,设其表面上的切向应力为 τ,则

$$\frac{\tau}{\rho g} = \frac{r}{2} i \tag{5.4.2}$$

将式(5.4.2) 与式(5.4.1) 相比可得

$$\frac{\tau}{\tau_0} = \frac{r}{r_0} \tag{5.4.3}$$

式(5.4.3) 即为圆管层流运动中流体内摩擦切应力的分布规律。它表明其中的内摩擦切应力是沿着半径 r 按直线规律分布的,如图 5.5 所示。当 $r = 0$ 时,$\tau = 0$;当 $r = r_0$ 时,$\tau = \tau_0$ 为最大值。

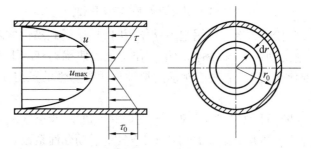

图 5.5　圆管层流的速度和内摩擦力分布

5.4.2 圆管层流中的速度分布规律

在层流状态下,黏滞力起主导作用,各流层间互不掺混,流体质点只有平行于管轴的流速。在管壁处因流体被黏附在管壁上,故流速为零。而管轴处流速最大,整个管流如同无数薄圆筒一层套着一层滑动。由层流牛顿内摩擦定律和式(5.4.2),有

$$\tau = - \mu \frac{\mathrm{d}u}{\mathrm{d}y} = \rho g \frac{r}{2} i \tag{5.4.4}$$

对于充满圆管的均匀层流,流体层厚度可取为 $\mathrm{d}r$,相应的速度梯度为 $\dfrac{\mathrm{d}u}{\mathrm{d}r}$,则式(5.4.4) 可写成

$$- \mu \frac{\mathrm{d}u}{\mathrm{d}r} = \rho g \frac{r}{2} i$$

即
$$\mathrm{d}u = -\frac{\rho g i}{2\mu}r\mathrm{d}r$$

积分得
$$u = -\frac{\rho g i}{4\mu}r^2 + c$$

根据边界条件:管壁处流体不参与运动,即 $r = r_0$ 时,$u = 0$,则 $c = \frac{\rho g i}{4\mu}r_0^2$,代入上式得

$$u = \frac{\rho g i}{4\mu}(r_0^2 - r^2) \tag{5.4.5}$$

式(5.4.5)称为斯托克斯公式,它表明圆管层流过水断面上各点的流速与该点距离管轴的半径 r 成二次抛物线关系,速度分布是一个以管轴为中心的旋转抛物面,如图5.5所示。最大流速在圆管中心,即 $r = 0$ 处,其大小为

$$u_{\max} = \frac{\rho g i}{4\mu}r_0^2 = \frac{\rho g i}{16\mu}d_0^2 \tag{5.4.6}$$

5.4.3 圆管层流中的平均速度和流量

过水断面的平均速度为

$$v = \frac{Q}{A} = \frac{\int_A u\mathrm{d}A}{A}$$

对于圆形管道 $\mathrm{d}A = 2\pi r\mathrm{d}r$,将式(5.4.5)代入可得

$$v = \frac{\int_A \frac{\rho g i}{4\mu}(r_0^2 - r^2)2\pi r\mathrm{d}r}{\pi r_0^2} = \frac{\rho g r}{2\mu r_0^2}\int_0^{r_0}(r_0^2 - r^2)r\mathrm{d}r = \frac{\rho g i}{8\mu}r_0^2 = \frac{\rho g i}{32\mu}d_0^2 \tag{5.4.7}$$

比较式(5.4.6)与式(5.4.7)可得

$$v = \frac{1}{2}u_{\max}$$

上式说明:圆管层流中平均速度等于管轴处流速的一半。与下节论及的圆管紊流相比,层流流速在断面上的分布是很不均匀的。由此导致其动能修正系数 α 和动量修正系数 α_0 值较大。

工程上根据这一特性,可用毕托管测出管轴的点速度即可以算出圆管层流中的平均速度 v 和流量 Q。这是一种简便的测量管内层流流量的方法。

流量为

$$Q = \int_A \mathrm{d}Q = \int_A u\mathrm{d}A = \int_0^{r_0} u2\pi r\mathrm{d}r = \int_0^{r_0}\frac{\rho g i}{4\mu}(r_0^2 - r^2)2\pi r\mathrm{d}r =$$

$$\frac{\pi\rho g i}{8\mu}r_0^4 = \frac{\pi\rho g i}{128\mu}d_0^4 \tag{5.4.8}$$

式(5.4.8)称为哈根 - 泊肃叶定律(Hagen-Poiseuille law)。此式说明,作层流运动时,圆管中的流量与管径的四次方成正比,可见管径对流量的影响很大,人们常把直径很小的短管作为节流措施,其道理就在于此。

由于 Q,i,ρ,d_0 等量是已知或可测量出的,因此,可以利用式(5.4.8)求出流体的动力黏性系数。许多测量流体黏性系数的实验就是根据这一原理进行的。

由流量公式整理得

$$\mu = \frac{\pi \rho g h_f d_0^4}{128 Q l} = \frac{\pi \Delta p t}{128 V l} d_0^4$$

如图 5.6 所示,在固定内径 d_0、长度 l 的细管两端测出测压管液柱高度差 h_f,流出一定体积 V 的时间 t,按上式可得出 μ。

5.4.4 圆管层流中的沿程损失

为什么黏性流体在流动过程中会产生能量损失呢? 我们通过下面的例子来说明。图 5.7 所示为流体在直管道中流动的情况。对于黏性流体,虽然流动为平行直线流动,但与壁面接触的流体质点将黏附在壁面上,流速为零。而在壁面的法线方向,流速从零迅速增大。因此,过流断面上的流速分布是不均匀的,相邻流层之间存在相对运动。并且,由于流体存在黏性,相邻流层之间必然存在摩

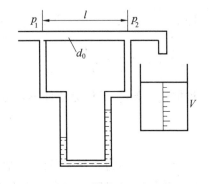

图 5.6 测量流体黏度的实验装置

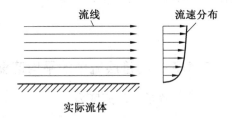

图 5.7 流体在直管道中的流动

擦切应力,流体流动过程中要克服摩擦阻力做功,必然要消耗一部分流体的机械能并转化为热能而耗散。因此在缓变流区域内流体从上游某一截面流动到下游某一截面所损失的机械能就称为沿程损失。

将水力坡度 $i = \dfrac{h_f}{l}$ 代入式(5.4.7),得流体沿圆管以层流状态流动距离 l 的沿程损失为

$$h_f = \frac{32 \mu l}{\rho g d_0^2} v = k_l v \tag{5.4.9}$$

式中 k_l——常量,$k_l = \dfrac{32 \mu l}{\rho g d_0^2}$。

上式从理论上证明了层流沿程损失和平均流速的一次方成正比。将其改写成计算沿程损失的一般形式,则式(5.4.9)变成

$$h_f = \frac{32 \mu l v}{\rho g d_0^2} = \frac{32 \mu l v}{\rho g d_0^2} \cdot \frac{2v}{2v} = \frac{64}{Re} \cdot \frac{l}{d_0} \cdot \frac{v^2}{2g} = \lambda \frac{l}{d_0} \cdot \frac{v^2}{2g} \tag{5.4.10}$$

式(5.4.10)就是圆管层流的沿程损失计算公式,称为达西公式(Darcy equation)。式中,λ 称为沿程阻力系数(pipe friction coefficient),该式表明 λ 只与雷诺数有关的无量纲数,与其他因素无关。

若管中流体的密度 ρ 和流量 Q 均为已知,则流体以层流状态在长度为 l 的管中运动时,所消耗的功率 P 为

$$P = \rho g Q h_f = \rho g Q \frac{\lambda l}{d_0} \frac{v^2}{2g} \tag{5.4.11}$$

从上式可知,输送一定流量的流体时,适当地降低黏度或适当增大管径都可降低功率损耗。不过应保证 $Re < 2\,000$,否则该流动可能变成紊流。

【例 5.3】 在长度 $l = 1\,000$ m，直径 $d = 300$ mm 的管路中输送密度为 $\rho = 950$ kg/m³ 的重油，其质量流量 $M = 2.42 \times 10^5$ kg/h，求油温分别为 10 ℃（运动黏度为 $\nu = 25$ cm²/s）和 40 ℃（运动黏度为 $\nu = 15$ cm²/s）时的水头损失。

解 体积流量

$$Q/(\mathrm{m^3 \cdot s^{-1}}) = \frac{M}{\rho} = \frac{2.42 \times 10^5}{950 \times 3\,600} = 0.070\,8$$

平均速度

$$v/(\mathrm{m \cdot s^{-1}}) = \frac{Q}{A} = \frac{0.070\,8}{\dfrac{\pi}{4} \times 0.3^2} = 1$$

10 ℃ 时的雷诺数

$$Re_1 = \frac{v_1 d_1}{\nu_1} = \frac{100 \times 30}{25} = 120 < 2\,000$$

40 ℃ 时的雷诺数

$$Re_2 = \frac{v_2 d_2}{\nu_2} = \frac{100 \times 30}{15} = 200 < 2\,000$$

两温度下的流动均属层流，故可以应用达西公式计算沿程水头损失。所以，40 ℃ 时的沿程水头损失

$$h_{f1} = \lambda \cdot \frac{l}{d} \cdot \frac{v^2}{2g} = \frac{64}{Re_1} \cdot \frac{l}{d} \cdot \frac{v^2}{2g} = \frac{64 \times 1\,000 \times 1^2}{120 \times 0.3 \times 2 \times 9.8} \text{ m 油柱} = 90.703 \text{ m 油柱}$$

同理，可计算 40 ℃ 时的沿程水头损失

$$h_{f2} = \frac{64 \times 1\,000 \times 1^2}{200 \times 0.3 \times 2 \times 9.8} \text{ m 油柱} = 54.421 \text{ m 油柱}$$

5.4.5 层流起始段

圆管中层流断面上的流速分布是抛物线形的，但是并非流体一进入管道就立即形成这种流速分布。通常在管道的入口断面上，除了管壁上速度由于黏着作用突降为零外，其它各点速度都是相等的。随后，内摩擦力的影响逐渐扩大，而靠近管壁各层流速便依次滞缓下来。根据连续性条件，管轴中心的速度就越来越大，当中心的速度 u_{max} 增加到接近平均速度的两倍时，抛物线形的流速分

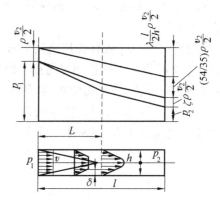

图 5.8　层流起始段的速度和压力分布

布才算形成，如图 5.8 所示。从入口断面到抛物线形的流速分布形成断面之间的距离称为层流的起始段，以 L^* 表示。对于圆管其 L^* 值可用下式计算

$$L^* = 0.065 d Re \tag{5.4.12}$$

这一公式曾得到尼古拉茨的实验验证。在液压设备的短管路计算中 L^* 值是很有实际意义的。还有一些计算 L^* 的公式，读者可参阅有关资料。

5.5　流体在圆管中的紊流运动

在实际工程中,除少数流动是层流运动外,绝大多数流动是紊流运动。所以研究紊流的特性和规律,具有重要实际意义和理论意义。紊流流动十分复杂,到目前为止,对它的研究基本上还是在一定的假设条件下,通过理论分析和实验验证,总结出一些半理论、半经验的计算公式。

5.5.1　紊流的特征

通过雷诺实验可以看到,当 $Re > Re_{cr}$ 时,颜色水不再维持直线形状而是杂乱无章地扩散到整个管中流动,这说明管中紊流流体质点的速度不仅具有三个方向的分量,而且这些分量的大小又随时间变化。紊流中不但速度瞬息变化,而且,一点上流体压强等参数都存在类似的变化,这种瞬息变化的现象称为脉动。层流破坏以后,在紊流中形成许多大大小小方向不同的旋涡(eddies),这些旋涡是造成速度脉动(fluctuation velocity)的原因。但是,要想从理论上找出速度脉动的规律却是极为困难的。

总之,紊流的流速、压力等运动要素,在空间、时间上均具有随机性质,是一种非定常流动。

在流体作紊流运动的空间流场中,任取某一固定点,可用热线风速仪或激光测速仪测量在不同时刻通过该点的流体质点的速度。

5.5.2　紊流运动要素的时均化

紊流属非定常流动,因而,前述的分析方法不适用于研究这种流动,唯一可行的方法是统计时均法。

如图5.9所示,当流体作层流运动时,经过 m 点(或 n 点)的流体质点将按一定途径到达 m' 点(或 n' 点),其轨迹明显易见。但作紊流运动时情况就不同了,如在某一瞬时 t,经过 m 处的流体质点,将沿着曲折、杂乱的途径运动到 n' 点;而另一瞬时,经过 m 处的流体质点,则可能沿着另一曲折、杂乱的途径运动到另外的 C 点,并且于不同瞬间到达 n' 处(或 C 处)的流体质点,其速度 u 的大小、方向都随时间而剧烈的变化。

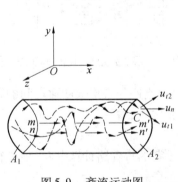

图 5.9　紊流运动图

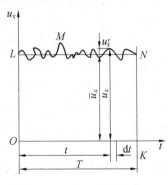

图 5.10　时均速度

当我们在相当长的时间间隔 T 内,观察流经 C 处的流体质点的运动情况时,可看到,每一瞬时流经该处的速度 u,其方向虽然随时间改变,但是对 x 轴向流动起决定性作用的则是 u 在 x 轴方向上的投影 u_x。虽然由于脉动,u_x 的大小也随时间推移而表现出剧烈的并且是无规则的变化,但是,如果观测的时间 t 足够长,则可测出一个它对时间 t 的算术平均值 $\overline{u_x}$,如图 5.10 所示,u_x 的值是围绕 $\overline{u_x}$ 值脉动的。由于 $\overline{u_x}$ 系瞬时速度 u_x 对时间的平均值,故称为时均速度(mean velocity)。u_x 与 $\overline{u_x}$ 的差 u'_x 称为脉动速度。即

$$u_x = \overline{u_x} \pm u'_x$$

设想在图 5.9 中,以 C 为中心,并围绕它取一个垂直于 x 轴的微小面积 ΔA,则在时间间隔 t 内,以真实速度 u_x 或时均速度 $\overline{u_x}$ 通过该面积的流体体积应该相等。因此可得

$$\overline{u_x} = \frac{\int_0^t u_x \mathrm{d}t}{t} \tag{5.5.1}$$

用类似的方法可以得到速度 u 沿 y 轴和 z 轴分量的公式。于是有

$$\overline{u} = \frac{\int_0^t u \mathrm{d}t}{t} \tag{5.5.2}$$

式中　$\overline{u}$——流体的时均速度,是瞬时速度 u 对时间 t 的算术平均值,这是一个假想的没有脉动的速度。

同理,时均压强为

$$\overline{p} = \frac{1}{t} \int_0^t p \mathrm{d}t \tag{5.5.3}$$

有了上述时均速度和时均压强的概念,就可以将紊流运动通过时均化处理变成与时间无关的假想的准定常流动。这样,前面基于定常流所建立的连续性方程、运动方程、能量方程等,都可以用来分析紊流运动。为了方便,在后续章节的讨论中,所有运动要素的表示符号,在形式上不变,但对于紊流,这些符号都具有时均化的意义。

5.5.3　紊流中的摩擦阻力

在紊流状态下,由于流体质点的大量相互混杂,其阻力损失大大超过层流状态。因为在层流状态下,能量只损失在克服以不同速度运动着的流体层间的内摩擦力上,而在紊流状态下,除这一损失外,还有因流体质点相互混杂、能量交换而引起的附加损失。

根据普朗特的混合长度理论,平面定常均匀紊流的切应力应包括牛顿内摩擦切应力和附加内摩擦切应力,其表达式为

$$\overline{\tau} = \mu \frac{\mathrm{d}\overline{u}}{\mathrm{d}y} + \rho L^2 \left(\frac{\mathrm{d}\overline{u}}{\mathrm{d}y} \right)^2 \tag{5.5.4}$$

式中　L——流体质点从一流体层跳入另一流体层所经过的距离,称为混合长度。

$\dfrac{\mathrm{d}\overline{u}}{\mathrm{d}y}$——时均速度 $\overline{u}$ 在 y 方向的速度梯度。

上式虽然在理论上有一定价值,$\dfrac{\mathrm{d}\overline{u}}{\mathrm{d}y}$ 也可以测出,但 L 值很难确定,因此,工程计算时仍

由实验值计算。另外,在紊流度很高时,式(5.5.4)的第二项已经远大于第一项,所以在计算时可略去第一项。

5.5.4 紊流运动中的速度分布

由式(5.5.4)知,平面定常均匀紊流的附加切应力与混合长度 L 有关。L 只能由实验求得,如将它引用于圆管中的紊流运动,则可用下式表示

$$L = ky$$

式中　y—— 流体层到管壁的距离;

　　　k—— 实验常数,根据卡门实验,$k = 0.36 \sim 0.435$。

将上式代入式(5.5.4),并以管壁处内摩擦切应力 τ_0 代替 τ,得

$$\tau_0 = \rho L^2 \left(\frac{\mathrm{d}\bar{u}}{\mathrm{d}y} \right)^2 = \rho k^2 y^2 \left(\frac{\mathrm{d}\bar{u}}{\mathrm{d}y} \right)^2$$

整理得

$$\frac{\mathrm{d}\bar{u}}{\mathrm{d}y} = \frac{1}{ky} \sqrt{\frac{\tau_0}{\rho}}$$

命 $v^* = \sqrt{\dfrac{\tau_0}{\rho}}$ 称切向应力速度。积分后得

$$u = \frac{v^*}{k} \ln y + c \tag{5.5.5}$$

由上式看出,在紊流运动中,速度是按对数曲线分布的。实验表明:由于动量交换,使得管轴附近各点上的速度更加趋于均衡,这与层流运动中的速度分布是不同的。根据实测,圆管紊流过水断面上的平均速度为管轴处最大流速 $u_{\max}$ 的 $0.75 \sim 0.87$ 倍。

式(5.5.5)中的 k 值和 c 值,因个人的测定情况而异。

此外,也有学者认为,紊流运动中的速度分布曲线是指数曲线,速度计算公式为

$$u = u_{\max} \left(\frac{y}{r_0} \right)^m = u_{\max} \left(\frac{r_0 - r}{r_0} \right)^m = u_{\max} \left(1 - \frac{r}{r_0} \right)^m \tag{5.5.6}$$

式中　m—— 实验指数,$m = 1/4 \sim 1/10$;

　　　$u_{\max}$—— 管轴处流速;

　　　y—— 管中任一流层到管壁距离;

　　　r—— 管中任一流层到管轴的距离(即半径)。

5.5.5 紊流核心与层流边层

圆管内紊流运动时断面速度分布不均匀性已如上讨论。根据这个结论,如果将圆管内流体分层分析,可知,只有当一部分流体处于紊流状态,而另一部分流体处于层流或过渡状态,才能符合上述速度分布规律。实验也表明,由于流体与壁面之间附着力的作用,紧贴管壁有一层很薄的流体,该层流体中脉动运动完全消失,保持着层流状态,这一流体层称为层流边层(laminar boundary layer)。只有层流边层以外的流体才参与紊流运动。习惯上,将管中心部分即速度梯度较小、各点速度接近于相等的一部分流体,称为紊流核心或流核(region of turbulent),而将介于紊流核心与层流边层之间的部分称为过渡区

（buffer region）。图 5.11 给出了紊流结构的示意。

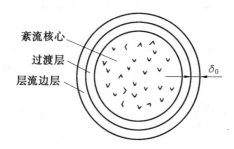

紊流核心
过渡层
层流边层

δ_0

图 5.11　圆管中的紊流结构

层流边层的厚度 δ，可用如下经验公式计算

$$\delta = 32.8 \frac{d}{Re\sqrt{\lambda}} \qquad (5.5.7)$$

式中　　d——圆管内径 mm；

　　　　λ——紊流运动沿程阻力系数。

由实验得知，即使黏性很大的流体（例如石油），其层流边层的厚度 δ 也只有几毫米。一般流体作紊流运动时，其层流边层的厚度 δ 通常只有十分之几毫米。δ 是随着紊流程度的加强（即雷诺数的增大）而变薄的。虽然层流边层很薄，但是在有些问题中影响很大。例如在计算能量损失时，δ 的厚度越大能量损失越小；但在热传导性能上，δ 愈厚，放热效果愈差。

5.5.6　水力光滑管（hydrodynamically smooth pipe）和水力粗糙管

任何管道，由于材料性质、加工条件、使用情况和使用年限等因素的影响，管壁表面总是凸凹不平的，如图 5.12(a) 所示。

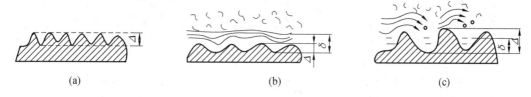

(a)　　　　　　　　　(b)　　　　　　　　　(c)

图 5.12　水力光滑和水力粗糙

表面峰谷之间的平均距离为 Δ，称为管壁的绝对粗糙度（absolute roughness）。

常见管道壁的绝对粗糙度 Δ 列于表 5.1 中。

当 $\delta > \Delta$ 时，即层流边层完全淹没了管壁的粗糙凸出部分，如图 5.12(b) 所示，这时层流边层以外的紊流区域完全感受不到管壁粗糙度的影响，流体好像在完全光滑的管子中流动一样，这种情况的管内流动称为"水力光滑管"。当 $\delta < \Delta$ 时，如图 5.12(c) 所示，紊流与粗糙峰相接触，发生分流而产生新的旋涡，进一步增加了流体的紊流性，也额外增加了能量损失，对这种管道称为"水力粗糙管"。也有资料指出，$\delta > 5\Delta$ 时为水力光滑；$\delta < 0.3\Delta$ 时为完全粗糙；$0.3\Delta < \delta < 5\Delta$ 时为过渡情况，即非水力光滑，也非完全粗糙。

表 5.1 管道管壁绝对粗糙度

管 壁 情 况		绝对粗糙度 Δ/mm
金属管材	干净的、整体的黄铜管、铜管、铅管	0.001 5 ~ 0.01
	新的仔细浇成的无缝钢管	0.04 ~ 0.17
	在煤气管路上使用一年后的钢管	0.12
	在普通条件下浇成的钢管	0.19
	使用数年后的整体钢管	0.19
	涂柏油的钢管	0.12 ~ 0.21
	精制镀锌的钢管	0.25
	具有浇成并很好整平的接头之新铸铁管	0.31
	钢板制成的管道及很好整平的水泥管	0.33
	普通的镀锌钢管	0.39
	普通的新铸铁管	0.25 ~ 0.42
	不太仔细浇成的新的或干净的铸铁管	0.45
	粗陋镀锌钢管	0.50
	旧的生锈钢管	0.60
	污秽的金属管	0.75 ~ 0.90
非金属管材	干净的玻璃管	0.001 5 ~ 0.01
	橡皮软管	0.01 ~ 0.03
	极粗糙的、内涂橡胶的软管	0.20 ~ 0.30
	水管道	0.25 ~ 1.25
	陶土排水管	0.45 ~ 6.0
	涂有珐琅质的排水管	0.25 ~ 6.0
	纯水泥的表面	0.25 ~ 1.25
	涂有珐琅质的砖	0.45 ~ 3.0
	水泥浆砖砌体	0.80 ~ 6.0
	混凝土槽	0.80 ~ 9.0
	用水泥的普通块石砌体	6.0 ~ 17.0
	刨平木板制成的木槽	0.25 ~ 2.0
	非刨平木板制成的木槽	0.45 ~ 3.0
	钉有平板条的木板制成的木槽	0.80 ~ 4.0

在雷诺数相同的情况下,层流边层的厚度 δ 应该是相等的,而不同管壁的粗糙度 Δ 是不同的,因此不同粗糙度的管路对雷诺数相同的流体运动会形成不同的阻力。此外,同一条管路粗糙度不变,但如果流体运动的雷诺数变化,层流边层的厚度也是变化的,因此同一管路对雷诺数不同的流动,所形成的阻力也是不同的。

5.5.7 圆管紊流中的水头损失

紊流中的水头损失计算很复杂,但可依照均匀流动的分析方法,根据均匀流动基本方程求得。即

$$\frac{\tau_0}{\rho g} = Ri$$

因 $i = \frac{h_f}{l}$，对圆管 $R = \frac{d}{4}$。为了与紊流摩擦应力相区别，可用紊流时内摩擦应力 τ_{tur} 代替 τ_0，则可得

$$h_f = \frac{4\tau_{tur}l}{\rho g d} \tag{5.5.8}$$

式中，τ_{tur} 成因复杂，目前仍不能用解析法求之，只能从实验资料的分析入手来解决这一问题。实验表明，τ_{tur} 与均速 v、雷诺数 Re、管壁绝对粗糙度 Δ 与管径 d 的比值 Δ/d 都有关系，是这些量的函数。即

$$\tau_{tur} = f(Re, v, \frac{\Delta}{d}) = f_1(Re, \frac{\Delta}{d})v^2 = Fv^2 \tag{5.5.9}$$

F 是一个由实验确定的常量，因此，上式并不能确切的计算 τ_{tur} 的值，而只表明 τ_{tur} 与 v 的二次方成正比。式(5.5.8)与式(5.5.9)联立得

$$h_f = \frac{4Fv^2}{\rho g} \frac{l}{d} = \frac{8F}{\rho} \frac{l}{d} \frac{v^2}{2g}$$

即 $$h_f = \lambda \frac{l}{d} \frac{v^2}{2g} \tag{5.5.10}$$

式(5.5.10)与层流沿程损失计算式(5.4.10)形式相同。不同之处就是层流沿程损失阻力系数 $\lambda = \frac{64}{Re}$，而紊流沿程损失阻力系数 $\lambda = \frac{8F}{\rho} = f_1(Re, \frac{\Delta}{d})$，是一个只能由实验确定的系数。

5.6 沿程阻力系数的确定

由前两节的讨论可知，无论流体处于层流还是紊流，它们的沿程损失计算公式的形式相同，问题在于它们的沿程阻力系数 λ 如何确定。对于层流，沿程阻力系数已经用分析方法推导出来，并为实验证实；对于紊流，沿程阻力系数的计算公式，则是人们在实验的基础上提出假设，经过分析和根据实验进行修正，而归纳出来的经验或半经验公式。

5.6.1 尼古拉茨实验(Nikuradse experiment)

由上节分析可知，紊流流动时沿程阻力系数 λ 是 Re 及 $\frac{\Delta}{d}$ 的函数，它们的具体关系要由实验确定。前人进行了大量实验，其中最著名的是尼古拉茨于 1932～1933 年间做的实验。尼古拉茨对不同直径不同流量的管流进行了实验，为了实验管壁粗糙度对流动阻力的影响，他把不同粒径的均匀砂粒分别粘贴到管道内壁上，一共造成 $\frac{\Delta}{d} = \frac{1}{1\,014}$，$\frac{\Delta}{d} = \frac{1}{504}$，$\frac{\Delta}{d} = \frac{1}{252}$，$\frac{\Delta}{d} = \frac{1}{120}$，$\frac{\Delta}{d} = \frac{1}{61.2}$，$\frac{\Delta}{d} = \frac{1}{30}$ 6 种相对粗糙度(relative roughness)，并使流体通过，以改变雷诺数 Re 的办法，进行阻力系数 λ 的测定。

选取长度为 l 的某种粗糙度的管路，设法使其中流速逐渐由慢变快(即 Re 由小变

大),同时测定 l 段的水头损失 h_f,按式(5.5.10)求出 λ,并逐点描在横坐标为 $\lg Re$,纵坐标为 $\lg(100\lambda)$ 的对数坐标纸上,可得出此管路的 λ 与 Re 的对数关系曲线。然后依次取其他相对粗糙度的管路重复上述工作,便得到图 5.13 所示的尼古拉茨实验曲线。对此图分析、概括,可找出 λ 与 Re 及 $\dfrac{\Delta}{d}$ 的具体关系。

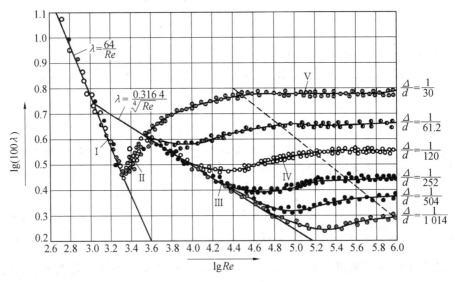

图 5.13 尼古拉茨实验曲线

由图看出 λ 与 Re 及 $\dfrac{\Delta}{d}$ 的关系可以分成 5 个区间,不同的区间流动状态不同,λ 的规律也不同。

第 I 区间:层流区,其雷诺数 $Re < 2\ 320$(即 $\lg Re < 3.36$)。在此雷诺数范围内,各种不同相对粗糙度的管子内的流体都处于层流状态,其 λ 与 Re 的关系点都集中在直线 I 上,即 λ 与 $\dfrac{\Delta}{d}$ 无关,只与 Re 有关,且符合 $\lambda = \dfrac{64}{Re}$,即实验与理论分析结果相符。在此雷诺数范围内管内流动为层流,其层流边层的厚度 $\delta = \dfrac{d}{2}$,远大于各个绝对粗糙度 Δ,所以 λ 与 $\dfrac{\Delta}{d}$ 无关,而只与 Re 有关。由前几节的分析可知,$h_f = kv$。

第 II 区间:层流到紊流的过渡区,其雷诺数范围 $2\ 320 < Re < 4\ 000$(即 $3.36 < \lg Re < 3.6$)。在此区间内,不同粗糙度的管内流体都正在由层流状态转变成紊流状态,阻力系数 λ 急剧增大,所有实验点几乎都集中在 II 线上,因为该区雷诺数变化不大,故该区实用意义不大。

第 III 区间:光滑管紊流区,其雷诺数范围大致是 $4\ 000 < Re < 26.98\left(\dfrac{d}{\Delta}\right)^{\frac{8}{7}}$。实验指出,在此区间,不同相对粗糙度的管内流体虽然都处于紊流状态,但对某一相对粗糙度的管内流体来说,只要在一定的雷诺数情况下,如果层流边层的厚度 δ 仍然大于其绝对粗糙度 Δ,即为水力光滑管,那么它的实验点就都集中在直线 III 上,表明 λ 与 Δ 仍然无关,而只与 Re 有关。当然不同相对粗糙度的管内流体服从这一关系的极限雷诺数是各不相同的,

相对粗糙度愈大的管流,其实验点也就愈早一些(即雷诺数愈小的情况下)离开直线Ⅲ。

第 Ⅳ 区间:水力光滑管到水力粗糙管的过渡区,其雷诺数范围是 $26.98\left(\dfrac{d}{\Delta}\right)^{\frac{8}{7}} < Re < \dfrac{191.2}{\sqrt{\lambda}}\left(\dfrac{d}{\Delta}\right)$。在这个区间内,随着雷诺数 Re 的增大,各种相对粗糙度的管内流体的层流边层都在逐渐变薄,以致相对粗糙度大的管流,其阻力系数 λ 在早一些时候(即雷诺数较小时)便与相对粗糙度 $\dfrac{d}{\Delta}$ 有关(即转变为水力粗糙管);而相对粗糙度较小的管流,在迟些时候(即雷诺数较大时)才出现这一情况。

第 Ⅴ 区间:水力粗糙管区,其雷诺数范围是 $Re > \dfrac{191.2}{\sqrt{\lambda}}\left(\dfrac{d}{\Delta}\right)$。由图看出,当不同相对粗糙度管流的实验点到达这一区间后,每一相对粗糙度管流实验点的连线,几乎都是与 $\lg Re$ 轴平行的。这说明,它们的阻力系数 λ 都与 Re 无关,因为当 $Re > \dfrac{191.2}{\sqrt{\lambda}}\left(\dfrac{d}{\Delta}\right)$ 后,其层流边层的厚度 δ 已变得非常薄,以致对最小的粗糙度 Δ 也掩盖不了,所以相对粗糙度愈大的管流,其 λ 值愈大。当然,不同粗糙度的管流进入这一区间的雷诺数是不同的。实验测得,进入这一区间后,h_f 与 v 的关系为 $h_f \propto v^2$,因此,习惯上常把此区间称为完全粗糙区或阻力平方区。

尼古拉茨虽然是在人工粗糙管中完成的实验,不能完全用于工业管道。但是,尼古拉茨实验的意义在于它全面揭示了不同流态下 λ 和雷诺数及相对粗糙度的关系,从而说明确定 λ 的各种经验公式和半经验公式有一定的适用范围。并为补充普朗特理论和推导紊流的半经验公式提供了必要的实验数据。

5.6.2　计算 λ 的经验或半经验公式

尼古拉茨实验表明,不同的区间,λ 的计算公式不同,而且影响 λ 的因素很多。只有在层流区间,λ 的理论解析式与实验结果相同,其他区间由于情况复杂无法求出理论公式,只好用经验或半经验公式计算。

(1)层流区

该区间 λ 与 $\dfrac{\Delta}{d}$ 无关,只与 Re 有关,沿程损失 h_f 与速度 v 的一次方成正比,沿程阻力系数 λ 的计算公式为

$$\lambda = \dfrac{64}{Re} \tag{5.6.1}$$

(2)层流到紊流的过渡区

该区雷诺数变化不大,无实用意义,未总结出计算公式。

(3)水力光滑管区

该区中 λ 仍与 Re 有关,与 $\dfrac{\Delta}{d}$ 无关,当 $4\,000 < Re < 10^5$ 时,可以用布拉休斯公式(Blasius equation),即

$$\lambda = \frac{0.316\,4}{\sqrt[4]{Re}} \tag{5.6.2}$$

当 $10^5 < Re < 10^6$ 时,可以用尼古拉茨光滑管公式

$$\lambda = 0.003\,2 + 0.221\,Re^{-0.237} \tag{5.6.3}$$

用式(5.6.2)计算沿程损失,可证明沿程阻力损失 h_f 与速度 v 的 1.75 次方成正比,故该区又称 1.75 次方阻力区。

(4)水力光滑管到水力粗糙管的过渡区

该区内 λ 与 Re,$\dfrac{\Delta}{d}$ 都有关。该区间计算 λ 的公式很多,最通用并较准确的公式,是阔尔布鲁克(Colebrook)半经验公式,即

$$\frac{1}{\sqrt{\lambda}} = -2\lg\left(\frac{\Delta}{3.7d} + \frac{2.51}{Re\sqrt{\lambda}}\right) \tag{5.6.4}$$

该公式不仅适用于本阻力区,而且适用于 $4\,000 < Re < 10^6$ 的整个紊流沿程阻力系数计算的综合公式,它的重要性超过其他公式。其简化形式,称阿里特苏里公式,即

$$\lambda = 0.11\left(\frac{\Delta}{d} + \frac{68}{Re}\right)^{0.25} \tag{5.6.5}$$

(5)水力粗糙管区

该区中 λ 与 Re 无关,沿程阻力损失 h_f 与速度 v 的二次方成正比,故该区也称阻力平方区。该区最常用的计算公式是尼古拉茨半经验公式,即

$$\lambda = \frac{1}{\left[2\lg\left(3.7\dfrac{d}{\Delta}\right)\right]^2} \tag{5.6.6}$$

它的简化形式称希弗林松公式,即

$$\lambda = 0.11\left(\frac{\Delta}{d}\right)^{0.25} \tag{5.6.7}$$

5.6.3　莫迪图

前面介绍的若干公式可用于计算 λ 值,但应用时需先判别流动所处的区域,然后才能应用相应的公式,有时还需采用试算的办法,所以用起来比较烦琐。1940 年,美国普林斯顿大学的莫迪(L. F. Moody)对天然粗糙管(指工业用管)做了大量实验,绘制出 λ 与 Re 及 $\dfrac{\Delta}{d}$ 的关系图,即著名的莫迪图,如图 5.14 所示,供实际计算使用。经过许多实例验算,证明所得结果是符合实际情况的,故莫迪图被广泛使用。

【例5.4】　长度 $l = 1\,000$ m,内径 $d = 200$ mm 的普通镀锌钢管,用来输送黏性系数 $\nu = 0.355 \times 10^{-4}\,\mathrm{m^2/s}$ 的重油,测得其流量 $Q = 38$ L/s,求其沿程阻力损失。

解　(1)计算雷诺数 Re 以便判别流动状态

$$v/(\mathrm{m\cdot s^{-1}}) = \frac{Q}{A} = \frac{Q}{\dfrac{\pi}{4}d^2} = \frac{0.038}{0.788\,4 \times 0.2^2} = 1.21$$

$$Re = \frac{vd}{\nu} = \frac{1.21 \times 0.20}{0.355 \times 10^{-4}} = 6\,817 > 2\,320(\text{紊流})$$

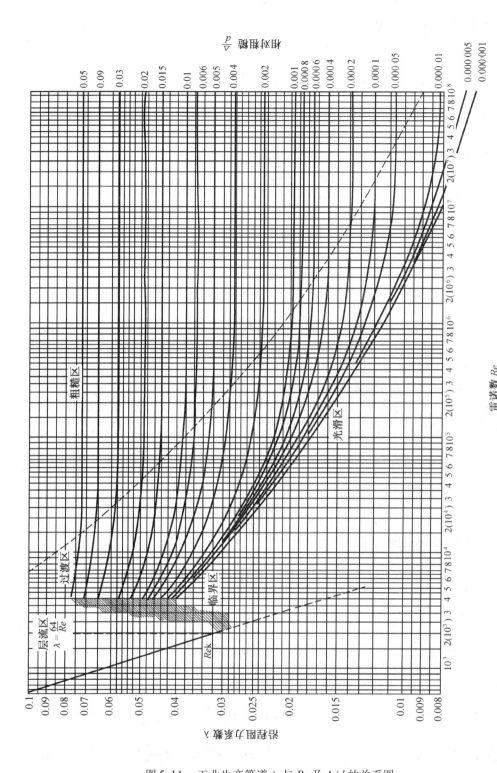

图 5.14　工业生产管道 λ 与 Re 及 Δ/d 的关系图

（2）判断区间并计算阻力系数 λ

由于 $$Re = 6\,817 > 4\,000$$

而 $$26.98 \left(\frac{d}{\Delta}\right)^{\frac{8}{7}} = 26.98 \left(\frac{200}{0.39}\right)^{1.143} = 33\,770$$

符合条件 $$4\,000 < Re < 26.98 \left(\frac{d}{\Delta}\right)^{\frac{8}{7}}$$

故为水力光滑管,则

$$\lambda = \frac{0.316\,4}{\sqrt[4]{Re}} = \frac{0.316\,4}{6\,817^{0.25}} = 0.034\,8$$

（3）计算沿程阻力损失 h_f

$$h_f = \lambda \frac{l}{d} \cdot \frac{v^2}{2g} = 0.034\,8 \times \frac{1\,000}{0.2} \times \frac{1.21^2}{2 \times 9.8} \ \text{m 油柱} = 12.99 \ \text{m 油柱}$$

（4）验算

由式(5.5.7)得

$$\delta/\text{mm} = 32.8 \times \frac{d}{Re\sqrt{\lambda}} = \frac{32.8 \times 200}{6\,817 \times \sqrt{0.034\,8}} = 5.16$$

因为 $\delta = 5.16$ mm,$\Delta = 0.39$ mm,故确为水力光滑管。

【例 5.5】 无介质磨矿送风管道(钢管),长度 $l = 30$ m,直径 $d = 750$ mm,在温度 $t = 20\ ℃(\nu = 0.157\ \text{St})$ 的情况下,送风量 $Q = 30\,000\ \text{m}^3/\text{h}$。求:(1)此风管中的沿程阻力损失是多少;(2)使用一段时间后其绝对粗糙度为 $\Delta = 1.2$ mm,其沿程损失又是多少?

解 因为 $$v/(\text{m} \cdot \text{s}^{-1}) = \frac{Q}{A} = \frac{30\,000}{\frac{\pi}{4} \times 0.75^2 \times 3\,600} = 18.9$$

$$Re = \frac{vd}{\nu} = \frac{1\,890 \times 75}{0.157} = 902\,866 > 2\,320(紊流)$$

取 $\Delta = 0.39$ mm,则

$$26.98 \left(\frac{d}{\Delta}\right)^{\frac{8}{7}} = 26.98 \left(\frac{750}{0.39}\right)^{\frac{8}{7}} = 152\,985 < Re$$

根据 $\frac{\Delta}{d} = \frac{0.39}{750} = 0.000\,52$ 及 $Re = 902\,866$,查莫迪图,得 $\lambda = 0.017$。

可应用阔尔布鲁克半经验公式进行计算。设 $\lambda = 0.005$,迭代过程如下:$\lambda = 0.005$, 0.017 8,0.017 4,0.017 4,所以 $\lambda = 0.017\,4$,与从莫迪图所得结果基本相符。

所以,风管中的沿程损失为

$$h_f/(\text{m 气柱}) = \lambda \frac{l}{d} \cdot \frac{v^2}{2g} = 0.017\,4 \times \frac{30}{0.75} \times \frac{18.9^2}{2 \times 9.8} = 12.68$$

当 $\Delta = 1.2$ mm 时,$\frac{\Delta}{d} = \frac{1.2}{750} = 0.001\,6$,按 $Re = 902\,866$,查莫迪图,得 $\lambda = 0.022$。则 此风管中的沿程损失为

$$h_f/(\text{m 气柱}) = \lambda \frac{l}{d} \cdot \frac{v^2}{2g} = 0.022 \times \frac{30}{0.75} \times \frac{18.9^2}{2 \times 9.8} = 16$$

【例 5.6】　直径 $d = 200$ mm，长度 $l = 300$ m 的新铸铁管，输送密度为 $\rho = 900$ kg/m³ 的石油，已测得流量 $Q = 90\,000$ kg/h。如果冬季时，油的运动黏性系数 $\nu_1 = 1.092$ St，夏季时，油的运动黏性系数 $\nu_2 = 0.355$ St。问：冬季和夏季输油管中沿程水头损失 h_f 是多少？

解　（1）计算雷诺数

$$Q/(\mathrm{m^3 \cdot s^{-1}}) = \frac{90\,000}{3\,600 \times 900} = 0.027\,8$$

$$v/(\mathrm{m \cdot s^{-1}}) = \frac{Q}{A} = \frac{0.027\,8}{\dfrac{\pi}{4} \times 0.2^2} = 0.885$$

$$Re_1 = \frac{vd}{\nu_1} = \frac{88.5 \times 20}{1.092} = 1\,621 < 2\,320(层流)$$

$$Re_2 = \frac{vd}{\nu_2} = \frac{88.5 \times 20}{0.355} = 4\,986 > 2\,320(紊流)$$

（2）计算沿程水头损失 h_f

冬季为层流，则

$$h_f/(\mathrm{m}\ 油柱) = \lambda \frac{l}{d} \cdot \frac{v^2}{2g} = \frac{64}{Re_1} \times \frac{300 \times 0.885^2}{0.2 \times 2 \times 9.8} = 2.37$$

夏季时为紊流，由表 5.1 查得，新铸铁管的 $\Delta = 0.25$ mm，则

$$\frac{\Delta}{d} = \frac{0.25}{200} = 0.001\,25$$

结合 $Re_2 = 4\,986$，查莫迪图得 $\lambda = 0.038\,7$，则

$$h_f/(\mathrm{m}\ 油柱) = \lambda \frac{l}{d} \cdot \frac{v^2}{2g} = 0.038\,7 \times \frac{300 \times 0.885^2}{0.2 \times 2 \times 9.8} = 2.32$$

5.7　非圆形截面均匀紊流的阻力计算

实际工程中流体流动的管道不一定都是圆形截面，例如大多数通风系统中的管道为矩形截面，锅炉设备中的烟道和风道亦为矩形截面，某些换热器中还采用圆环形截面，矿井中的回风巷道也是非圆形截面。对于非圆形截面均匀紊流的阻力计算可以有两种方法：一是利用原有公式，只需将原公式中圆管直径用当量直径代替即可；二是用谢才公式计算。

5.7.1　利用原有公式计算

圆形截面的特征长度为直径 d，而非圆形截面的特征长度为水力直径 d_H。对于非圆形截面的均匀流动，将所有圆截面阻力计算相关公式中的 d 用 d_H 代替，就可以完全用于计算非圆截面沿程损失的计算，公式可写成

$$h_f = \lambda \cdot \frac{l}{d_H} \cdot \frac{v^2}{2g} \tag{5.7.1}$$

必须指出，应用当量直径计算非圆管的沿程损失是近似的方法，并不适用于所有情况。实验表明，截面形状越接近圆形误差越小；相反，离圆形越远误差越大，这是由于非圆形截面的切向应力沿固体壁面的分布不均匀造成的。所以，在应用当量直径进行计算时，

矩形截面长边最大不应超过短边的8倍;圆环形截面的大直径至少要大于小直径的3倍。三角形截面、椭圆形截面均可利用当量直径计算,但是不规则形状的截面不能用。

【例 5.7】 长 $l = 30$ m,截面积 $A = 0.3$ m $\times 0.5$ m 的镀锌钢板制成的矩形风道,风速 $v = 14$ m/s,风温度 $t = 20$ ℃,试求沿程损失 h_f。若风道入口截面 1 处的风压 $p_1 = 980.6$ Pa,而风道出口截面 2 比入口位置高 10 m,求 2 处风压 p_2 为多少?

解 风道的当量直径

$$d_H/m = \frac{4a \times b}{2(a+b)} = \frac{4 \times 0.3 \times 0.5}{2 \times (0.3 + 0.5)} = 0.375$$

$t = 20$ ℃ 时,空气的运动黏度 $\nu = 1.57 \times 10^{-5}$ m²/s

$$Re = \frac{vd_H}{\nu} = \frac{14 \times 0.375}{1.57 \times 10^{-5}} = 334\ 395 > 2\ 000 \quad (紊流)$$

$$\frac{\Delta}{d_H} = \frac{0.15}{375} = 0.000\ 4$$

查莫迪图可得到 $\lambda = 0.017\ 6$

$$h_f = 0.017\ 6 \times \frac{30}{0.375} \times \frac{14^2}{2 \times 9.8} = 14.1$$

查表 1.2,空气 $t = 20$ ℃ 时,密度 $\rho = 1.205$ kg/m³,则

$$p_2/Pa = p_1 - \rho g(z_2 - z_1) - \rho g h_f =$$
$$980.6 - 1.205 \times 9.806 \times 10 - 1.205 \times 9.8 \times 14.1 = 696$$

5.7.2 用谢才(Chezy)公式计算

工程上为了能使沿程损失公式广泛地应用于非圆截面的均匀流动,把公式中的直径 d 用水力直径 d_H 代替,根据水力直径和水力半径的关系 $d_H = 4R$,将其改写为

$$h_f = \lambda\ \frac{l}{d} \cdot \frac{v^2}{2g} = \underset{\lambda}{\frac{\lambda}{4R} \cdot \frac{l}{2g}} \cdot \frac{v^2}{2g} = \frac{l}{8g} \cdot \frac{1}{R} \cdot \frac{Q^2}{A^2} = \frac{Q^2 l}{C^2 R A^2}$$

令 $C^2 R A^2 = K^2$,则

$$h_f = \frac{Q^2 l}{K^2} \tag{5.7.2}$$

因此,流量 Q 及速度 v 的计算公式为

$$Q = K\sqrt{\frac{h_f}{l}} = K\sqrt{i} \tag{5.7.3}$$

$$v = \frac{Q}{A} = \frac{\sqrt{C^2 R A^2 i}}{A} = C\sqrt{Ri} \tag{5.7.4}$$

上述公式,由谢才于 1775 年首先提出,故称为谢才公式。它在管路、渠道等工程计算中得到广泛应用。

式中 C——谢才系数,$C = \sqrt{\dfrac{8g}{\lambda}}$;

$\qquad K$——流量模数,$K = CA\sqrt{R}$。

为了确定谢才系数 C 值,曾经有许多人根据各自的实验、分析,提出许多计算公式,第

8章将有简要介绍。

因流量模数 K 与管径及壁面粗糙程度有关,对不同糙度、不同直径的管道,流量模数 K 可预先计算列成数值表,这样进行管路水力计算时很方便。应用谢才公式进行管路计算请参阅相关工程计算书籍。

5.8 边界层理论基础

工程实际中最常见的是空气和水的绕流问题,如飞机在空中飞行、轮船在海中行驶、空气掠过高塔设备及建筑物表面流动等。由于空气和水的黏性较小,因而通常流速下都属于高雷诺数流动,即流体的惯性力远大于黏性力。这自然使人想到,是否能够忽略黏性影响,将高雷诺数下的绕流问题简化为理想流体流动来处理? 在这种情况下讨论绕流,例如绕过圆柱的流动,就会形成对称的绕圆柱流动的图画,如图 5.15(a) 所示,则物体前面的压强与物体后面的压强相等,这样做会导致绕流物体所受阻力为零。显然这个结论与实验相矛盾。实际上,雷诺数很大的实际流体绕固体均匀流动时,在固体后部将产生漩涡区,如图 5.15(b) 所示。直到1904 年,普朗特(Prandtl) 根据实验观察提出了流体力学史上划时代的边界层理论,才搞清楚只是没有考虑黏性的影响。

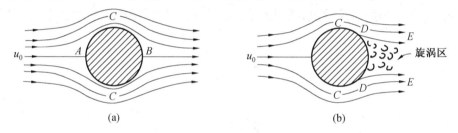

(a)   (b)

图 5.15   流体的圆柱绕流

按边界层理论,绕物体的大雷诺数流动可分成两个区域:一个是壁面附近很薄的流体层,称为边界层,层内流体黏性作用极为重要,不可忽略;另一个是边界层以外的区域,称为势流区,该区域内的流动可看成是理想流体的流动。这就是普朗特边界层理论的主要思想。

5.8.1   边界层(boundary layer) 的基本概念

在雷诺数很大的实际流体中,当物体以较高的速度相对运动或流体以较高的速度绕过物体时,沿物体表面的法线方向,得到如图 5.16 所示的速度分布曲线。由于流体与固体之间的附着力作用,紧贴壁面的流体必然黏附于壁面上,流速为零没有相对运动。但随距壁面距离的增大,壁面对流体的影响减弱,流速迅速增大,至一定距离处就近于不受固体扰动的速度(主流速度 u_0)。图中 B 点把速度分布曲线分成截然不同的 AB 和 BC 两部分。这样,在边界附近的流区(物体边壁至 $S-S$ 曲线之间的流区),有相当大的流速梯度(图 5.16),尽管这个流区很薄,在这里黏性的作用也不能忽略,称这个流区为边界层。不管雷诺数多大,边界层总是存在的,雷诺数只能影响边界层厚度,雷诺数越大,边界层越薄。在边界层内,即使黏性很小的流体,也将有较大的切应力值,使黏性力与惯性力具有相同的数量级,因此,流体在边界层内作剧烈的有旋运动。

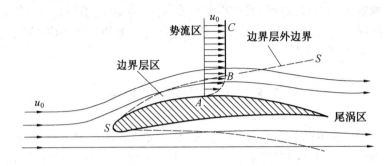

图 5.16   绕流速度分布曲线

边界层以外的流区,流动不受固体边壁的影响,流体近乎以相同的速度流动,即使流体黏度较大,但由于流速梯度极小,因此,流体所受黏性力也很小,可以忽略不计。在这个流区中,流体的惯性力起主导作用,可以按理想流体处理。由于流场是有势的,故将该流区称为势流区。

边界层内的流动也有层流与紊流之分,如图 5.17 所示,在边界层的前部,由于边界层厚度 δ 较小,因此流速梯度 $\mathrm{d}u_x/\mathrm{d}u_y$ 很大,黏滞应力 $\tau = \mu \mathrm{d}u_x/\mathrm{d}y$ 的作用也就很大,这时边界层中的流动属于层流,这种边界层称为层流边界层。边界层中流动的雷诺数可以表示为

$$Re_x = \frac{u_0 x}{\nu} \tag{5.8.1}$$

或

$$Re_\delta = \frac{u_0 \delta}{\nu}$$

式中 u_0—— 不受干扰的流体流来的速度;

x—— 从固体平板前端(驻点 O)沿 x 轴方向取的距离。

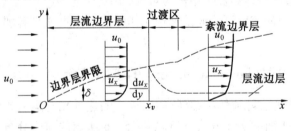

图 5.17   边界层

由于边界层厚度 δ 是坐标 x 的函数,所以,Re_x 和 Re_δ 之间存在着一定的关系,x 越大,δ 越大,Re_x 和 Re_δ 均变大。当雷诺数达到一定值时,层流边界层经过一个过渡区后,就转变为紊流边界层。在紊流边界层里,最靠近平板的地方,有极薄的一层流速梯度仍然很大,使流动仍为层流,称为紊流边界层内的黏性底层。

层流边界层向紊流边界层过渡的临界雷诺数与来流的脉动程度有关,如果来流已受到干扰,脉动强,则雷诺数较低时即发生流动状态的改变;反之,则当雷诺数较高时才发生

流动状态的改变。

边界层厚度从理论上讲,应该是从壁面流速为零的地方一直到紊流边界上的流速为 u_0,即黏性不起作用的地方。但事实上,在无穷远处,流速才能真正达到 u_0,因此,一般规定 $u_x = 0.99u_0$ 处作为边界层的界限。

5.8.2 边界层分离(boundary layer separation)

1. 分离现象

在某些情况下,如流体绕曲面固体(图 5.18(a)、(b))或者在断面突然变大以及弯头等管件(图 5.18(c)、(d))中流动时,在边界层内发生反向回流,回流迫使边界层内的流体向边界层外流动,即上游来的流体将被回流挤开,这种现象称为边界层从固体边界上的"分离"。下面以流体沿弯曲壁面的流动来对边界层分离现象进行说明。

如图 5.19 所示,当不考虑阻力损失时,在壁面上的 B 点之前(不包括 B 点)的区域内,势流区速度逐渐增加,压力降低,这说明在此区域内边界层的速度分布曲线在 x 轴方向呈凸形,且流动具有加速度,动能增加,边界层可以继续发展,流体质点沿曲面前进,不会产生边界层分离现象;在 B 点,该处边界层外边界上的速度最大,压力最低;B 点以后(不包括 B 点)的区域内,边界层外边界上势流速度减弱,压力渐增,于是边界层内速度分布曲线呈凹形,但在开始阶段 $(\partial u_x/\partial y)_{y=0}$ 仍 > 0,沿 x 向 $(\partial u_x/\partial y)_{y=0}$ 逐渐减小,至 C 点达到零值,C 点以后则出现 $(\partial u_x/\partial y)_{y=0} < 0$,这表示沿壁面产生回流现象,而使边界层与壁面分离。若考虑阻力损失,则在降压区及升压区的前部,虽然因阻力而损失部分能量,但壁面附近的流体质点仍有足够的动能可以向前运动;到了 C 点处,壁面附近的流体质点的动能消耗殆尽,使流体不能沿壁面流至压力较高的区域,边界层则无法发展下去,但因势流区的总能量是守恒的,离壁面较远处的流体质点,由于阻力损失较小,仍有较大的流速继续向前流动;C 点以后,下游压力继续升高,壁面附近就产生回流,于是排挤上游的来流而使边界层与壁面分离。

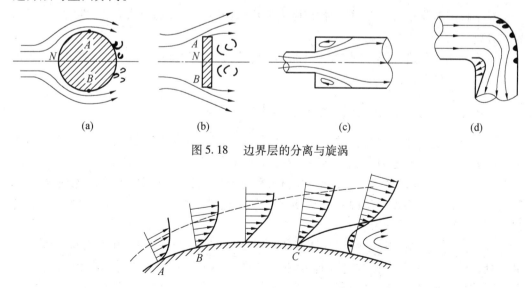

(a)　　　　　　　(b)　　　　　　　(c)　　　　　　　(d)

图 5.18　边界层的分离与旋涡

图 5.19　流体绕曲面的流动

边界层的分离常常伴随着旋涡的产生和能量损失,并增加了流动的阻力,因此边界层的分离是一个很重要的现象。分离点的位置与物体的形状、表面粗糙度以及流体的运动状态有关。在某些固定表面上若有突出的尖角时,其分离点固定在这尖角的地方,如图5.18(b)、(c)、(d),分离了的边界层组成两股流动,如图5.18(a)所示,它们之间形成一个间断面,然后由于本身的不稳定性,就瓦解成一个个旋涡,并被前进的液流所带走。流体黏性旋涡所携带的能量,在流体绕过物体的一段距离后转变为热能而消失,这种能量损失一般称为旋涡损失。

2. 边界层分离控制

边界层快速增长和分离导致绕流物体的阻力急剧增大,在实际中需加以控制以尽可能地减小阻力。控制边界层增长和分离有很多方法,下面仅介绍工程上应用比较成熟的几种。

(1)流线型外形设计

飞机体及其机翼、船体、潜艇、车辆、透平叶片等为典型例子,流线型外形设计可避免边界层分离或推后边界层分离的位置,从而减小运动阻力。

(2)边界层吸除

例如,在风洞试验段壁面开设微孔并应用抽吸机将边界层内流体吸除来控制边界层厚度和分离,使试验段流速分布更均匀。

(3)边界层吹除

层流边界层只能承受很小的正压梯度,紊流边界层则可承受大些的正压梯度。对边界层内沿切向吹入与主流流速相近的流体,可增加边界层内流体的动能,从而克服正压梯度对流动的不利影响、避免边界层分离。例如,燃气轮机透平的初级叶片一般都采用从叶片内向壁面顺流吹气的方法冷却叶片表面和控制边界层增长和分离。另一种边界层吹除方法是在物体上切向开缝,如开缝机翼、多段式风帆。

(4)壁面冷却

对于超声速流动,在一定马赫数范围内使用壁面冷却可以稳定边界层,避免或推迟边界层分离。

不管采用哪种边界层控制方法,目的都是防止边界层过度增长和分离,使边界层外的主流更贴近物体壁面而减小压差阻力。

5.8.3 不良流线型体的绕流、卡门涡

流体绕流物体时,若在较高的雷诺数下不发生分离,称该物体为流线型体。绕流线型体的阻力主要是摩擦阻力。流线型体上的压强分布可以用势流理论求得。

但是,黏性流体绕流不良流线型物体时,都将产生边界层分离的绕流脱体现象,增大阻力并引起振动。为进一步说明边界层分离现象,这里以圆柱体为例,分析流体在不同雷诺数下,绕流圆柱体的现象。

当流体以很小的雷诺数绕圆柱体流动时,与理想流体绕流圆柱体几乎相同,流体在前驻点处速度为零,然后沿圆柱对称向两侧绕流,在柱体前半部分是增速减压流动,在后半部分为减速增压流动,至后驻点汇合,速度又变为零。流动中,流体的惯性力极小,整个流场都是层流,不产生分离现象,如图5.20(a)所示,因此没有压差阻力,只存在不大的摩擦

阻力。

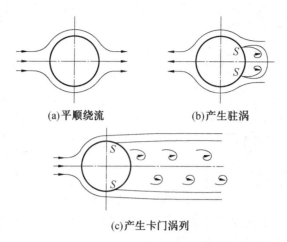

(a)平顺绕流　　　(b)产生驻涡

(c)产生卡门涡列

图 5.20　不良流线型物体绕流

随着雷诺数增大,惯性力变得不能忽略,圆柱体后半部分的压强梯度增加,$Re \approx 20$ 时,在 S 点处流体逐渐堆积,引起层流边界层分离,并在分离点后面生成一对驻涡,如图 5.20(b) 所示。

继续增大雷诺数,柱体后部的压强梯度继续增加,分离点前移,柱体后部的尾迹拉长,涡对增大并逐渐变得不稳定,在 $Re > 40$

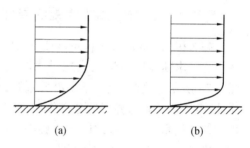

(a)　　　　　(b)

图 5.21　两种流态下的速度剖面

时,在圆柱体两侧的涡对,周期性地交替离开圆柱体,离体后在分离点后面又不断形成涡旋,周期性交替离体的旋涡在尾迹中成为交叉排列两行涡列,如图 5.20(c) 所示,称为卡门涡旋(或卡门涡列)。

飞机机翼是典型的流线型物体,在翼型尾部逆压梯度很小、压强恢复缓慢,这使分离点很靠近尾部,因此压差阻力很小。

图 5.21 所示出两种流态下的速度剖面。图 5.21(a) 为层流,图 5.21(b) 为紊流。由于在紊流状态下存在强烈的混掺作用,导致流体动能分布比较均匀。因而,紊流速度剖面比层流更能抵住反向压力梯度的作用。因此,可以料到:与层流边界层分离(图 5.22(a))相比,紊流边界层分离会发生在较远处(图 5.22(b))。可见,对于紊流情形则降低了形状阻力。因此,对物体表面加糙,往往成为降低形状阻力的有效措施。

5.9　黏性流体的不均匀流动

生产实践中,由于条件限制常使管道转折;由于生产需要不同也常使管道断面改变;为了便于控制和调节,在管道中均装有阀门等特殊装置。在这些局部装置处,由于流体流动方向或过水断面有改变,将产生旋涡、撞击,进而使流体内部结构进行再调整,从而形成局部阻力。不均匀流动中,各种局部阻力形成的原因很复杂,目前尚不能逐一进行理论分

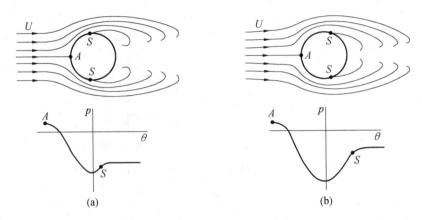

图 5.22　两种流态下边界层分离

析和建立计算公式,下面仅对圆管管径突然扩大处局部阻力加以讨论,其他类型的局部阻力,则用相仿的经验公式或实验方法处理。

5.9.1　圆管突然扩大处的局部损失

突然扩大(sudden expansion)是指流体从小的过水断面骤然进入大的过水断面,如图 5.23 所示。这时,流体不是沿着圆管边界流动,由于惯性和边界层的分离作用,在突然扩大管壁拐角处与流束之间形成旋涡。旋涡靠主流束带动旋转,主流束把能量传递给旋涡,由于旋涡内存在黏性摩擦力,因此,旋涡运动必然要消耗流体的能量。另外,从小直

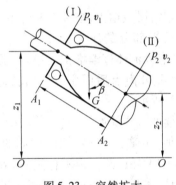

图 5.23　突然扩大

径管道中流出的流体有较高的速度,必然要和大直径管道中流速较低的流体发生碰撞。旋涡和碰撞均会引起流体的能量损失,变成热量耗散掉。

在图 5.23 中,取水平基准面 $O-O$,过水断面 Ⅰ、Ⅱ,其上的压强、速度及位置高度分别用 p_1,v_1,z_1 和 p_2,v_2,z_2 表示。由于 Ⅰ、Ⅱ 两断面上流线已接近平行,即属于渐变流。因此可写出两断面的伯努利方程(设 $\alpha_1 = \alpha_2 = 1$)

$$z_1 + \frac{p_1}{\rho g} + \frac{v_1^2}{2g} = z_2 + \frac{p_2}{\rho g} + \frac{v_2^2}{2g} + h_j$$

于是局部阻力损失为

$$h_j = (z_1 + \frac{p_1}{\rho g}) - (z_2 + \frac{p_2}{\rho g}) + \frac{v_1^2 - v_2^2}{2g} \qquad (5.9.1)$$

由于在 dt 时间内,从 Ⅰ 断面到 Ⅱ 断面,流体的流速由 v_1 变为 v_2,根据动量定理得

$$p_1 A_1 - p_2 A_2 + p_1(A_2 - A_1) + \rho g A_2 l\cos \beta = \rho Q(v_2 - v_1)$$

由于 $l\cos \beta = z_1 - z_2$,$Q = A_2 v_2$,整理得

$$\frac{v_2}{g}(v_2 - v_1) = (z_1 + \frac{p_1}{\rho g}) - (z_2 + \frac{p_2}{\rho g})$$

将上式代入式(5.9.1),得

$$h_j = \frac{v_2}{g}(v_2 - v_1) + \frac{v_1^2 - v_2^2}{2g} = \frac{2v_2^2 - 2v_1 v_2}{2g} + \frac{v_1^2 - v_2^2}{2g}$$

亦即

$$h_j = \frac{(v_1 - v_2)^2}{2g} \qquad (5.9.2)$$

根据连续性方程 $v_2 = \frac{A_1}{A_2} v_1$,代入上式得

$$h_j = \left(1 - \frac{A_1}{A_2}\right)^2 \cdot \frac{v_1^2}{2g}$$

令 $\zeta_1 = \left(1 - \frac{A_1}{A_2}\right)^2$,则

$$h_j = \zeta_1 \frac{v_1^2}{2g} \qquad (5.9.3)$$

式中 ζ_1—— 圆管突然扩大的局部阻力系数(local loss coefficient)。

上式称为包尔达 - 卡尔那公式(Borda-Carnat formula),除流动与入口的等速分布有严重脱离者外,上式与实验值完全一致。

如令 $\zeta_2 = \left(\frac{A_2}{A_1} - 1\right)^2$,则由式 (5.9.2) 得

$$h_j = \zeta_2 \frac{v_2^2}{2g} \qquad (5.9.4)$$

式中 ζ_2—— 局部阻力系数。

圆管突然扩大的局部阻力系数 ζ_1 和 ζ_2 随 A_1/A_2 的变化情况见表5.2。

表5.2   圆管突然扩大的局部阻力系数 ζ 值

A_1/A_2	1	0.9	0.8	0.7	0.6	0.5	0.4	0.3	0.2	0.1	0
ζ_1	0	0.01	0.04	0.09	0.16	0.25	0.36	0.49	0.64	0.81	1
ζ_2	0	0.012 3	0.062 5	0.184	0.444	1	2.25	5.44	16	81	∞

5.9.2   局部损失计算的一般公式

局部损失的形式是多种多样的,引起的流动结构和调整过程也是很复杂的。因此,其计算除个别可以从理论上近似地推导出公式外,多数只能通过实验来确定。局部损失的通用计算公式为

$$h_j = \zeta \frac{v^2}{2g} \qquad (5.9.5)$$

式中 ζ—— 局部阻力系数,与局部装置类型有关,见表5.2 ~ 表5.14;

  v—— 平均速度,一般应取产生局部损失部位以后的缓变流断面上的流速。

5.9.3   能量损失叠加原则

工程实际中的管路,多是由几段等直径管道和一些局部装置构成的。因此,它的总损失 h_w 应该是所有的沿程损失与所有的局部损失之和,即

$$h_{w} = \left(\lambda \frac{l}{d} + \sum \zeta \right) \frac{v^2}{2g} \tag{5.9.6}$$

上式体现了能量损失的叠加原则,也是计算任意一条管路能量损失的基本方程。

在某些情况下,为了便于计算,如果将局部阻力损失折合成一个适当长度上的沿程阻力损失,则令

$$\zeta = \lambda \frac{l_e}{d} \ \text{或} \ l_e = \frac{\zeta}{\lambda} d \tag{5.9.7}$$

式中 l_e——局部阻力的当量管长,其中几种常用局部装置的当量管长列于表 5.3 中。

如果采用当量管长的表示方法,式 (5.9.6) 也可写成

$$h_{w} = \lambda \frac{l + \sum l_e}{d} \frac{v^2}{2g} = \lambda \frac{L}{d} \frac{v^2}{2g} \tag{5.9.8}$$

式中 L——管路的总阻力长度,$L = l + \sum l_e$。

反之,如果将沿程损失折合成一个适当的局部损失,则令

$$\zeta_e = \lambda \frac{l}{d} \tag{5.9.9}$$

式中 ζ_e——沿程阻力的当量局部阻力系数,式 (5.9.6) 也可写成

$$h_{w} = \left(\zeta_e + \sum \zeta \right) \frac{v^2}{2g} \tag{5.9.10}$$

表 5.3   几种常用局部装置的 l_e/d 值

局部装置名称		l_e/d	局部装置名称	l_e/d
45° 肘管		15	标准球心阀	100 ~ 120
90°肘管	9.5 ~ 63.5 mm	30	闸阀	10 ~ 15
	76 ~ 135 mm	40	单向阀	75
	178 ~ 254 mm	50	盘形阀	70
			转子流量计	200 ~ 300
180° 弯头		50 ~ 75	文丘里流量计	12
三通 25 ~ 100 mm		10	盘式流量计	400
		60	进口	20
		90	90° 弯头 $(R = d)$ 25 ~ 400 mm	0.25 ~ 4.0
			90° 弯头 $(R > 2d)$ 25 ~ 400 mm	0.10 ~ 1.6

根据上面的讨论,凡是流道中设有局部装置的地方,都会对运动流体产生很大的阻力,形成能量损失。为了避免或减少这一类能量损失,在管路的设计中,就要求不装设过

多的局部装置。如在矿井通风网路设计中明确提出要求:尽量避免大小巷道相连接(特别是突然扩大或缩小),不要拐90°的弯道等;在选矿厂的矿浆管路设计中,管道拐弯都要求极为平缓,否则矿砂将在这些地方沉积下来堵塞管道。

【例5.8】 输水管路某处直径 $d_1 = 100$ mm,突然扩大为 $d_2 = 200$ mm,若已知通过流量 $Q = 90$ m³/h,问经过此处损失了多少水头?

解 因为

$$v_1/(\mathrm{m \cdot s^{-1}}) = \frac{Q}{A_1} = \frac{\frac{90}{3\,600}}{\frac{\pi}{4} \times 0.1^2} = 3.184$$

$$v_2/(\mathrm{m \cdot s^{-1}}) = \frac{Q}{A_2} = \frac{\frac{90}{3\,600}}{\frac{\pi}{4} \times 0.2^2} = 0.796$$

由式(5.9.2)得

$$h_j/(\mathrm{m\ 水柱}) = \frac{(v_1 - v_2)^2}{2g} = \frac{(3.184 - 0.796)^2}{2 \times 9.8} = 0.291$$

【例5.9】 采矿用水枪,出口流速为50 m/s,问经过水枪喷嘴时的水头损失为多少?

解 由表5.14查得,流经水枪喷嘴的局部阻力系数 $\zeta = 0.06$,故其水头损失为

$$h_j/(\mathrm{m\ 水柱}) = \zeta \frac{v^2}{2g} = 0.06 \times \frac{50^2}{2 \times 9.8} = 7.65$$

5.9.4 常见局部装置阻力系数的确定

(1)管径突然收缩(sudden contraction)

管径突然收缩的管段(图5.24),其 ζ 值与截面收缩比 A_2/A_1 有关,见表5.4。

表5.4 管径突然收缩的局部阻力系数 ζ 值

A_2/A_1	0.01	0.10	0.20	0.30	0.40	0.50	0.60	0.70	0.80	0.90	1
ζ	0.50	0.47	0.45	0.38	0.34	0.30	0.25	0.20	0.15	0.09	0

(2)逐渐扩大管

图5.25所示为一逐渐扩大管,其 ζ 值由式(5.9.11)确定。

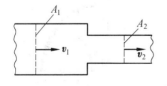

图5.24 突然收缩管

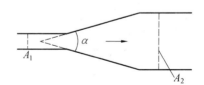

图5.25 逐渐扩大管

$$\zeta = \frac{\lambda}{8\sin(\frac{\alpha}{2})}\left[1 - \left(\frac{A_1}{A_2}\right)^2\right] + K\left(1 - \frac{A_1}{A_2}\right) \tag{5.9.11}$$

式中 λ —— 沿程阻力系数;

K——和扩张角 α 有关的系数,$\dfrac{A_1}{A_2} = \dfrac{1}{4}$ 时的 K 值列于表 5.5 中。

表 5.5　计算逐渐扩大管局部阻力系数 ζ 时的 K 值

α	2°	4°	6°	8°	10°	12°	14°	16°	20°	25°
K	0.022	0.048	0.072	0.103	0.138	0.177	0.221	0.270	0.386	0.645

（3）逐渐收缩管

直线逐渐收缩管如图 5.26 所示,其 ζ 值用下式计算

$$\zeta = \frac{\lambda}{8\sin\dfrac{\alpha}{2}}\left[1 - \left(\frac{A_2}{A_1}\right)^2\right] \tag{5.9.12}$$

图 5.27 所示为曲线逐渐收缩管,其 $\zeta = 0.005 \sim 0.06$。

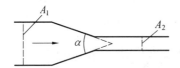

图 5.26　直线逐渐收缩管

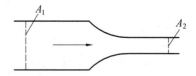

图 5.27　曲线逐渐收缩管

（4）弯头

图 5.28 所示为折角弯头,其 ζ 值用下式确定

$$\zeta = 0.946\sin^2\left(\frac{\alpha}{2}\right) + 2.047\sin^4\left(\frac{\alpha}{2}\right) \tag{5.9.13}$$

各种角度的 ζ 值列于表 5.6。

表 5.6　折角弯头的局部阻力系数 ζ 值

α	20°	40°	60°	80°	90°	100°	120°	140°
ζ	0.046	0.139	0.364	0.740	0.985	1.260	1.861	2.431

注意:表中 ζ 值是 $d = 30$ mm 的弯头实验数据,d 增大时 ζ 值减小,一般在 $\alpha = 90°$ 的大管中,采用 $\zeta = 0.25$。

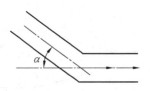

图 5.28　折角弯头

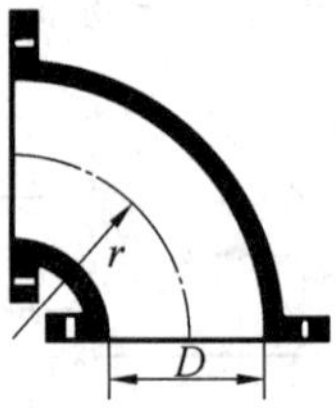

图 5.29　加圆弯头

图 5.29 所示为加圆弯头,其 ζ 值用下式确定

$$\zeta = 0.131 + 0.16\left(\frac{D}{r}\right)^{3.5} \tag{5.9.14}$$

式(5.9.14)适用范围为 $D \leqslant 2r \leqslant 5D$。$D$ 为管子直径,r 为弯头曲率半径。

上式是根据中心角 $\alpha = 90°$ 的加圆弯头实验得到的。如弯头弯角 α 不等于 90°,那么,

$\zeta' = \zeta \cdot \dfrac{\alpha}{90°}$,各种 $\dfrac{D}{r}$ 比值下的 ζ 值列于表5.7中。

表5.7　90° 圆弯头的阻力系数 ζ 值(一般钢管)

D/r	0.4	0.5	0.6	0.7	0.8	0.9	1
ζ	0.137	0.145	0.157	0.177	0.204	0.241	0.291

各种直径的铸铁管加工90° 圆弯头时的比值 D/r 可参考表5.8确定。

表5.8　铸铁管90° 圆弯的 D/r 值

$D/$mm	50	75	100	125	150	200	250	300	400	500
D/r 值	0.49	0.59	0.61	0.65	0.70	0.75	0.94	1.13	1.13	1.10

（5）等径管道孔板

等径管道中装有孔板(图5.30)，其 ζ 值用下式计算

$$\zeta = \left(1 + \dfrac{0.707}{\sqrt{1 - \dfrac{A}{A_1}}}\right)^2 \left(\dfrac{A_1}{A} - 1\right)^2 \qquad (5.9.15)$$

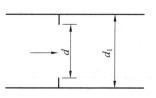

图5.30　管中孔板

式中　A_1——管道截面积；

　　　A——孔道面积。

不同 $\dfrac{A}{A_1}$ 比值下的 ζ 值列于表5.9中。

表5.9　管中孔板的阻力系数 ζ 值

A/A_1	0.05	0.10	0.20	0.30	0.40	0.50	0.60	0.70	0.80	0.90	1.00
ζ	1 070	245	51.00	18.40	8.20	4.00	2.00	0.97	0.41	0.13	0.00

（6）闸板式阀门

如图5.31所示，闸板式阀门分圆形和矩形两种，其阻力系数 ζ 值分别列于表5.10和表5.11中。

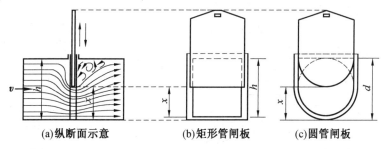

(a)纵断面示意　　(b)矩形管闸板　　(c)圆管闸板

图5.31　闸板式闸门

表5.10　矩形管闸板阀的阻力系数 ζ 值

x/h	0	0.1	0.2	0.3	0.4	0.5	0.6	0.7	0.8	0.9	1
ζ	∞	200	40	17	8	4	2	1.0	0.5	0.2	0.1

表 5.11　圆管闸板阀的阻力系数 ζ 值

x/d	0	1/8	2/8	3/8	4/8	5/8	6/8	7/8	1.0
ζ	∞	97.8	17.0	5.52	2.05	0.81	0.26	0.07	0.05

（7）蝶阀与旋塞

蝶阀（图 5.32）与旋塞（图 5.33）的局部阻力系数 ζ_B 及 ζ_{CK} 值列于表 5.12 中。

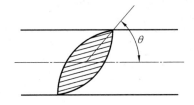

图 5.32　蝶阀

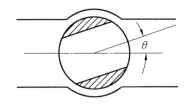

图 5.33　旋塞

表 5.12　蝶阀与旋塞的阻力系数 ζ 值

θ	0	5	10	15	20	25	30	35	40	45	50	55	60	65	70	90
ζ_B	0.05	0.24	0.52	0.90	1.54	2.51	3.91	6.22	10.8	18.7	32.6	58.8	188	256	751	∞
ζ_{CK}	—	0.05	0.29	0.75	1.56	3.10	5.47	9.68	17.3	31.2	52.6	106	206	486	—	—

（8）三通管

各式三通管的局部阻力系数列于表 5.13 中。

表 5.13　三通管局部阻力系数 ζ 值

名称	简图	ζ
等径三通	$Q_M - Q_B \longrightarrow Q_M$，$Q_B$ 向下	$Q_M = Q_B$ 时，$\zeta_1 = 1.5$ $Q_B = 0$ 时，$\zeta_2 = 0.1$
	$Q_M \longrightarrow Q_M - Q_B$，$Q_B$ 向上	$Q_M = Q_B$ 时，$\zeta_1 = 1.5$ $Q_M > Q_B$ 时，$\zeta_2 = 0.1$
	v	1.5
叉管	$v \longrightarrow \theta$	1.0
	$v \longrightarrow \theta$	1.5

名称	简图	ζ
斜三通		0.05
		0.15
		0.50
		3.00
		1.00

（9）管路的进出口及其他常用管件

管路中的进口、出口、闸门、逆止阀等常用管件的阻力系数列于表 5.14。

表 5.14　管路进、出口及其常用管件的局部阻力系数 ζ 值

锐缘进口	水池 v	$\zeta = 0.5$	圆角进口	水池 v	$\zeta = 0.2$
锐缘斜进口	水池 v θ	$\zeta = 0.505 + 0.303\sin\theta + 0.226\sin^2\theta$	水下出口	v 水池	$\zeta = 1$
闸门	v	$\zeta = 0.12$（全开）	瓦轮闸门	v	$\zeta = 3.9$
旋风分离器	v	$\zeta = 2.5 \sim 3.0$	吸水网（有底阀）	v	$\zeta = 10$，无底阀时 $\zeta = 5 \sim 6$
逆止阀	v	$\zeta = 1.7 \sim 14$ 视开启大小而定	渐缩短管（锥角5°）	v	$\zeta = 0.06$（水枪喷嘴同此）
锥形阀门	h d v v	$\zeta = 0.6 + \dfrac{0.15}{\left(\dfrac{h}{d}\right)^2}$	球形阀门	h d v	$\zeta = 2.7 - 0.8 \times (d/h) + 0.14(d/h)^2$

几点说明：

（1）上述各式或表格中所提供的 ζ 值都是在紊流运动状态下得出的。

（2）上述各式或表格中所提供的 ζ 值都是在互不干扰的状况下得出的。可以认为：如果两种局部装置间的距离 $l > (15 \sim 30)d$ 时，它们之间是不会互相干扰的。

5.10　管路计算

管路计算是工程流体力学实际应用的一个重要方面，在机械、土建、石油、化工、冶金、水利等工程领域都会遇到管路计算问题。

管路按照结构特点，分为等径管路、串联管路、并联管路、分支管路等几种。实际工程中所遇到的流体运动，绝大多数都是紊流运动。一般管路中的能量损失，是由沿程损失和局部损失两部分组成的。通常情况下，管路的水力计算都应考虑沿程损失。局部损失依管路的情况不同有很大差异，有的占总损失的很大部分，有的只占总损失的很小部分，以致在计算时可以略去不计。因此，管路按照计算的特点将分为长管（long pipe）与短管（short tube）两种类型。

所谓长管是指流体在这种管路中流动时，其局部损失与速度水头的总和与沿程损失相比很小，以至于可以到忽略不计的程度。如城市、工矿企业的供水管路、一些输油管路等，都可按长管计算。所谓短管是指流体在这种管路中流动时，其局部损失与速度水头的总和超过沿程损失或与沿程损失相差不大，在计算管路时不能忽略局部损失与速度水头，这种管路称为短管。如离心式水泵的吸水管、无介质磨矿的风路系统、机器的润滑系统或液压传动系统的输油管等，都得按短管计算。

下面应用本章基础知识讨论管路计算问题。

5.10.1　短管计算

短管是工程中常见的一种管路，尤其是机械设备上的油管、车间中的水管、排水系统中的吸水管等，它们的局部阻力往往不能忽略，因此在计算中需要同时考虑沿程阻力损失和局部阻力损失。短管计算主要是如何运用本章前面的一些公式和图表。下面通过实例介绍短管计算的一般方法。

【例 5.10】　某厂自高位水池加装一条管路，向一个新建的居民点供水，如图 5.24 所示。已知：$H = 40$ m，管长 $l = 500$ m，管径 $d = 50$ mm，用普通镀锌管（$\Delta = 0.4$ mm）。问：在平均温度 20 ℃ 时，这条管路在一个昼夜中能供应多少水量？

解　选水池水面为基准面 O—O，并取过水断面 1—1、2—2，由伯努利方程得

$$H + \frac{p_a}{\rho g} + \frac{\alpha_1 v_1^2}{2g} = \frac{p_a}{\rho g} + \frac{\alpha_2 v_2^2}{2g} + \lambda \frac{l}{d} \frac{v^2}{2g} + \sum \lambda \frac{l_e}{d} \frac{v^2}{2g}$$

因为

$$v_1 = v_2 \approx 0$$

所以

$$\frac{\alpha_1 v_1^2}{2g} = \frac{\alpha_2 v_2^2}{2g} = 0$$

由表 5.3 查得

进口处　　　　　　　　$l_{e1}/\text{m} = 20d = 20 \times 0.05 = 1$

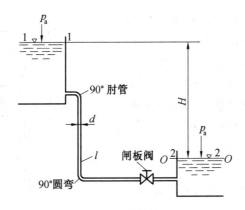

图 5.34　供水管路

90° 弯管　$l_{e2}/m = 30d = 30 \times 0.05 = 1.5$

90° 圆弯　$l_{e3}/m = 4d = 4 \times 0.05 = 0.2$

闸阀　$l_{e4}/m = 15d = 15 \times 0.05 = 0.75$

出口处　$l_{e5}/m = 40d = 40 \times 0.05 = 2$

故　$\sum l_e/m = 1 + 1.5 + 0.2 + 0.75 + 2 = 5.45$

代入上式得

$$40 = \frac{\lambda\left(l + \sum l_e\right)}{d} \frac{v^2}{2g} = \frac{\lambda \times 505.45}{0.05} \times \frac{v^2}{2 \times 9.8}$$

因 $\Delta/d = 0.4/50 = 0.008$，设在过渡区，并从莫迪图中相应位置暂取 $\lambda = 0.036$，代入上式得

$$v/(\mathrm{m \cdot s^{-1}}) = \sqrt{\frac{2gdH}{\lambda\left(l + \sum l_e\right)}} = \sqrt{\frac{2 \times 9.8 \times 0.05 \times 40}{0.036 \times (500 + 5.45)}} = 1.468$$

$$Re = \frac{vd}{\nu} = \frac{146.8 \times 5}{0.010\ 07} = 728\ 89$$

按式(5.6.4)

$$\frac{1}{\sqrt{\lambda}} = -2\lg\left(\frac{\Delta}{3.7d} + \frac{2.51}{Re\sqrt{\lambda}}\right)$$

$$左端 = \frac{1}{\sqrt{0.036}} = 5.27$$

$$右端 = -2\lg\left(\frac{0.4}{3.7 \times 50} + \frac{2.51}{72\ 889\sqrt{0.036}}\right) = 5.26$$

左右两端几乎相等，故所选的 $\lambda = 0.036$ 是合适的。

总的水头损失

$$h_f/(\mathrm{m\ 水柱}) = \lambda \frac{l}{d} \frac{v^2}{2g} = \frac{0.036 \times 505.45}{0.05} \times \frac{1.468^2}{2 \times 9.8} = 40$$

昼夜供水量

$$Q/(\mathrm{m^3 \cdot d^{-1}}) = 24 \times 3\ 600 Av = 24 \times 3\ 600 \times \frac{\pi}{4} \times 0.05^2 \times 1.468 = 249$$

【例5.11】 机床液压油的运动黏度为 $\nu = 2 \times 10^{-5}\ \mathrm{m^2/s}$，密度为 $\rho = 850\ \mathrm{kg/m^3}$，油缸的直径 $D = 0.2\ \mathrm{m}$，活塞杆直径 $D_0 = 0.04\ \mathrm{m}$。换向阀 $\zeta = 16$、滤油器 $\zeta = 5$，油路上共有 8 个直角弯头且每个局部阻力系数均为 $\zeta = 0.9$。油泵流量为 $Q = 26\ \mathrm{L/min}$。铜油管直径 $d = 15\ \mathrm{mm}$，油管共分 4 段，每段长均为 $l = 1\ \mathrm{m}$，如图 5.35 所示。试求：

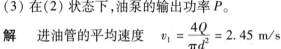

图 5.35

（1）当节流阀 $\zeta = 12$ 时，油路上的总压强损失 Δp；

（2）当节流阀前的压强 $p_2 = 1.2 \times 10^5$ Pa，油缸上的负载 $F = 5\ 000\ \mathrm{N}$ 时，油泵出口的压强 p_1；

（3）在（2）状态下，油泵的输出功率 P。

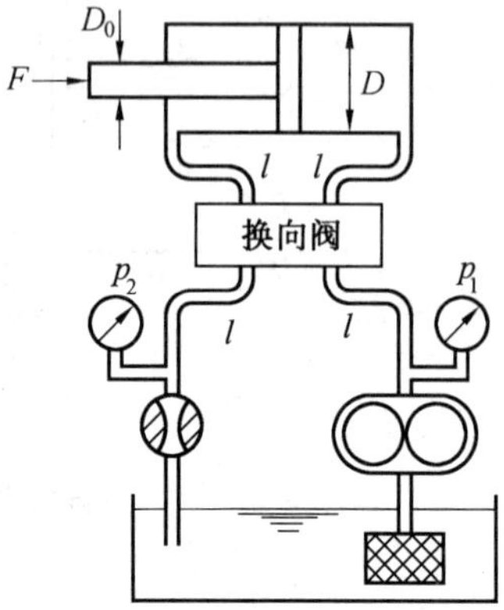

解 进油管的平均速度 $\quad v_1 = \dfrac{4Q}{\pi d^2} = 2.45\ \mathrm{m/s}$

进油管的雷诺数 $Re_1 = \dfrac{v_1 d}{\nu} = 1\ 838$，流动属层流。

进油管的沿程阻力系数 $\lambda_1 = \dfrac{64}{Re_1} = 0.035$，进油管的当量局部阻力系数 $\zeta_{e1} = \dfrac{2\lambda_1 l}{d} = 4.67$。

回油管的平均速度 v_2 可通过油缸面积变化求得

$$v_2/(\mathrm{m \cdot s^{-1}}) = v_1 \frac{D^2 - D_0^2}{D^2} = 2.45 \times \frac{0.2^2 - 0.04^2}{0.2^2} = 2.35$$

回油管的雷诺数 $Re_2 = \dfrac{v_2 d}{\nu} = 1\ 763$，流动属层流。

回油管的沿程阻力系数 $\lambda_2 = \dfrac{64}{Re_2} = 0.036$，回油管的当量局部阻力系数 $\zeta_{e2} = \dfrac{2\lambda_2 l}{d} = 4.8$。

进油管的压强损失包括过滤器、换向阀、管道入口、进液压缸出口及 4 个弯头的局部阻力损失。所以压强损失为

$$\Delta p_1/\mathrm{Pa} = \rho g\left(\sum \zeta_1\right)\frac{v_1^2}{2g} = \rho\left(\sum \zeta_1\right)\frac{v_1^2}{2} =$$

$$\frac{850}{2} \times (5 + 16 + 0.5 + 1 + 4 \times 0.9 + 4.67) \times 2.45^2 =$$

$$78\ 496.19$$

回油管的压强损失包括节流阀、换向阀、管道出口、出液压缸入口及 4 个弯头的局部阻力损失。所以压强损失为

$$\Delta p_2/\mathrm{Pa} = \rho\left(\sum \zeta_2\right)\frac{v_2^2}{2} =$$

$$\frac{850}{2} \times (12 + 16 + 0.5 + 1 + 4 \times 0.9 + 4.8) \times 2.35^2 =$$

$$88\ 953.67$$

油路上的总压强损失为

$$\Delta p = \Delta p_1 + \Delta p_2 = 167\ 449.86\ \text{Pa}$$

为了求出油泵出口压强 p_1，可列活塞平衡方程如下

$$F = (p_1 - \Delta p'_1)\frac{\pi D^2}{4} - (p_2 + \Delta p'_2)\frac{\pi(D^2 - D_0^2)}{4}$$

所以
$$p_1 = \Delta p'_1 + \frac{4F}{\pi D^2} + (p_2 + \Delta p'_2)\frac{(D^2 - D_0^2)}{D^2}$$

式中　　$\Delta p'_1$——泵出口到液压缸入口的压强损失,不包括滤油器引起的压强损失;

$\Delta p'_2$——液压缸出口到节流阀入口的压强损失,不包括节流阀引起的压强损失。

将已知数值代入,得

$$\Delta p'_1/\text{Pa} = \rho g\left(\sum \zeta'_1\right)\frac{v_1^2}{2g} = \rho\left(\sum \zeta'_1\right)\frac{v_1^2}{2} =$$

$$\frac{850}{2} \times (16 + 1 + 4 \times 0.9 + 4.67) \times 2.45^2 =$$

$$64\ 465.35$$

$$\Delta p'_2/\text{Pa} = \rho\left(\sum \zeta'_2\right)\frac{v_2^2}{2} =$$

$$\frac{850}{2} \times (16 + 0.5 + 4 \times 0.9 + 4.8) \times 2.35^2 =$$

$$58\ 441.86$$

求得 $p_1 = 395\ 005.21\ \text{Pa}$

油泵输出功率

$$P/\text{W} = p_1 \cdot Q = 395\ 005.21 \times \frac{26 \times 10^{-3}}{60} = 171.17\ (\text{W})$$

5.10.2　管路特性

如图 5.36(a)所示为一简单管路,简单管路是指一种直径不变而且没有支管分出即流量沿程不变的管路。它是管路中最简单的一种情况,是计算各种管路的基础。在管路的始点 1 和终点 2 之间,取两水池液面为过水断面。

以低水位水池液面为基准,列伯努利方程式

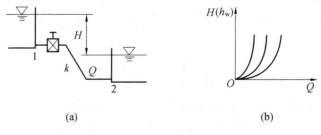

(a)　　　　　　　　　　　　　(b)

图 5.36　简单管路及其特性曲线

$$H + \frac{p_a}{\rho g} + \frac{\alpha_1 v_1^2}{2g} = \frac{p_a}{\rho g} + \frac{\alpha_2 v_2^2}{2g} + \lambda \frac{L}{d} \frac{v^2}{2g}$$

因为 $v_1 = v_2 \approx 0$ 所以 $\quad \frac{\alpha_1 v_1^2}{2g} = \frac{\alpha_2 v_2^2}{2g} = 0$

化简可得

$$H = h_w = \lambda \frac{L}{d} \frac{v^2}{2g} \tag{5.10.1}$$

式(5.10.1)表明两水池位置水头差 H(或作用水头)全部用于克服管路损失。

如果用 $v = \frac{Q}{A} = \frac{Q}{\frac{\pi d^2}{4}}$ 代入到(5.10.1)中,则

$$H = \lambda \frac{L}{d} \frac{Q^2}{2g \left(\frac{\pi d^2}{4}\right)^2} = \frac{8\lambda}{\pi^2 g} \frac{L}{d^5} Q^2 = KQ^2 \tag{5.10.2}$$

$$k = \frac{8\lambda}{\pi^2 g} \frac{L}{d^5} = \frac{8\lambda (l + \sum l_e)}{\pi^2 g d^5} \tag{5.10.3}$$

式中　k——管路的阻力综合参数,或简称管路综合参数。

式(5.10.2)即为图5.36(a)所示简单管路的管路特性。管路特性是指一条管路上作用水头 H 与流量 Q 之间的函数关系。作用水头 H 与流量 Q 之间的函数关系用图5.36(b)所示曲线表示,则称为管路特性曲线。任何长管和短管都有各自的特性曲线,这种管路特性曲线在水力机械的使用中有着特别重要的作用,与水力机械的特性曲线一起确定其工况点以及进行工况调节。从管路特性曲线的表面上可以看出主要有两个方面的作用:由已知的水位差 H 可以得出通过管路的流量 Q;反过来由已知的流量 Q 又可以得出管路所产生的水头损失 h_w。

阻力综合参数 k 中包含着管路的长度、直径、沿程阻力和局部阻力等多种因素在内。由式(5.10.3)可以看到:结构不同的管路,k 值不同;结构一定,如果改变图5.36(a)管路中阀门的开度,k 值也会不同。结构一定,液流的雷诺数不同,引起沿程阻力系数 λ 的变化,k 值有时也会变化;但是在水力粗糙管区,λ 与雷诺数无关,此时 k 值是常量,水力计算方便。

不同的 k 值管路特性曲线也会变化,这也是水力机械工况调节的方法之一。

如果几段不同尺寸的管路串联或者并联,如图5.37所示,可以用管路的阻力综合参数写出它们的基本规律。

串联管路(pipe in series)中如图5.37(a)所示,流量处处相等,总水头损失等于各管段的水头损失之和,于是

$$Q = Q_1 = Q_2 = Q_3 \tag{5.10.4}$$

$$H = H_1 + H_2 + H_3 \tag{5.10.5}$$

将 $H_1 = k_1 Q^2, H_2 = k_2 Q^2, H_3 = k_3 Q^2$ 代入式(5.10.5)中,可得

$$H = (k_1 + k_2 + k_3) Q^2 = kQ^2 \tag{5.10.6}$$

即串联管路的总阻力综合参数 k 等于各段管段阻力综合参数之和

$$k = k_1 + k_2 + k_3 \tag{5.10.7}$$

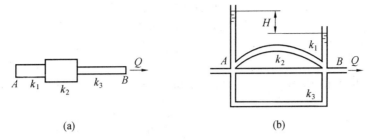

图 5.37　复杂管路

并联管路(pipe in parallel)中如图 5.37(b)所示,每一支管的水头损失 H 都相等,而总流量为各支管流量之和,即

$$H = H_1 = H_2 = H_3 \qquad (5.10.8)$$
$$Q = Q_1 + Q_2 + Q_3 \qquad (5.10.9)$$

将 $Q_1 = \sqrt{\dfrac{H}{k_1}}, Q_2 = \sqrt{\dfrac{H}{k_2}}, Q_3 = \sqrt{\dfrac{H}{k_3}}$ 代入式(5.10.9)得

$$Q = \left(\frac{1}{\sqrt{k_1}} + \frac{1}{\sqrt{k_2}} + \frac{1}{\sqrt{k_3}} \right) \sqrt{H} = \frac{1}{\sqrt{k}} \sqrt{H} \qquad (5.10.10)$$

即并联管路的总阻力综合参数 k 的平方根的倒数等于各支管阻力综合参数平方根的倒数之和。

$$\frac{1}{\sqrt{k}} = \frac{1}{\sqrt{k_1}} + \frac{1}{\sqrt{k_2}} + \frac{1}{\sqrt{k_3}} \qquad (5.10.11)$$

需要注意的是:并联管路各段上的水头损失相等并不意味着它们的能量损失也相等。因为各支管阻力不同,流量也就不同,以同样的水头损失转换为压强损失再乘以不同的流量得到的各支管功率损失是不同的。

从管路特性可以看出,在一定的水头作用下,阻力综合参数越大也就是管路阻力越大,通过的流量越小,所消耗的功率也越小。

5.10.3　长管计算

在长管计算中,运用阻力综合参数可以使计算过程更加简化,在长管中 $k = \dfrac{8\lambda l}{\pi^2 g d^5}$,

l 为实际管长。

【例 5.12】　两水箱之间用 3 根不同直径、相同长度的水平管道 1,2,3 相连接。已知 $d_1 = 10 \text{ cm}$,$d_2 = 20 \text{ cm}$,$d_3 = 30 \text{ cm}$,$Q_1 = 0.1 \text{ m}^3/\text{s}$,3 个支管沿程损失系数相等,试求 Q_2, Q_3。

解　各支管阻力综合系数

$$k_1 = \frac{8\lambda_1 l_1}{\pi^2 g d_1^5}; k_2 = \frac{8\lambda_2 l_2}{\pi^2 g d_2^5}; k_3 = \frac{8\lambda_3 l_3}{\pi^2 g d_3^5};$$

由并联管路规律知

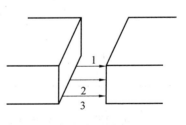

图 5.38　供水管路

$$H = h_{f1} = k_1 Q_1^2 \qquad \text{①}$$
$$H = h_{f2} = k_2 Q_2^2 \qquad \text{②}$$
$$H = h_{f3} = k_3 Q_3^2 \qquad \text{③}$$

由式 ① 和 ② 得 $Q_2 = \sqrt{\dfrac{k_1}{k_2}} Q_1$；由式 ① 和 ③ 得

$$Q_3 = \sqrt{\frac{k_1}{k_3}} Q_1$$

且 $l_1 = l_2 = l_3 = l$；$\lambda_1 = \lambda_2 = \lambda_3 = \lambda$ 并代入 $d_1 = 10$ cm，$d_2 = 20$ cm，$d_3 = 30$ cm，得

$$Q_2 = 0.566 \text{ m}^3/\text{s}；Q_3 = 1.54 \text{ m}^3/\text{s}$$

【例5.13】 用扬程为100 m的水泵，通过图5.39所示的管路，向车间中位 $h_G = 40$ m、和 $h_H = 60$ m 处的 G，H 两台设备供水。已知所有管段上的沿程阻力系数均为 $\lambda = 0.024$，各管段的长度和直径列于表5.15中，调节阀 FG 的阻力综合参数 k_{FG} 与阀口开度 $S(\%)$ 的关系是 $k_{FG} = \left(\dfrac{4\ 000}{S}\right)^2$，忽略其他一切局部阻力。如果要求调整 k_{FG} 阀的开度以保证两台设备的供水量完全相等时，试求：

（1）E 点处的压强；

（2）水泵的流量 Q 与每台设备的供水量 Q'；

（3）调节阀的开度 $S(\%)$

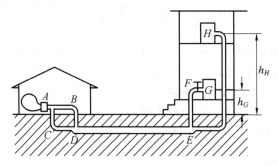

图 5.39　供水管路

表 5.15　已知数据

管　段	长　度 l/m	直　径 d/m
ABD	30	0.1
ACD	30	0.125
DE	60	0.15
EF	15	0.1
EH	30	0.1

解 根据题意，由式(5.10.3)，将数据代入，得出各管段的阻力综合参数为

$$k_{ABD} = 5\ 947, k_{ACD} = 1\ 949, k_{DE} = 1\ 566$$

$$k_{EF} = 2\ 974, k_{FG} = \left(\frac{4\ 000}{S}\right)^2, k_{EH} = 5\ 947$$

首先考虑 *ABD* 与 *ACD* 的并联,由公式(5.10.11)得

$$\frac{1}{\sqrt{k_{AD}}} = \frac{1}{\sqrt{k_{ABD}}} + \frac{1}{\sqrt{k_{ACD}}}$$

解出
$$k_{AD} = \frac{k_{ABD}k_{ACD}}{\sqrt{k_{ABD}} + \sqrt{k_{ACD}}} = 788$$

其次考虑 *AD* 与 *DE* 的串联,由公式(5.10.7)并代入数据,得

$$k_{AE} = k_{AD} + k_{DE} = 2\,354$$

设 *A*,*E*,*H* 各点的水头为 h_A,h_E,h_H。根据公式(5.10.2)可以列出 *AE* 段与 *EH* 段的管路特性为

$$h_A - h_E = k_{AE}Q^2 \text{ 和 } h_E - h_H = k_{EH}\left(\frac{Q}{2}\right)^2$$

$$100 - h_E = 2\,354Q^2 \text{ 和 } h_E - 60 = 5\,947\left(\frac{Q}{2}\right)^2$$

联立解出 $h_E = 75.49$ m,$Q = 0.102$ m³/s。

E 点的压强 p_E/Pa $= \rho g h_E = 1\,000 \times 9.81 \times 75.49 = 7.4 \times 10^5$

每台设备的供水量 $\qquad Q' = \frac{Q}{2} = 0.051$ m³/s

最后,由 *EF* 与 *FG* 串联,由公式(5.10.6)得

$$h_E - h_G = (k_{EF} + k_{FG})\left(\frac{Q}{2}\right)^2$$

将已知数据代入

$$75.49 - 40 = \left[2\,974 + \left(\frac{4\,000}{S}\right)^2\right]\left(\frac{0.102}{2}\right)^2$$

解得 $S = 0.387 = 38.7\%$。

即:将调节阀开到这样的开度,可以保证两台设备的供水量相等。

5.10.4 管网的水力计算基础

管网(network of pipes)是一种复杂的管路,通常分为两种类型:枝状管网(branching network of pipes)及环状管网(looping network of pipes),如图 5.40 和图 5.41 所示。

枝状管网的特点是:管线于某点分开后不再汇合到一起,呈一树枝形状。一般的说,枝状管网的总长度较短,建筑费用较低,但当某处发生事故切断管路时,就要影响到一些用户用水,因而影响生活或生产。

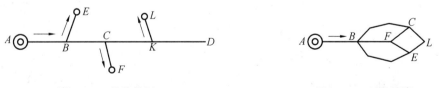

图 5.40　枝状管网　　　　　　　　图 5.41　环状管网

环状管网的特点是:管线在一共同节点汇合形成一闭合状的管路。这种管网的供水可靠性较高,当某段管线发生故障切断管路时,不会影响其余管线的供水。因此,一般比

较大的、重要的用水单位通常采用环状管网供水。但这种管网需要管材较多、造价高。

管网计算的两种类型:① 新建给水系统的管网设计,在这种情况下通常是已知管网地区的地形资料、各管段长度与端点要求的自由水头和各节点的流量分配要求设计管路各段直径及水塔的高度;② 扩建已有给水系统的管网设计,这类问题通常是已知水塔高度,各管段长度,管段端点的自由水头和流量分配,要求确定管径。

经济流速的选择:管网中各区段的管径是根据流量及平均流速来决定的。在一定的流量条件下,管径的大小随着所选取平均速度大小而不同。如果管径选择较小时,管路造价较低,由于流速大而管路的水头损失大,这样就增加水泵的电耗即增加了经常运营费用;如果管径选择过大,由于流速小,虽减小头头损失,减少水泵经常运营费用,但却提高了管路造价。解决这个矛盾只有选择适当的平均流速,使得供水的总成本为最小,这种流速称为经济流速,所以应以经济流速确定管径。

目前在一般给水管道设计中,可采用表 5.16 的数值。

表 5.16 给水管路允许的极限流速

直径 /mm	允许的极限流速/(m·s⁻¹)	相应于极限流速的流量/(L·s⁻¹)	直 径 /mm	允许的极限流速/(m·s⁻¹)	相应于极限流速的流量/(L·s⁻¹)
60	0.70	2	400	1.25	157
100	0.75	6	500	1.40	275
150	0.80	14	600	1.60	453
200	0.90	28	800	1.80	905
250	1.00	49	1 000	2.00	1 571
300	1.10	78	1 100	2.20	2 093

管网的水力计算一般是较复杂的,我们仅将管网计算的一般原则介绍如下。

1. 枝状管网的水力计算

(1)新建给水系统的管网设计。在计算时先按平均经济流速在已知流量条件下选择管径,然后利用管路计算的基本公式(5.7.2)算出各段的水头损失,再计算从水塔建筑物到管网最不利的控制点的总水头损失(即管网上距离水塔最远、要求自由水头满足或稍富余某点供水需要的压力及流量的水头)以及地形标高最高之点与水塔处地形标高之差。于是水塔高度按下式计算

$$H = \sum_{n=1}^{m} h_{fn} + H_F + z_0 - z_B \qquad (5.10.12)$$

式中　H_F —— 最不利点的自由水头;

　　　$\sum h_{fn}$ —— 从水塔到最不利点的总损失水头;

　　　z_0 —— 最高的地形标高;

　　　z_B —— 水塔处的地形标高。

决定水塔高度可看图 5.42。

(2)扩建已有的给水系统的管网设计。根据已知的水塔高度 H、管路长 $\sum l_n$ 及用户

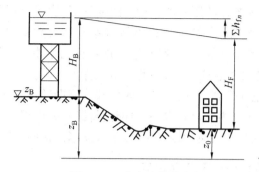

图 5.42　决定水塔高度

的自由水头 H_F 计算出平均水力坡度 $\bar{i}_m$,即

$$\bar{i}_m = \frac{H - H_F}{\sum l_n} \tag{5.10.13}$$

在平均水力坡度基础上,为使该管线的各管段能通过已知的流量,则各管段的特性流量模数为

$$K_n^2 = \frac{Q_n^2}{\bar{i}_m} \tag{5.10.14}$$

由特性流量 K 即可确定出各管段的管径。当选定的管径不符合国家产品规格时,则应使一部分管段的 $K < K_n$,而另一部分管段的 $K > K_n$,使得这些管段的结合,既能充分利用现有的水头,又能通过要求的流量;考虑到经济上的合理性,要求用的金属材料为最少,一般认为 $\sum l_n d_n$ 为最小时,管道金属材料用的最少。

2. 环状管网的水力计算

环状管网的计算比较复杂。在计算环状管网时,首先根据地形图确定管网的布置及确定各管段的长度,根据需要确定节点的流量。按照经济流速决定各管段的通过流量,并确定各管段管径及计算水头损失。

环状管网的计算必须遵循下列两个原则:

(1) 在各个节点上流入的流量等于流出的流量,如以流入节点的流量为正,流出节点的流量为负,则二者的总和应为零。即

$$\sum Q_n = 0 \tag{5.10.15}$$

(2) 在任一封闭环内,水流由某一节点沿两个方向流向另一节点时,两方向的水头损失应相等。如以水流顺时针方向的水头损失为正,逆时针方向的水头损失为负,则二者的总和应为零。即

$$\sum h_{fn} = 0 \tag{5.10.16}$$

关于环状管网的详细计算请参考专门著作。

5.11　水击现象及其预防

在以前各章节中,研究水流运动的规律时,都将液体视为不可压缩流体,但在有压管

路中流动的液体,当考虑流体的压缩性和管壁的变形时,由于某种外界原因(如阀门突然关闭、水泵或水轮机组突然停车等),使得液体流速发生突然变化,并由于液体的惯性作用,引起压强急剧升高和降低的交替变化,这种现象称为水击。升压和降压交替进行时,对于管壁和阀门的作用如同锤击一样,因此水击也称为水锤。

水击现象引起的压强升高,轻微时引起噪声和管路振动;严重时可引起管路的爆裂。水击引起的压强降低,使管内形成真空,有可能使管路扁缩而损坏。因此对水击现象必须加以研究,找出其产生的原因,或加以利用,或采取适当的措施以减轻水击造成的危害。

5.11.1 水击的产生及发展过程

以简单管路阀门突然关闭为例说明水击是如何产生的和发展的。这里首先要考虑的两个必要的前提条件是:液体是可压缩的;管壁是可变形的。 图 5.43 所示为一固定水头的水箱,侧面接一长为 l,直径为 D 的简单管路,管路出口端装一阀门,阀门关闭前流速为 v_0,紧邻阀门前的压强为 p_0,水由水箱通过管路流入大气。

当阀门突然关闭时,紧靠阀门处的一层水就会突然停止流动,速度 v_0 由骤变为零。在水的惯性作用下,流速的停止必将引起压强的突然增高($p_0 + \Delta p$),即产生了水击。增高了的那部分压强 Δp 称为水击压强。由于水和管壁都是弹性的,在很高的水击压强作用下,紧靠阀门的那层水就被压缩,同时包围那层水的管壁膨胀。但由于阀门突然关闭时,管路内的水并不是在同一时刻全部停止流动,压强也不是在同一时刻同时升高,而是

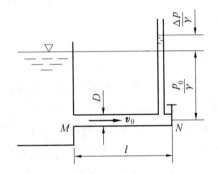

图 5.43　阀门突然关闭时的压强变化

在靠近阀门的那层水停止流动后,其后各层水相继停止流动,同时压强也逐层升高,水逐层受压,管壁逐段膨胀。这样在整个管路中就形成了一个高压区和常压区,其分界面的水击压强以弹性波的形式由阀门 N 处迅速传向管路进口 M 处。由于水击而产生的弹性波,称水击波,其传播速度用 C 表示。

在阀门关闭后 $t = \dfrac{l}{C}$ 时刻,水击波已传到了管路入口 M 处。这时,整个管路中的水都停止了流动,而且处于压缩状态下的瞬时静止中。但由于管内压强高于水箱内压强,在这个压强的作用下,管路中被压缩了的水势必然要恢复原状,于是管中紧靠入口 M 处的一层水将会以速度 v_0 流回水箱。这样,管内水受压状态便自入口 M 处开始,以速度 C 向阀门方向逐层解除,水击压强 Δp 逐层消失,膨胀了的管壁逐段恢复原状。

在阀门关闭后 $t = \dfrac{2l}{C}$ 时刻,整个管路中水的压强都恢复到正常压强 p_0,且都具有向水箱方向的运动速度 v_0。但在紧靠阀门的一层水恢复到常压的瞬时,由于水的惯性作用,该层水仍以速度 v_0 向水箱方向继续流动。于是该处压强急剧降低(同时管壁收缩),降低量为 Δp,且也按水击波的传播速度 C 沿管路向水箱方向传播。

在阀门关闭后 $t = \dfrac{3l}{C}$ 时刻,全管长的水都处于低压的瞬时静止状态。这时由于水箱中

的压强高于管中压强,在二者压强差的作用下,水箱内的水必然要流向管路中去。这样,紧邻管路入口 M 处的一层水首先恢复到正常的速度 v_0 和正常的压强(同时管壁恢复原状),并以水击波的传播速度由水箱向阀门方向传播。

在阀门关闭后 $t = \dfrac{4l}{C}$ 时刻,管路内的水完全恢复到水击刚发生的起始状态。由于这时阀门仍处于关闭状态,而水箱中的水仍以速度 v_0 流向阀门。于是将重复上述压缩、复原、膨胀及复原 4 个传播过程,传播过程如图 5.44 所示。在理想情况下,只要阀门不开启,上述过程就会周而复始地传播下去,水击压强变化规律如图 5.45 所示。

事实上,由于管壁对水流的阻尼作用,水击波的传播将逐渐衰减,直到消失。图 5.46 为用示功器实际测得的水击压强变化规律。

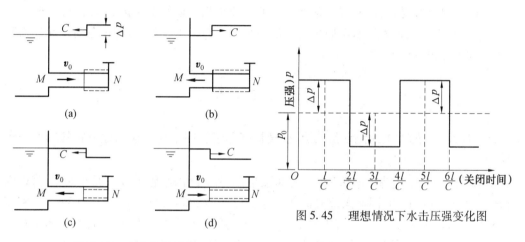

图 5.44 水击传播过程

图 5.45 理想情况下水击压强变化图

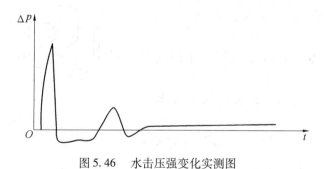

图 5.46 水击压强变化实测图

5.11.2 直接水击与间接水击

以上所述的内容是阀门瞬时关闭的情况,而实际上阀门的关闭总是需要一定的时间才能完成。当阀门关闭的时间 $t_z < \dfrac{2l}{C}$ 时,也就是水击波从阀门处向水箱方向传播再以常压波形式返回到阀门之前,阀门就已关闭,这种水击称为直接水击。如果阀门关闭的时间较长,即当水击波返回阀门时,阀门尚未完全关闭,这种水击称为间接水击。这时阀门处所受到的水击压强小于直接水击的压强。

5.11.3　水击危害的预防

从上面关于水击的讨论中可以看到,水击现象的发生对管路系统是十分有害的,因此必须采取必要的措施以设法减弱它的作用。预防水击所造成的危害,常用如下几种方法:

(1) 延长阀门关闭时间, 使 $t_z > \dfrac{2l}{C}$,把直接水击变为间接水击,t_z愈大则 Δp 愈小;

(2) 缩短管路长度 l,即使 $\dfrac{2l}{C}$ 减小, $\dfrac{2l}{C}$ 愈小则 Δp 愈小;

(3) 在管路系统 的适当位置装设蓄能器(空气罐或安全阀);

(4) 在管路上装设调压塔。

水击现象一般是有害的,但是掌握了它的规律以后,在适当的条件下,也可以变害为益。例如,水击泵便是利用水击原理设计的一种无动力扬水设备,这种设备对于无动力和电源的地方是很方便的。

习　题　5

1. 半径为 r_0 的管中的流动是层流,流速恰好等于管内平均流速的地方距管轴的距离等于多大?

2. 如图所示,流量为 $Q = 0.3$ L/s 的油泵与 $l = 0.7$ m 的细管组成一循环油路,借以保持直径为 $D = 30$ mm 的调速阀位置保持恒定。已知油的动力黏度 $\mu = 0.03$ Pa·s,密度 $\rho = 900$ kg/m³,调速阀上的弹簧压缩量 $s = 6$ mm,弹簧刚度 $P_C = 8$ N/mm,为使调速阀恒定,细管直径 d 应为多少?(管路中其他阻力忽略不计,只计细管中的沿程阻力)

3. 做沿程水头损失实验的管道直径 $d = 1.5$ cm,测量段长度 $l = 4$ m,水温 $T = 5$ ℃,试求:

(1) 当流量 $Q = 0.03$ L/s 时,管中的流态?

(2) 此时的沿程水头损失系数 λ 为多少?

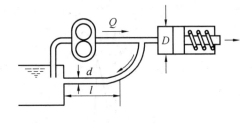

习题 2 图

(3) 此时测量段的沿程水头损失 h_f 为多少?

(4) 为保持管中为层流,测量段最大水头差 $\dfrac{p_1 - p_2}{\rho g}$ 为多少?

4. 有一旧的生锈铸铁管路,直径 $d = 300$ mm,长度 $l = 200$ m,流量 $Q = 0.25$ m³/s,取粗糙度 $\Delta = 0.6$ mm,水温 $T = 10$ ℃,试分别用公式法和查图法求沿程水头损失 h_f。

5. 某矿山一条通风巷道的断面积 $A = 2.5 \times 2.5$ m²,用毕托管测得其中某处风速 $v_{max} = 0.3125$ m/s,并知均速 $v = 0.8 v_{max}$ 和井下气温 $t = 20$ ℃,问该处处于什么状态?

6. 某矿采用湿式凿岩设备,耗水量为 10.6 m³/h,所需表压强为 784 kPa,问水塔液面 H 应比工作面 2—2 高出多少米才能满足生产需要?供水管路如图所示,已知 $d = 50$ mm,$l = 500$ mm,断面 1—1 到 2—2 之间装有两个全开闸阀,$\dfrac{D}{r} = 0.5$ 的 90° 圆管头 4 个,供水管为新的表面光滑的无缝钢管。

7. 如图所示,某离心式水泵的吸水管,已知:$d = 100 \text{ mm}, l = 8 \text{ m}, Q = 20 \text{ L/s}$,泵进口处最大允许真空度 $p_2 = 68.6 \text{ kPa}$,此管路中有带单向底阀的吸水网一个,$\dfrac{d}{r} = 1$ 的 90° 圆管弯头两处,问允许装机高度(即 H_s)为多少?(管子系旧的生锈钢管)

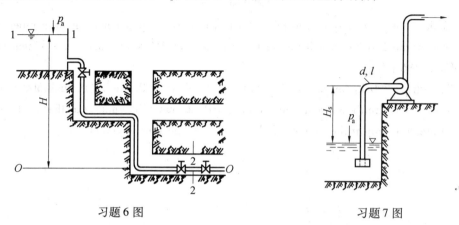

习题 6 图　　　　　　　　　　习题 7 图

8. 消防队水龙带直径 $d_1 = 20 \text{ mm}$,长 $l_1 = 20 \text{ m}$。末端喷嘴直径 $d_2 = 10 \text{ mm}$,入口损失 $\xi_1 = 0.5$,阀门损失 $\xi_2 = 0.5$,喷嘴 $\xi_3 = 0.1$(相对于喷嘴出口速度),沿程阻力系数 $\lambda = 0.03$,水箱表压强 $p_0 = 4 \text{ bar}, h_0 = 3 \text{ m}, h = 1 \text{ m}$,试求出口速度 v_2。

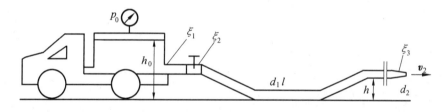

习题 8 图

9. 如图所示的水管系统,各管段的长度、直径及沿程阻力系数如下表所示。

管段	l/m	d/m	λ
A_1B	100	0.5	0.022
A_2B	100	0.5	0.022
BC	300	0.75	0.020
CD	500	0.3	0.024
CE	400	0.25	0.024
CF	500	0.3	0.024

D, E, F 三点通大气,忽略局部阻力损失。A_1B, A_2B 中平均流速皆为 $v = 2.5 \text{ m/s}$,试求:管路的总水头损失。

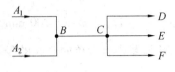

习题 9 图

10. Calculate the power required to pump 50 metric tons of oil per hour along a pipeline 100 mm diameter and 1.6 km long if the oil has a density of 915 kg/m^3 and has a kinematic viscosity of 0.00186 m^2/s.

11. Oil, with $\rho = 900$ kg/m^3 and $\nu = 0.000\ 01$ m^2/s, flows at 0.2 m^3/s through 500 m of 200 mm-diameter cast iron pipe, roughness value $\Delta = 0.26$ mm. Determine (a) the head loss and (b) the pressure drop if the pipe slope down at 10° in the flow direction.

第6章

孔口和管嘴出流

本章导读 液体经过孔口和管嘴出流是一个有广泛应用的实际问题,大如水利工程上的闸孔,小如黏度计上的针孔。孔口和管嘴出流在许多领域中都可以见到,例如水力采煤的水枪、消防用的水龙头、汽油机中的汽化器、柴油机中的喷嘴、火炮中的驻退机、车辆中的减震器等;机械制造的液压技术中的换向阀、减压阀、节流阀、溢流阀等处都是孔口出流,就是在自动控制的喷嘴挡板、阻尼器等处也同样会遇到孔口出流问题;给水排水工程中的取水、泄水闸孔,某些液体测量设备;通风工程中管道漏风等就是孔口出流问题。水流经过路基下的有压短涵管、水坝中泄水管等都有管嘴出流的计算问题。

本章主要讨论孔口管嘴出流的流量计算问题。将把工程中常见的液体出流现象其流动特征归纳成各类典型流动,运用前述各章的理论分析讨论这些流动的计算原理和方法。

本章学习要求 了解和掌握孔口、管嘴出流的类型和相关概念、流量计算公式;掌握影响出流的几个系数(流速系数、流量系数、收缩系数、局部阻力系数);了解孔口和管嘴的变水头出流问题。

本章主要应用第3章和第5章的内容为基础讨论孔口、管嘴出流问题。

6.1 孔口及管嘴恒定出流

流体经过孔口及管嘴出流是实际工程中广泛应用的问题。本节应用前述流体力学的基本理论分析孔口及管嘴出流的计算原理。

6.1.1 孔口出流的计算

如图6.1所示,液体在水头 H 的作用下从器壁孔口流入大气,或是图6.2所示的流体在压强差 $\Delta p = p_1 - p_2$ 的作用下经过孔口出流,均称为孔口出流。前者称为自由式出流,而后者称为淹没式出流。另外,若出流流体与孔口边壁成线状接触 $(l/d \leqslant 2)$,则称为薄壁孔口。如图6.1所示,当 $d/H \leqslant 0.1$,称为小孔口; $d/H > 0.1$,称为大孔口。这里主要讨论薄壁小孔口出流情况。

(1)薄壁小孔口恒定出流

以图6.1为例,当流体流经薄壁孔口时,由于流线不能突然折转,故从孔口流出后形成流束直径为最小的收缩断面 $c - c$,其面积 A_c 与孔口面积 A 之比称为孔口收缩系数,用 C_c 表示,即

$$C_c = \frac{A_c}{A} \tag{6.1.1}$$

对图 6.1 所示的 1 – 1 和 c – c 断面列伯努利方程

$$H + \frac{p_a}{\rho g} + \frac{\alpha_0 v_0^2}{2g} = 0 + \frac{p_c}{\rho g} + \frac{\alpha_c v_c^2}{2g} + h_w$$

因为水箱内水头损失与经孔口的局部水头损失比较可以忽略,故

$$h_w = \zeta_0 \frac{v_c^2}{2g}$$

式中 ζ_0—— 流经孔口的局部阻力系数。

在小孔口自由出流情况下,$p_c \approx p_a$,于是伯努利方程可改写为

$$H + \frac{\alpha_0 v_0^2}{2g} = (\alpha_c + \zeta_0) \frac{v_c^2}{2g}$$

因 $\frac{\alpha_0 v_0^2}{2g} \approx 0$,则上式整理得

$$v_c = \frac{1}{\sqrt{\alpha_c + \zeta_0}} \sqrt{2gH} = C_v \sqrt{2gH} \tag{6.1.2}$$

式中 C_v—— 孔口流速系数,$C_v = \dfrac{1}{\sqrt{\alpha_c + \zeta_0}} \approx \dfrac{1}{\sqrt{1 + \zeta_0}}$。

经过孔口的流量

$$Q = v_c A_c = C_c A C_v \sqrt{2gH} = C_q A \sqrt{2gH} \tag{6.1.3}$$

式中 C_q—— 孔口的流量系数,$C_q = C_c C_v$。

如果是图 6.2 的情况,只要将式(6.1.2)中的 gH 换成 $\Delta p/\rho$ 即可(其理由留给读者分析)。由此得出在压差 Δp 作用下的孔口出流公式为

$$v_c = C_v \sqrt{2 \frac{\Delta p}{\rho}} \tag{6.1.4}$$

$$Q = C_q A \sqrt{2 \frac{\Delta p}{\rho}} \tag{6.1.5}$$

式中,$\Delta p = p_1 - p_2$,参见图 6.2。

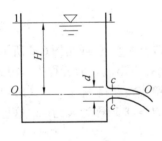

图 6.1   薄壁孔口

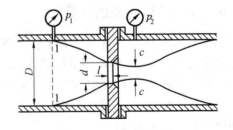

图 6.2   薄壁孔口

如图 6.3 所示,当液体经孔口淹没出流时,按照与上述同样的分析可得薄壁小孔口恒定淹没出流的流速和流量的计算公式,仍为式(6.1.2)和式(6.1.3),而且,流速系数 C_v 和流量系数 C_q 的数值也相同,只是公式中的 H 为两液面的高度差 ΔH。

（2）小孔口的收缩系数及流量系数

从前面推导过程可知,表征孔口出流性能的主要是孔口的收缩系数 C_c、流速系数 C_v 和流量系数 C_q,而流速系数 C_v 和流量系数值 C_q 取决于局部阻力系数 ζ_0 和收缩系数 C_c。在工程中经常遇到的孔口出流,雷诺数 Re 都足够大,所以,可以认为局部阻力系数 ζ_0 和收缩系数 C_c 主要与边界条件有关。

在边界条件中,孔口形状、孔口边缘情况和孔口在壁面上的位置三个方面是影响流量系数 C_q 的因素。对于薄壁小孔口,实践证明,不同形状孔口的流量系数差别不大,而孔口在壁面上的位置对收缩系数 C_c 有直接影响,因而也影响流量系数 C_q 的值。

图 6.4 表示孔口在壁面上的位置。孔口 1 各边离侧壁的距离均大于孔口边长的 3 倍以上,侧壁对流束的收缩没有影响,称之为完善收缩。对于薄壁小孔口,由实验测得 $C_c = 0.63 \sim 0.64, C_v = 0.97 \sim 0.98, C_q = 0.60 \sim 0.62$。

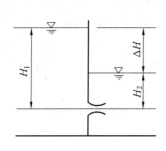

图 6.3　孔口淹没出流

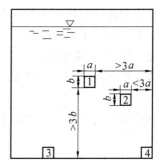

图 6.4　孔口在壁上的位置

图 6.4 中孔口 2,有的边离侧壁的距离小于孔口边长的 3 倍,在这一边流束的收缩受侧壁的影响而减弱,称之为不完善收缩。其收缩系数可按下式估算

$$C_c = 0.63 + 0.37 \left(\frac{A}{A'}\right)^2 \tag{6.1.6}$$

式中　A'——孔口所在壁面的湿润面积;

　　　　A——孔口面积。

图 6.4 中孔口 3,4 出流流束的周界只有部分发生收缩,沿侧壁的部分周界不发生收缩,称为部分收缩,其收缩系数可按下式估算

$$C_c = 0.63\left(1 + s\frac{l}{X}\right) \tag{6.1.7}$$

式中　l——无收缩周界长度;

　　　　X——孔口的周长;

　　　　s——孔口的形状系数(圆孔 $s = 0.13$)。

(3) 大孔口恒定出流

大孔口恒定出流流量计算仍可用式(6.1.3),但式中 H 为大孔口形心的水头,又因大孔口出流多为不完善收缩,其流量系数较小孔口大。水利工程上的闸孔出流可按大孔口计算,其流量系数 C_q 可参考表 6.1 选用。

表 6.1　大孔口的流量系数

边界条件	流量系数 C_q
全部不完善收缩	0.70
底部无收缩,侧向收缩较大	0.65 ~ 0.70
底部无收缩,侧向收缩较小	0.70 ~ 0.75
底部无收缩,侧向收缩极小	0.80 ~ 0.85

6.1.2　管嘴出流的计算

当孔口壁厚 l 等于 $(3 \sim 4)d$ 时,或者在孔口处外接一段长 l 的圆管时(图6.5),此时的出流称为管嘴出流。管嘴出流的特点是:当流体进入管嘴后,同样形成收缩,在收缩断面 $c - c$ 处,流体与管壁分离,形成漩涡区,然后又逐渐扩大,在管嘴出口断面上,流体完全充满整个断面;总的阻力系数包括三部分,即入口阻力系数、收缩断面 $c - c$ 后的扩张阻力系数和后半段上沿程的当量阻力系数。管道直角进口局部阻力系数 ζ_n 是上述三项损失的共同效果。

以通过管嘴中心的水平面为基准面,在容器液面 1 – 1 及管嘴出口断面 2 – 2 列伯努利方程

$$H + \frac{\alpha_1 v_1^2}{2g} = \frac{\alpha_2 v_2^2}{2g} + h_{w1-2}$$

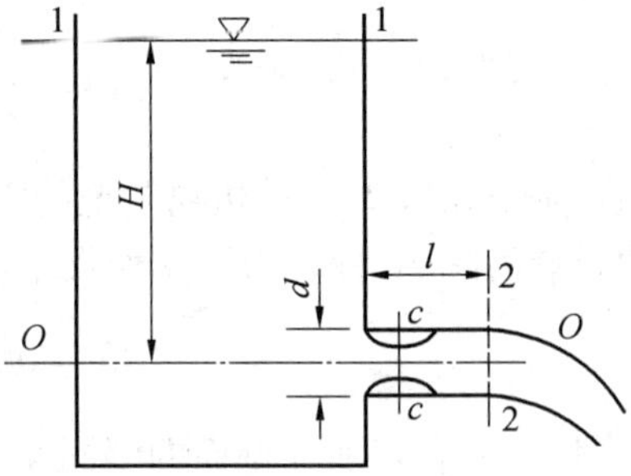

因

$$h_{w1-2} = \zeta_n \frac{v_2^2}{2g}, \quad \frac{\alpha_1 v_1^2}{2g} \approx 0$$

故

$$H = (\alpha + \zeta_n) \frac{v_2^2}{2g}$$

$$v = \frac{1}{\sqrt{\alpha + \zeta_n}} \sqrt{2gH} = C_v \sqrt{2gH}$$

(6.1.8)

图 6.5　管嘴出流

式中　C_v——管嘴的流速系数 $C_v = 1/\sqrt{a + \zeta_n}$。

管嘴出流流量

$$Q = vA = C_v A \sqrt{2gH} = C_q A \sqrt{2gH} \tag{6.1.9}$$

式中　C_q——管嘴的流量系数。

由管道直角进口局部阻力系数 $\zeta_n = 0.5$,且取 $\alpha = 1.0$,所以 $C_q = C_v = 1/\sqrt{a + \zeta_n} = 0.82$。比较式(6.1.3)和(6.1.9)可知在相同直径、相同作用水头 H 下,管嘴的出流流量比孔口出流量更大。究其原因,就是由于管嘴在收缩断面 $c - c$ 处存在真空的作用。下面来分析 $c - c$ 断面真空度的大小。

如图 6.5 所示,仍以 $O - O$ 为基准面,选断面 $c - c$ 及出口断面 2 – 2 列伯努利方程

$$\frac{p_c}{\rho g} + \frac{\alpha_c v_c^2}{2g} = \frac{p_a}{\rho g} + \frac{a v^2}{2g} + h_{wc-2}$$

由圆管突然放大处局部损失公式

$$h_{wc-2} = \left(\frac{A}{A_c} - 1\right)^2 \frac{v^2}{2g} = \left(\frac{1}{C_c} - 1\right)^2 \frac{v^2}{2g}$$

则

$$\frac{p_a - p_c}{\rho g} = \frac{\alpha_c v_c^2}{2g} - \frac{a v^2}{2g} - \left(\frac{1}{C_c} - 1\right)^2 \frac{v^2}{2g} \qquad (6.1.10)$$

由连续性方程

$$v_c = \frac{A}{A_c} v = \frac{A}{C_c A} v = \frac{v}{C_c}$$

将上式及式(6.1.8)代入式(6.1.10)得

$$\frac{p_a - p_c}{\rho g} = \left[\frac{\alpha_c}{C_c^2} - a - \left(\frac{1}{C_c} - 1\right)^2\right] C_v^2 H$$

由实验测得 $C_c = 0.64$；$C_v = 0.82$，取 $\alpha_c = a = 1$，则管嘴的真空度为

$$\frac{p_v}{\rho g} = \frac{p_a - p_c}{\rho g} \approx 0.75H \qquad (6.1.11)$$

上式说明管嘴收缩断面处的真空度可达作用水头的 0.75 倍，相当于把管嘴的作用水头增大了约 75%。

从式(6.1.11)可知：作用水头 H 愈大，收缩断面的真空度也愈大。但是当真空度达 7 m 水柱以上时，由于液体在低于饱和蒸汽压时发生汽化，或空气由管嘴出口处吸入，从而使真空破坏。因此，圆柱形外管嘴的作用水头应有一个极限值，这就是

$$H < [H] = \frac{7}{0.75}\text{m} \approx 9 \text{ m}$$

所以，维持管嘴需要的真空度或正常工作的两个条件是：① 管嘴长度不能太短，要求孔口壁厚与直径的关系为 $\frac{l}{d} > 2 \sim 4$，一般为 $l = (3 \sim 4)d$，否则大气很容易冲入口内破坏真空，使管嘴变成薄壁孔口；② 作用水头 H 或者压强差不能太大，否则由于液体在低于饱和蒸汽压时发生汽化，或空气由管嘴出口处吸入，从而使真空破坏。

6.1.3 孔口和管嘴恒定出流性能的比较

从上述过程可知，不论薄壁、厚壁还是大孔、小孔，出流公式都可以写成同样的形式。图 6.6 所示的是工程中常用的孔口和管嘴，从左到右分别为：(1) 薄壁孔口；(2) 厚壁孔口或外伸管嘴；(3) 内伸管嘴；(4) 收缩管嘴；(5) 扩张管嘴；(6) 流线型管嘴。通过实验测得它们的出流系数见表 6.2。

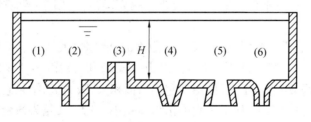

图 6.6 孔口与管嘴

表 6.2　孔口与管嘴出流系数

名　　称	阻力系数 ζ	收缩系数 C_c	流速系数 C_v	流量系数 C_q
薄壁孔口	0.06	0.64	0.97	0.62
厚壁孔口（外伸管嘴）	0.5	1	0.82	0.82
内伸管嘴	1	1	0.71	0.71
收缩管嘴 $\theta = 13° \sim 14°$	0.09	0.98	0.96	0.95
扩张管嘴 $\theta = 5° \sim 7°$	4	1	0.45	0.45
流线型管嘴	0.04	1	0.98	0.98

为了便于孔口和管嘴的性能比较,假定它们在容器壁上的面积是一样的,并把薄壁孔口作为比较的基础。厚壁孔口（外伸管嘴）前已述及,不再累述,这里仅对其他管嘴进行定性比较。

（1）内伸管嘴

它与外伸管嘴的差别是阻力较大,适合装置于外形需隐蔽之处。但与外伸管嘴相比,它的流速和流量大约要降低 15% 左右。

（2）收缩管嘴

这种管嘴除内收缩以外,在出口处还有外收缩,它的特点是内收缩后不需过分扩张,因而阻力较小。这种管嘴流速系数较大,出口速度是这几种管嘴中最高的。在 $\theta = 13° \sim 14°$,不但出口速度大,而且有相当的流量,这时的动能达到最大值。如果 θ 继续增大,虽然速度提高,但流量要减小。

这种管嘴最适用于需要大动能而不需要大流量的场所,水力采煤,水力喷沙,水力远射,冲击式水轮机喷管等处均用之。

（3）扩张管嘴

它的扩张阻力大,因而流速系数和流速皆小,在 $\theta = 5° \sim 7°$ 时阻力最小,是为最佳扩张角。θ 再大则流线脱离壁面形成薄壁孔口。

这种管嘴的真空度比外伸管嘴更大,因而它有更大的抽吸能力,流量系数表面上看来只有 0.45,但这是对出口断面而言的,如果折合成其入口断面的数值,则流量系数是很大的,这是几种管嘴中流量最大的一种,它适用于大流量而低流速的场所,水轮机的尾水管、喷射水泵、文丘里流量计等处均采用扩张管嘴。

（4）流线型管嘴

它阻力最小,不收缩,不易产生气穴,流线不脱离壁面,适用于减小阻力、减小干扰等情况,但加工需圆滑。

分析表 6.2 时,需要注意两点:① 流速系数大的,流速也大,如式（6.1.2）和式（6.1.8）所示;② 流量系数大的,流量却不一定大,因为公式（6.1.3）和（6.1.9）中 A 是出口面积。扩张管嘴流量系数 C_q 虽不大,但由于它出口面积大,吸力大,结果它的流量却是最大的。收缩管嘴的 C_q 虽然不小,但由于它的出口面积小,吸力小,结果流量却是最小的。

也就是说当出口面积与壁上的面积不相等时,C_q 的大小并不代表流量的大小,这是要特别注意的。

【例 6.1】 如图 6.7 所示，在密度为 $\rho = 860 \text{ kg/m}^3$ 的油管中加装一个小孔阻尼器以降低油流速度。已知 $D = 25.4 \text{ mm}, d = 5 \text{ mm}$，阻尼器两端的压强差 $\Delta p = 0.11 \times 10^5 \text{ Pa}, C_q = 0.67, C_v = 0.91$。求管中流速和流量。

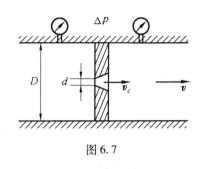

图 6.7

解 $v_c /(\text{m} \cdot \text{s}^{-1}) = C_v \sqrt{\dfrac{2\Delta p}{\rho}} = 0.91 \times$

$$\sqrt{\frac{2 \times 11\,000}{860}} = 4.6$$

管中的平均速度由连续性方程，得

$$v/(\text{m} \cdot \text{s}^{-1}) = v_c \frac{C_q}{C_v} \left(\frac{d}{D}\right)^2 = 4.6 \times \frac{0.67}{0.91} \times \left(\frac{0.005}{0.025\,4}\right)^2 = 0.131$$

流量 $Q = v \dfrac{\pi D^2}{4} = 0.131 \times \dfrac{\pi}{4} \times 0.025\,4^2 \text{ m}^3/\text{s} = 0.000\,066 \text{ m}^3/\text{s} = 3.98 \text{ L/min}$

或 $Q = C_q \dfrac{\pi d^2}{4} \sqrt{\dfrac{2\Delta p}{\rho}}$ 得到同样的结果。

【例 6.2】 在直径 $D = 20 \text{ mm}$ 的油管中加装有直径 $d = 4 \text{ mm}$、流速系数为 $C_v = 0.8$ 的一个固定节流器，如图 6.8 所示。节流器后面的损失可忽略，已知 $p_0 = 10 \text{ kPa}, p_2 = 0$，油的密度 $\rho = 850 \text{ kg/m}^3$，试求节流器末端及管道出口处的速度。

解 首先求节流器末端的压强 p_1。以中心线为基准，列断面 1—1 和 2—2 的伯努利方程

$$\frac{p_1}{\rho g} + \frac{v_1^2}{2g} = \frac{v_2^2}{2g}$$

再由连续性方程 $\quad v_1 d^2 = v_2 D^2$

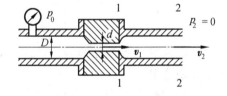

图 6.8　固定节流器

由此得 $\quad p_1 = \dfrac{\rho v_1^2}{2}\left[\left(\dfrac{d}{D}\right)^4 - 1\right]$

将 p_1 代入节流器的速度公式中

$$v_1 = C_v \sqrt{\frac{2\Delta p}{\rho}} = C_v \sqrt{\frac{2(p_0 - p_1)}{\rho}} = C_v \sqrt{\frac{2\left\{p_0 - \dfrac{\rho v_1^2}{2}\left[\left(\dfrac{d}{D}\right)^4 - 1\right]\right\}}{\rho}}$$

两端平方，并整理

$$\frac{\rho v_1^2}{2C_v^2} = p_0 - \frac{\rho v_1^2}{2}\left[\left(\frac{d}{D}\right)^4 - 1\right]$$

解出 v_1 得

$$v_1/(\text{m} \cdot \text{s}^{-1}) = C_v \sqrt{\frac{2p_0}{\rho\left[1 + C_v^2 \left(\dfrac{d}{D}\right)^4 - C_v^2\right]}} =$$

$$0.8 \times \sqrt{\dfrac{2 \times 10^4}{850 \times \left[1 + 0.8^2 \left(\dfrac{4}{20}\right)^4 - 0.8^2\right]}} = 6.46$$

所以
$$v_2/(\mathrm{m \cdot s^{-1}}) = v_1\left(\dfrac{d}{D}\right)^2 = 6.46 \times \left(\dfrac{4}{20}\right)^2 = 0.26$$

6.2 孔口（或管嘴）的变水头出流

在工程上还会遇到孔口（或管嘴）的变水头出流问题,例如盛液容器的放流或充水,容器中液位的变化形成变水头作用下的孔口（或管嘴）出流问题。变水头孔口出流问题是属于非恒定流问题,但是当孔口面积远小于容器的截面积时,流体的升降或压强的变化缓慢,惯性力可以忽略不计。这样在 $\mathrm{d}t$ 时段内,可以认为水头或压强不变,按孔口恒定流处理。

图 6.6 所示为一变截面容器,横截面面积 A_1 是从标 z 的函数 $A_1(z)$;容器底部开有一个薄壁小孔口,面积为 A。现在讨论泄流时间问题,设某瞬时 t 容器内的液位为 z,根据孔口流量公式(6.1.3),此时容器孔口出流流量 $Q = C_q A \sqrt{2gz}$;在 $\mathrm{d}t$ 时间内由于出流容器液位下降了 $\mathrm{d}z$,很明显出流的液体体积应等于容器中液体下降的体积,即

$$C_q A \sqrt{2gz} \cdot \mathrm{d}t = -A_1(z)\mathrm{d}z$$

上式中的负号是由于当 $\mathrm{d}t$ 为正时 $\mathrm{d}z$ 为负的缘故。对上式分离变量并积分可以求出液位由 H_1 降至 H_2 所需的时间

$$t = \int_0^t \mathrm{d}t = \dfrac{1}{C_q A \sqrt{2g}}\int_{H_1}^{H_2} -\dfrac{A_1(z)}{\sqrt{z}}\mathrm{d}z \qquad (6.2.1)$$

特殊地对于等截面容器,$A_1(z) = A_1$,代入上式积分得

$$t = \dfrac{2A_1}{C_q A \sqrt{2g}}(\sqrt{H_1} - \sqrt{H_2}) \qquad (6.2.2)$$

如 $H_2 = 0$,则求得容器泄空所需时间

$$t = \dfrac{2A_1\sqrt{H_1}}{C_q A \sqrt{2g}} = \dfrac{2A_1 H_1}{C_q A \sqrt{2gH_1}} = \dfrac{2V}{Q_{max}} \qquad (6.2.3)$$

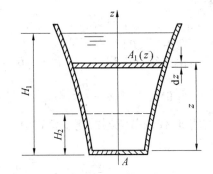

图 6.9　变水头孔口出流

式中　V——容器泄空体积;

Q_{max}——容器孔口开始出流的最大流量。

式(6.2.3)表明,等截面容器中液体的放空时间等于在恒定的初始水头作用下放出同样体积液体所需时间的 2 倍。

若容器壁上不是孔口,而是其他类型的管嘴或短管,上述各式仍然适用,只是流量系数应选用各自的数值。

6.3　气穴及机械中的气穴现象

6.3.1　气穴

如前所述,在虹吸管的最高管段和外伸管嘴流束的内收缩断面处都会形成一定的真空度,该处的绝对压强低于大气压强。而且随着流速的增高,压强将进一步降低。当压强降低到空气分离压强 p_g 时,原来以气核形式(肉眼看不见)溶解在液体中的气体便开始游离出来,膨胀成小气泡;当压强继续降低到液体在其温度下的饱和压强 p_v 时,液体开始汽化,产生大量的小气泡。继续产生的小气泡将汇集成较大的气泡,泡内充满着蒸汽和游离气体。这种由于压强降低而产生气泡的现象称为气穴(cavitation)(空泡)现象。

孔口和机械中发生气穴会产生许多不良后果。轻则妨碍流动性能;重则伴生气蚀,发生机械性的损伤和化学性腐蚀。有时破坏机件、有时产生强烈的振动和噪声。因此,气穴及其伴生气蚀有百害而无一利,应该认真分析产生的原因、寻求解决办法。

下面就分别介绍节流气穴和泵前气穴的产生原因及解决方法。

6.3.2　节流气穴

如图 6.10 所示,设节流口前后的绝对压强为 p_1,p_2,节流口处的速度为 v。列节流口前后的伯努利方程式时,因管中的速度 $v_1 \ll v$ 可相对忽略。于是

$$\frac{p_1}{\rho g} = \frac{p_2}{\rho g} + \frac{v^2}{2g} + \zeta \frac{v^2}{2g}$$

即　　$\dfrac{p_1 - p_2}{\rho g} = (1 + \zeta)\dfrac{v^2}{2g} \approx \dfrac{v^2}{2g}$　　(6.3.1)

在顶端抽成完全真空的测压管中,

$\dfrac{p_1 - p_2}{\rho g}$ 可以用两测压管中的液面差表示。

假如 $\dfrac{p_1}{\rho g}$ 一定,则经过孔口的速度 v 越大,$\dfrac{p_2}{\rho g}$ 越低;一旦 $\dfrac{p_2}{\rho g}$ 下降到 $\dfrac{p_v}{\rho g}$(或 p_2 下降到 p_v),孔口处就要产生气穴了。

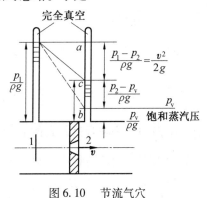

图 6.10　节流气穴

在没有产生气穴的正常情况下,由于 $\dfrac{p_2}{\rho g}$ 接近 $\dfrac{p_v}{\rho g}$ 的程度不同,产生气穴的可能性也不一样。从图 6.10 可以看出,产生气穴的可能性在于节流口后面测压管中液面的高低。因为 $\dfrac{p_1}{\rho g}$ 和 $\dfrac{p_v}{\rho g}$ 是一定的。ab 的长度不变,$\dfrac{p_2}{\rho g}$ 不同,c 点将 ab 分成不同的两段 ac 与 cb,于是 cb 与 ac 的比值就不同。$\dfrac{cb}{ac} \to \infty$ 时绝无气穴发生;$\dfrac{cb}{ac} \to 0$ 时肯定产生气穴。因而我们可以用 $\dfrac{cb}{ac}$ 的比值来表示产生气穴的可能性的大小。这比值越大,越不可能产生气穴;这比值越小,产生气穴的危险性就越大。把该比值称为气穴系数,用 σ 表示,则

$$\sigma = \frac{cb}{ac} = \frac{\dfrac{p_2 - p_v}{\rho g}}{\dfrac{p_1 - p_2}{\rho g}} = \frac{p_2 - p_v}{p_1 - p_2} \qquad (6.3.2)$$

或将式(6.3.1)中的 $p_1 - p_2$ 代入可得

$$\sigma = \frac{p_2 - p_v}{\dfrac{\rho v^2}{2}} \qquad (6.3.3)$$

式(6.3.2)和(6.3.3)就是气穴系数的两种表达式。

理论上,$p_2 = p_v$ 时,也就是 $\sigma = 0$ 时,才产生气穴。但实际上,由于溶解气体早在饱和蒸汽压之前就已经分离形成气泡。实验证明:在液压节流口处,当 σ 下降到0.4左右就已经开始产生气穴了。也就是说 $\sigma = 0.4$ 就是气穴系数的临界值。$\sigma > 0.4$ 不产生气穴,$\sigma < 0.4$ 则有气穴产生。σ 数越小,则产生气穴越严重。把气穴系数 $\sigma = 0.4$ 作为判别有无气穴的标准,而且 σ 数的大小是气穴程度的标志。机械工程中所进行的气穴相似实验就是根据相同 σ 数而设计的。

根据 $\sigma = 0.4$ 可以导出产生气穴时节流口前后的压强比。由(6.3.2)可得 $\dfrac{p_2 - p_v}{p_1 - p_2} = 0.4$ 也是产生气穴的标志。

与 p_1,p_2 相比,p_v 甚小可忽略,于是可得

$$\frac{p_1}{p_2} = 3.5 \qquad (6.3.4)$$

从而,节流口前后的压强比 $\dfrac{p_1}{p_2} = 3.5$ 也是产生气穴的界限,为了避免产生气穴,必须使 $\dfrac{p_1}{p_2} < 3.5$。这就是避免产生气穴的关键所在。据此,不仅可以通过用压强表测定节流口前后压强的办法来观察气穴的危险性大小,而且可以设法减小节流口前后的压强比 $\dfrac{p_1}{p_2}$ 来降低产生气穴的危险程度。这样就提供了解决气穴问题的方向:① 降低节流口前的压强 p_1;② 提高节流口后的压强 p_2。

节流气穴在液压传动系统中经常遇到,如换向阀前后、节流阀前后等。例如,为了避免换向阀前后产生气穴,通常在进油路换向阀接油缸处利用负载来调节压强比;而在回油路回油箱处利用背压阀来调节压强比。回油路背压阀如果采用节流阀不但有防止气穴的功能,而且可以调节油缸运动速度。

此外,用降低温度、减小阻力、避免流道上尖棱结构等方法也可以防止气穴。

6.3.3 泵前气穴

水泵和油泵的入口也是气穴的多发部位。如图6.11所示,对泵前液面与水仓(或油箱)液面列伯努利方程式可得

$$\frac{p_a}{\rho g} = \frac{p}{\rho g} + h + \left(1 + \sum \zeta\right) \frac{v^2}{2g}$$

即

$$\frac{p}{\rho g} = \frac{p_a}{\rho g} - \left[h + \left(1 + \sum \zeta \right) \frac{v^2}{2g} \right] \qquad (6.3.5)$$

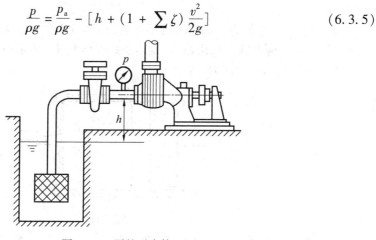

图 6.11 泵的吸水管

公式左端就是泵前的绝对压强,从公式右端来看,如果吸水高度 h 及动能损失 $\left(1 + \sum \zeta \right) \frac{v^2}{2g}$ 的总和过大,则泵入口前绝对压强就有可能接近饱和蒸汽压,于是泵前就要产生气穴。泵前气穴所产生的气泡随着流体进入泵的高压区后迅速消灭,因而瞬时的撞击力很大。水泵叶轮和油泵齿轮在这种情况下,表面产生剥落现象,这种情况称为泵的气蚀。此时的振动和噪声也很大,扬程(压强)、流量、效率都非常低。气穴和气蚀情况下的泵是不能工作的。

从式(6.3.5)可以看出,防止泵前气穴可有 3 种办法:① 降低吸水高度,水泵有时降低安装高度以求接近液面;而油泵有时用压力油箱或辅助供油泵使油箱液面在油泵之上。② 尽量减小吸水管或吸油管上的局部和沿程阻力。③ 降低吸水管或吸油管中的液流速度,加大吸入管的直径。

习 题 6

1. 水从薄壁孔口射出,已知 $H = 1.2$ m, $x = 1.25$ m, $y = 0.35$ m,孔口直径 $d = 0.75$ cm,在 5 min 内流出的质量流量为 40 kg,试求孔口出流系数。

2. 如图所示,密度为 900 kg/m³ 油从直径 20 mm 的孔口流出,孔口前的表压力为 45 000 Pa,孔口后的射流对挡板的冲击力为 20 N,出流的流量为 2.29 L/s,试求孔口的出流系数:(1) 流量系数 C_q;(2) 流速系数 C_v;(3) 收缩系数 C_c。

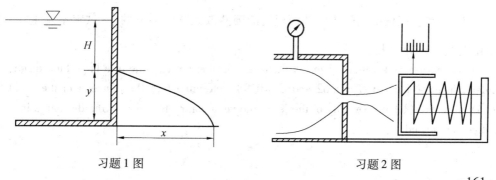

习题 1 图 习题 2 图

3. 如图所示，直径 $D = 60$ mm 的活塞受力 $F = 3\,000$ N 后，将密度 $\rho = 917$ kg/m³ 的油从 $d = 20$ mm 的薄壁孔口挤出，孔口流速系数 $C_v = 0.97$，流量系数 $C_q = 0.63$，试求孔口流量及液体作用在油缸上的力。

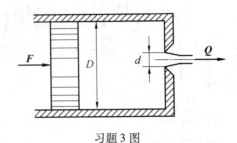

习题 3 图

4. 一薄壁圆形小孔口自由出流，孔口直径 $d = 50$ mm，在定常水头 H 作用下，水流的射流速度 $v_c = 6.86$ m/s，试求作用水头 H（取流速系数 $C_v = 0.97$）。如孔口改为淹没出流，孔口出流后水头 $H_2 = 0.8$ m，求孔口淹没出流量 Q（取流量系数 $C_q = 0.6$）。

5. 一水箱侧壁有三个圆柱形不淹没的外管嘴，管嘴直径 $d = 0.05$ m，管嘴长 $l = 0.2$ m，管嘴中心以上水头 $H = 1.5$ m，若作定常流动，试确定通过管嘴的泄流量。

6. 图示水箱用隔板分为左右两个水箱，隔板上开一直径 $d_1 = 40$ mm 的薄壁小孔口，水箱底接一直径 $d_2 = 30$ mm 的外管嘴，管嘴长 $l = 0.1$ m，$H_1 = 3$ m。试求在定常出流时的水深 H_2 和水箱出流流量 Q_1，Q_2。

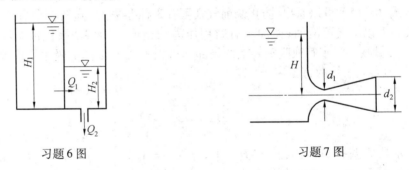

习题 6 图   习题 7 图

7. 在水位 $H = 2.75$ m 的水箱侧壁装一个收缩 — 扩张管嘴（如图）其喉部直径 $d_1 = 5$ cm。收缩段的损失小可忽略不计。

（1）如果喉部产生气穴的真空度为 $\dfrac{p_1}{\rho g} = 8.5$ m 水柱，试求未发生气穴时的最大流量。

（2）如果扩张段的损失为同样面积比的突然放大管的损失的 $\dfrac{1}{4}$，试求不发生气穴时的出口直径 d_2 的最大值。

8. A sharp-edged orifice. 5 cm in diameter, in the vertical side of a large tank discharges under a head of 5 m. If $C_c = 0.62$ and $C_v = 0.98$, determine (a) the diameter of the jet at the vena contracts, (b) the velocity of the jet at the vena contracts and (c) the discharge in cubic metres per second.

第7章

缝 隙 流

本章导读 在液压传动和机械润滑等方面,经常需要利用缝隙流的理论计算泄漏量和阻力损失。凡有相对运动的两零件或部件间,必然有一定的间隙(或称缝隙),如活塞与缸筒间的环形间隙、轴与轴承间的环形间隙、工作台与导轨间的平面间隙、圆柱与支承面间的端面间隙等等。这些间隙确定的合理与否,直接影响到机械的性能。缝隙流动对液压传动的影响尤其显著。油泵、油马达、换向阀等液压元件处处存在着缝隙流动问题。缝隙过小则增大了摩擦,缝隙过大又增加了泄漏。因此,正确地分析液体在缝隙中的流动情况,合理地确定间隙的大小,是非常重要的问题。

本章研究的中心问题是流体缝隙流动内部压强分布规律以及泄漏量的计算。讲述了平行平面缝隙、倾斜平面缝隙、环形平面缝隙及平行圆盘间缝隙中流体速度、压强和流量计算式的推导过程及应用。

本章学习要求 了解各种缝隙的压强分布和流量计算式的推导,能根据缝隙的特点应用相应的计算式进行工程应用。

7.1 流经平行平面缝隙的流动

两平行平面夹成的间隙称为平行平面间隙,沿间隙宽度上各流线互相平行的流动称平行流动。在液压技术上,齿轮泵齿顶与泵壳之间的流动,滑块与滑动导轨之间的流动等,均属于这种流动。

由于液体都有一定的黏性,而间隙很小,故雷诺数一般低于临界值,液压传动装置中的平面缝隙的雷诺数在 1 000 ~ 2 000 以下,故属于层流。

设有两块平行平面相距 h,长度为 l,宽度为 b,$h \ll b$,$b \ll l$;其间充满油液从一端向另一端流动。在缝隙流中取一微元流体 $b\mathrm{d}x\mathrm{d}y$,作用其上的各种力如图 7.1 所示。

在缝隙流中设直角坐标如图 7.1 所示,于是沿流动方向(x 轴)列平衡方程如下

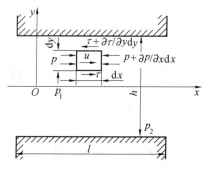

图 7.1 平行平面间的流动

$$pb\mathrm{d}y - (p + \frac{\partial p}{\partial x}\mathrm{d}x)b\mathrm{d}y + \tau\, b\mathrm{d}x - (\tau + \frac{\partial \tau}{\partial y}\mathrm{d}y)b\mathrm{d}x = 0$$

化简后得

$$-\frac{\partial p}{\partial x} = \frac{\partial \tau}{\partial y} \qquad (7.1.1)$$

由于平行平面的流动 p 仅是 x、τ 仅是 y 的函数,故上式可改写为

$$\frac{\mathrm{d}\tau}{\mathrm{d}y} = -\frac{\mathrm{d}p}{\mathrm{d}x} \qquad (7.1.2)$$

根据牛顿内摩擦定律公式(1.2.6)得

$$\frac{\mathrm{d}\tau}{\mathrm{d}y} = -\mu\frac{\mathrm{d}^2 u}{\mathrm{d}y^2} \qquad (7.1.3)$$

代入式 (7.1.2) 得

$$\frac{\mathrm{d}^2 u}{\mathrm{d}y^2} = \frac{1}{\mu}\frac{\mathrm{d}p}{\mathrm{d}x} \qquad (7.1.4)$$

式中,$\dfrac{\mathrm{d}p}{\mathrm{d}x}$ 为压力在 x 轴方向的变化率,如果沿缝隙长度 l 的压力降为 Δp,则

$$\frac{\mathrm{d}p}{\mathrm{d}x} = -\frac{\Delta p}{l}$$

代入上式得

$$\frac{\mathrm{d}^2 u}{\mathrm{d}y^2} = -\frac{\Delta p}{\mu l} \qquad (7.1.5)$$

将上式对 y 进行两次积分可得

$$u = -\frac{\Delta p}{2\mu l}y^2 + C_1 y + C_2 \qquad (7.1.6)$$

式中　C_1,C_2——积分常数,由边界条件确定。

7.1.1　两平行平面不动,$\Delta p \neq 0$

如图7.2所示,当两平行平面不动,$\Delta p \neq 0 (p_1 > p_2)$,即靠两端的压力差产生流动的,为压差流或泊肃叶流(Poiseuille flow)。这种流动的边界条件是

$$y = +\frac{h}{2} \text{ 时},u = 0$$

$$y = -\frac{h}{2} \text{ 时},u = 0$$

分别代入式(7.1.6),解联立方程可得相应的两个积分常数为

$$C_1 = 0$$

$$C_2 = \frac{\Delta p}{8\mu l}h^2$$

将 C_1,C_2 值代入式(7.1.6)得

$$u = \frac{\Delta p}{2\mu l}\left(\frac{h^2}{4} - y^2\right) \qquad (7.1.7)$$

上式说明,在这样的平行平面中间,任意过水断面上的速度 u 是按抛物线规律分布的,如图7.2所示。

$y = 0$ 处有最大流速为 $u_{\max}$ 为

$$u_{\max} = \frac{\Delta p}{8\mu l}h^2 \qquad (7.1.8)$$

通过间隙的流量为

$$Q = \int_{-\frac{h}{2}}^{+\frac{h}{2}} ub\mathrm{d}y = \frac{b\Delta p}{2\mu l}\int_{-\frac{h}{2}}^{+\frac{h}{2}}\left(\frac{h^2}{4} - y^2\right)\mathrm{d}y$$

即

$$Q = \frac{bh^3}{12\mu l}\Delta p \qquad (7.1.9)$$

缝隙断面上的平均流速 v 应为

$$v = \frac{Q}{bh} = \frac{h^2}{12\mu l}\Delta p \qquad (7.1.10)$$

平均流速与最大流速之比

$$\frac{v}{v_{\max}} = \frac{2}{3} \qquad (7.1.11)$$

由式（7.1.10）可得流体流过缝隙的压力降（压力损失）为

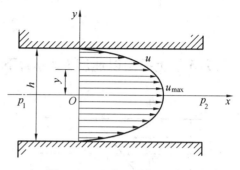

图 7.2　两平面不动 $p_1 > p_2$

$$\Delta p = \frac{12\mu l v}{h^2} \qquad (7.1.12)$$

如以 λ 代表阻力系数，ρ 代表液体密度，则上式可写为

$$\Delta p = \lambda\frac{l}{2h}\frac{\rho v^2}{2} \qquad (7.1.13)$$

从式（7.1.12）和（7.1.13）可知

$$\lambda = \frac{96}{Re} \qquad (7.1.14)$$

式中　　R_e——雷诺数，$Re = \dfrac{2\rho vh}{\mu} = \dfrac{2vh}{\nu}$。

7.1.2　上平面以速度 U 移动，下平面不动，$\Delta p = 0$

如图 7.3 所示，当上平面以速度 U 移动，下平面不动，$\Delta p = 0(p_1 = p_2)$，即靠上平面移动而产生流动的，称为剪切流或库艾特（Couette）流。这时边界条件是

$$y = +\frac{h}{2} \text{ 时}, u = U$$

$$y = -\frac{h}{2} \text{ 时}, u = 0$$

分别代入式（7.1.6），解联立方程可得相应的积分常数为

$$C_1 = \frac{U}{h}$$

$$C_2 = \frac{U}{2} + \frac{\Delta p}{8\mu l}h^2$$

将 C_1, C_2 值代入式（7.1.6）并考虑 $\Delta p = 0$ 得

$$u = \frac{U}{2}\left(1 + \frac{2}{h}y\right) \qquad (7.1.15)$$

上式表明,在这样的两个平行平面之间的流体层流运动,其速度按直线规律分布,如图 7.3 所示。

流经缝隙的流量为

$$Q = b\int_{-\frac{h}{2}}^{+\frac{h}{2}} u\mathrm{d}y = b\int_{-\frac{h}{2}}^{+\frac{h}{2}} \frac{U}{2}\Big(1 + \frac{2}{h}y\Big)\,\mathrm{d}y$$

$$Q = \frac{bU}{2}h \qquad\qquad (7.1.16)$$

7.1.3　上平面以速度 U 移动,下平面不动,$\Delta p \neq 0$

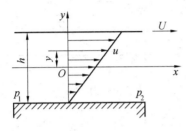

图 7.3　上平面运动,$\Delta p = 0$

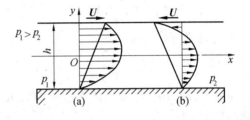

图 7.4　上平面移动,$\Delta p \neq 0$ $(p_1 > p_2)$

当上平面以速度 U 移动,下平面不动,$\Delta p \neq 0$,即前述压差流与剪切流叠加的情况,如图 7.4$(p_1 > p_2)$ 或图 7.5$(p_1 < p_2)$ 所示。这时的边界条件是

$$y = +\frac{h}{2} \text{ 时},u = \pm U$$

$$y = -\frac{h}{2} \text{ 时},u = 0$$

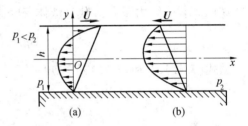

图 7.5　上平面移动,$\Delta p \neq 0$ $(p_1 < p_2)$

分别代入式 (7.1.6),解联立方程可得积分常数为

$$C_1 = \pm\frac{U}{h}$$

$$C_2 = \pm\frac{U}{2} + \frac{\Delta p}{8\mu l}h^2$$

将 C_1,C_2 值代入式(7.1.6) 则得

$$u = \frac{\Delta p}{2\mu l}\Big(\frac{h^2}{4} - y^2\Big) \pm \Big(\frac{U}{h}y + \frac{U}{2}\Big)$$

或

$$u = \frac{\Delta p}{2\mu l}\Big(\frac{h^2}{4} - y^2\Big) \pm \frac{U}{2}\Big(\frac{2}{h}y + 1\Big) \qquad (7.1.17)$$

流量为

$$Q = b\int_{-\frac{h}{2}}^{+\frac{h}{2}} u\mathrm{d}y = \Big(\frac{\Delta p h^3}{12\mu l} \pm \frac{U}{2}h\Big)b \qquad (7.1.18)$$

式中　　"$+$"——表示上平面移动方向与 x 方向相同,如图 7.4 (a) 和 7.5(a) 所示;

"$-$"——表示上平面移动方向与 x 方向相反,如图 7.4 (b) 和 7.5 (b) 所示。

由图 7.4 和图 7.5 可以看出,这种平行平面之间的流速分布规律正是前面两种速度分布的合成。

对于上平面移动方向与液体的流动方向相反的情况，流量为 $Q = (\dfrac{\Delta ph^3}{12\mu l} - \dfrac{U}{2}h)b$，如果令 $Q = 0$，可以解出

$$h = h_0 = \sqrt{\frac{6\mu Ul}{\Delta p}} \qquad (7.1.19)$$

这种缝隙 h_0 称为无泄漏缝隙。无泄漏缝隙只在 U 与 Δp 的方向相反时有效，否则无效。

当上平面以速度 U 移动，下平面不动，$\Delta p \neq 0$ 的情况，功率损失也由两部分组成：一部分是压差流的泄漏损失功率 $P_Q = \Delta p Q$，另一部分剪切流的摩擦损失功率 $P_F = F(\pm U)$。把式(7.1.17)代入牛顿内摩擦定律公式(1.2.5)得

$$F = \mu A \frac{\mathrm{d}u}{\mathrm{d}y} = \mu bl(-\frac{\Delta p}{\mu l}y \pm \frac{U}{h}) \qquad (7.1.20)$$

把 $y = \dfrac{h}{2}$ 代入式(7.1.20)中，得作用在平板边界流体的摩擦力

$$F_0 = (-\frac{\Delta ph}{2} \pm \frac{\mu Ul}{h})b \qquad (7.1.21)$$

平行平板缝隙的总的功率损失可写成

$$P = P_Q + P_F = \Delta p Q + F_0(\pm U) =$$
$$(\frac{\Delta pbh^3}{12\mu l} \pm \frac{Ubh}{2})\Delta p + (-\frac{\Delta pbh}{2} \pm \frac{\mu Ulb}{h})(\pm U) =$$
$$\frac{\Delta p^2 bh^3}{12\mu l} + \frac{\mu U^2 lb}{h} \qquad (7.1.22)$$

从式(7.1.22)可知，右端的第一项是由压差决定的泄漏功率损失，它与缝隙 h 的三次方成正比；右端的第二项是由剪切流决定的摩擦功率损失，它与缝隙 h 成反比。可以看出缝隙 h 过大时泄漏损失增大，h 过小时摩擦损失增大。所以，功率损失有最小值。令 $\dfrac{\mathrm{d}P}{\mathrm{d}h} = 0$，则

$$\frac{\mathrm{d}P}{\mathrm{d}h} = (\frac{-\mu U^2 l}{h^2} + \frac{\Delta p^2 h^2}{4\mu l})b = 0$$

则
$$h = h_b = \sqrt{\frac{2\mu Ul}{\Delta p}} = \frac{1}{\sqrt{3}}h_0 = 0.577h_0 \qquad (7.1.23)$$

这种使功率损失最小的缝隙 h_b 称为最佳缝隙，这是液压设计中应优先选择的缝隙，它比无泄漏缝隙更小。

7.2　流经倾斜平面缝隙的流动

两平面互不平行，流道高度沿流动方向缓慢变化，形成楔形缝隙，缝隙的高度逐渐减小的为渐缩缝隙，缝隙的高度逐渐增大的为渐扩缝隙。

如图7.6所示，设倾斜平面缝隙入口处的高度为 h_1，压力为 p_1；出口处的高度为 h_2，压力为 p_2，上平面静止，下平面以恒速 U 移动。将坐标原点置于缝隙入口处，研究一距原点

为 x 长为 $\mathrm{d}x$，高为 h 的微元间隙。由于 $\mathrm{d}x$ 很小，故可以认为此微元缝隙为平行平面缝隙即等高缝隙，因此式(7.1.4)仍成立，即

$$\frac{\mathrm{d}^2 u}{\mathrm{d}y^2} = \frac{1}{\mu}\frac{\mathrm{d}p}{\mathrm{d}x}$$

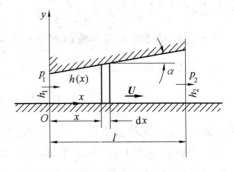

图 7.6 倾斜平面间的流动

将上式对 y 进行积分，则得

$$u = \frac{1}{2\mu}\frac{\mathrm{d}p}{\mathrm{d}x}y^2 + C_1 y + C_2 \quad (7.2.1)$$

从图 7.6 可以看出其边界条件为

$$y = 0 \text{ 时}, u = U$$

$$y = h \text{ 时}, u = 0$$

分别代入式(7.2.1)，解联立方程求得 C_1, C_2 后再代入式(7.2.1)，得

$$u = U\left(1 - \frac{y}{h}\right) - \frac{h^2}{2\mu}\frac{\mathrm{d}p}{\mathrm{d}x}\left(1 - \frac{y}{h}\right)\frac{y}{h} \qquad (7.2.2)$$

通过的流量

$$Q = b\int_0^h u\,\mathrm{d}y = \frac{bhU}{2} - \frac{bh^3}{12\mu}\frac{\mathrm{d}p}{\mathrm{d}x} \qquad (7.2.3)$$

从而就有

$$\frac{\mathrm{d}p}{\mathrm{d}x} = \frac{6\mu U}{h^2} - \frac{12\mu}{bh^3}Q \qquad (7.2.4)$$

由于

$$h = h_1 + x\tan\alpha$$

所以

$$\mathrm{d}x = \frac{1}{\tan\alpha}\mathrm{d}h$$

$$l = \frac{1}{\tan\alpha}(h_2 - h_1)$$

式中 α —— 上平面对下平面的倾角。

代入式(7.2.4)整理得

$$\mathrm{d}p = -\frac{12\mu}{bh^3\tan\alpha}Q\,\mathrm{d}h + \frac{6\mu U}{h^2\tan\alpha}\mathrm{d}h$$

积分，并利用边界条件确定积分常数，得

$$p = p_1 + \frac{6\mu Q}{b\tan\alpha}\left(\frac{1}{h^2} - \frac{1}{h_1^2}\right) - \frac{6\mu U}{\tan\alpha}\left(\frac{1}{h} - \frac{1}{h_1}\right) \qquad (7.2.5)$$

利用当 $h = h_2$ 时，$p = p_2$ 的边界条件，可得

$$p_2 = p_1 + \frac{6\mu Q}{b\tan\alpha}\left(\frac{1}{h_2^2} - \frac{1}{h_1^2}\right) - \frac{6\mu U}{\tan\alpha}\left(\frac{1}{h_2} - \frac{1}{h_1}\right) \qquad (7.2.6)$$

或

$$\Delta p = p_2 - p_1 = -\frac{6\mu Q}{b\tan\alpha}\frac{h_1^2 - h_2^2}{h_1^2 h_2^2} + \frac{6\mu U}{\tan\alpha}\frac{h_1 - h_2}{h_1 h_2} \qquad (7.2.7)$$

由上式可求得流量公式

$$Q = \frac{b}{6\mu l}\frac{h_1^2 h_2^2}{h_1 + h_2}\Delta p + \frac{bh_1 h_2}{h_1 + h_2}U \qquad (7.2.8)$$

如果上、下平板均固定不动,式(7.2.5)、(7.2.7)及(7.2.8)分别变为

$$p = p_1 + \frac{6\mu}{b\tan\alpha}\frac{Q}{(}\frac{1}{h^2} - \frac{1}{h_1^2}) \qquad (7.2.9)$$

$$\Delta p = p_1 - p_2 = -\frac{6\mu}{b\tan\alpha}\frac{Q}{(}\frac{1}{h_2^2} - \frac{1}{h_1^2}) \qquad (7.2.10)$$

$$Q = \frac{b}{6\mu l}\frac{h_1^2 h_2^2}{h_1 + h_2}\Delta p \qquad (7.2.11)$$

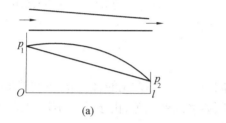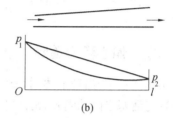

图 7.7　倾斜平面缝隙压力分布

由式(7.2.9)可知,液体在倾斜平面缝隙中的压力分布,随沿程 h 的变化而变化,对于收缩断面则如图7.7(a)所示,压力分布曲线为上凸,比平行平面缝隙中呈直线分布的压力为高。对于扩展断面则如图7.7(b)所示,压力分布曲线为下凹,比平行平面缝隙中直线分布的压力为低。

7.3　流经环形缝隙的流动

由内外二圆柱面围成的间隙叫圆柱环形间隙。在液压技术上,油缸和柱塞或活塞间隙中的流动,圆柱滑阀阀芯和阀孔间隙中的流动等,均属于这种流动。

7.3.1　同心环形缝隙

如图7.8(a)所示,环形缝隙 h 与直径 d 相比很小时,完全允许把环形缝隙展开,近似看成是平行平面缝隙,此时缝隙的宽度 $b = \pi d$。故这种同心环形缝隙的流量,可用平行平面缝隙的流量公式计算。

当 $\Delta p \neq 0$,内外环不动时,按式(7.1.9)即

$$Q = \frac{\pi d h^3}{12\mu l}\Delta p \qquad (7.3.1)$$

当 $\Delta p \neq 0$,一环对另一环以速度 U 轴向移动时,按式(7.1.18)即

$$Q = (\frac{\Delta p h^3}{12\mu l} \pm \frac{U}{2}h)\pi d \qquad (7.3.2)$$

式中,当移动速度 U 与油液通过间隙的泄漏方向相同时取"+"号,相反时取"−"号。如图7.8(b)所示,当 $r_2 - r_1 = h$ 较大时,内外环不动,$\Delta p \neq 0$ 的流量计算公式为

$$Q = \frac{\pi \Delta p}{8\mu l} \left((r_2^4 - r_1^4) - \frac{(r_2^2 - r_1^2)^2}{\ln\left(\frac{r_2}{r_1}\right)} \right) \qquad (7.3.3)$$

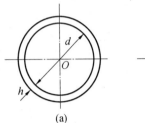
(a)

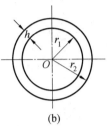
(b)

图 7.8 同心环形缝隙

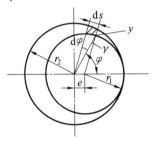

图 7.9 偏心环形缝隙

7.3.2 偏心环形缝隙

在实际问题中,出现上述同心环形间隙一般是不多见的,偏心环形间隙却时常出现。例如油缸与活塞之间的间隙,滑阀芯与阀体之间的间隙,由于受力不均匀,经常呈现偏心的现象。

图 7.9 表示偏心环形间隙。其中 r_1,r_2 分别为内外环的半径。e 为两环的偏心距离。设在任一角度 φ 时,两环表面的间隙量为 y,y 是 φ 的函数,由于它是个微量,所以偏心距 e 更是微量。从图中可以看出

$$y = r_2 - (r_1\cos\gamma + e\cos\varphi)$$

由于缝隙很小,角 γ 很小,故 $\cos\gamma \approx 1$,于是上式可写成

$$y = r_2 - (r_1 + e\cos\varphi) = h - e\cos\varphi$$

其中 $h = r_2 - r_1$,为同心时的环形间隙量。引入相对偏心率

$$\varepsilon = \frac{e}{h}$$

则有

$$y = h(1 - \frac{e}{h}\cos\varphi) = h(1 - \varepsilon\cos\varphi)$$

取一单元弧长 $\mathrm{d}s = r_2\mathrm{d}\varphi$,通过宽度 $\mathrm{d}s$ 的缝隙流量,可按平行平面的流量公式计算,即

$$\mathrm{d}Q = \frac{\Delta p}{12\mu l}y^3 r_2\mathrm{d}\varphi = \frac{r_2\Delta p h^3}{12\mu l}(1 - \varepsilon\cos\varphi)^3\mathrm{d}\varphi$$

将上式 φ 从 $0 \sim 2\pi$ 积分得

$$Q = \frac{r_2\Delta p h^3}{12\mu l}\int_0^{2\pi}(1 - \varepsilon\cos\varphi)^3\mathrm{d}\varphi =$$

$$\frac{r_2\Delta p h^3}{12\mu l}(2\pi + 3\varepsilon^2\pi)$$

或

$$Q = \frac{\pi d\Delta p h^3}{12\mu l}\left(1 + \frac{3}{2}\varepsilon^2\right) \qquad (7.3.4)$$

式中　　d——外环直径，$d = 2r_2$。

从式(7.3.4)与(7.3.1)对比可以看出，偏心将使间隙内通过的泄漏量增加。在最大偏心时，$e = h$，$\varepsilon = 1$，我们有

$$Q = 2.5 \frac{\pi d \Delta p}{12 \mu l} h^3 \qquad (7.3.5)$$

由此可见，在最大偏心值时，通过间隙的泄漏流量是通过无偏心环形间隙流量的 2.5 倍。

环形缝隙中液流一般多是层流。如果雷诺数过大，缝隙流将从层流变为紊流，其临界雷诺数列于表7.1中。

表 7.1　环形缝隙流的雷诺数

缝隙种类	临界雷诺数
同心环形光滑缝隙	1 100
偏心环形光滑缝隙	1 000
带沟槽的同心缝隙	700
带沟槽的偏心缝隙	400

紊流状态下的缝隙流的沿程阻力系数，可由下列计算式求得

$$\lambda = 0.32\, Re^{-0.25}$$

或

$$\lambda = 0.31\, Re^{-0.24}$$

【例7.1】　有一换向阀如图7.10所示，其直径 $d = 25$ mm，径向间隙 $h = 0.01$ mm，A 腔压力为 3.92×10^6 Pa，油封长度为 1.5 mm，求20号液压油在50 ℃ 时从 A 腔泄漏到 B 腔的流量。

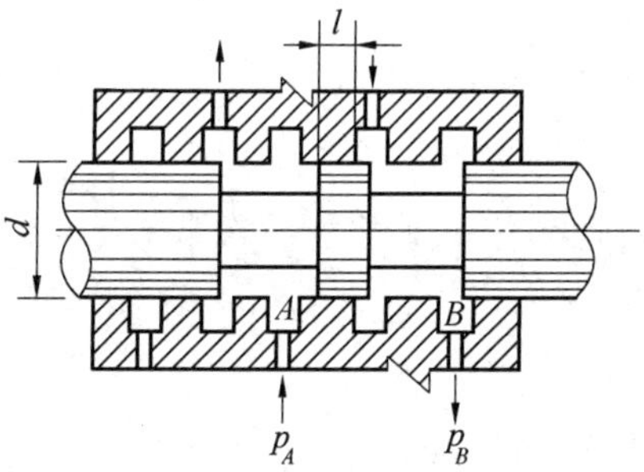

解　(1)设阀芯与阀体孔之间为同心圆环缝隙。根据式(7.3.1)，已知 $\Delta p = p_A - p_B \approx 3.92 \times 10^6\, \mathrm{Pa}$，$\mu_{50} = 1.93 \times 10^{-2}\, \mathrm{Pa \cdot s}$，于是

图 7.10　换向阀泄露量计算

$$Q = \frac{\pi d h^3}{12 \mu l} \Delta p =$$

$$\frac{3.14 \times 2.5 \times (0.001)^3}{12 \times 1.93 \times 10^{-2} \times 0.15} \times 3.92 \times 10^6\ \mathrm{cm^3/s} =$$

$$0.886\,2\ \mathrm{cm^3/s} = 0.053\,2\ \mathrm{L/min}$$

(2)如阀芯与阀体孔之间为偏心圆环缝隙，当偏心值最大时($\varepsilon = \dfrac{e}{h} = 1$)，其泄漏量按式(7.3.5)计算，即

$$Q = 2.5 \times 0.886\,2\ \mathrm{cm^3/s} = 2.215\,6\ \mathrm{cm^3/s} = 0.132\,9\ \mathrm{L/min}$$

7.4 流经平行圆盘间的径向流动

平行圆盘端面缝隙中的径向流动也是工程上常见的一种实际问题,例如端面推力轴承、静压圆盘支承、液压泵和液压马达中的配流盘、倾斜盘等处都有这种缝隙形式。平行圆盘间的径向流动包括挤压流动与压力流动两种。压力流动与平行平板缝隙流动的主要区别在于越往下游其流速越慢,挤压流动正好相反。

7.4.1 挤压流动

如图 7.11 所示,间距为 h 的两块圆盘中,充满油液,设上盘以恒速 U 向下运动,下盘不动,油液受挤压而向四周流去,形成挤压流动。在轴向柱塞泵中,当滑履处于吸排油过程时,滑履与斜盘间的缝隙流动属于此种。

设圆盘的半径为 r,由于流层很薄,主要是向径向流动,可忽略 u_y。 在圆盘半径为 r 处,取薄层 dr 将其展开后可视为两平行平面间的缝隙流动,由公式(7.2.4) 有

$$\frac{dp}{dr} = -\frac{6\mu Q}{\pi r h^3} \tag{7.4.1}$$

由于流过半径 r 处过流断面的流量等于油液被排挤的流量,即

$$Q = \pi r^2 U$$

代入上式,并就 dp 加以整理

$$dp = -\frac{6\mu U}{h^3} r dr$$

积分

$$p = -\frac{3\mu U}{h^3} r^2 + C$$

利用边界条件,确定积分常数 C,$r = r_0$,$p = p_0$,$C = p_0 + \frac{3\mu U}{h^3} r_0^2$,代入上式,得

$$p = p_0 + \frac{3\mu U}{h^3}(r_0^2 - r^2) \tag{7.4.2}$$

即,油液中的压力分布是按抛物线规律,而在 $r = 0$ 处,压力有最大值 p_{max}(图 7.12)

$$p_{max} = p_0 + \frac{3\mu U}{h^3} r_0^2 \tag{7.4.3}$$

圆盘上的总作用力为

$$P = \int_0^{r_0} p \cdot 2\pi r dr$$

将式(7.4.2) 代入,并进行积分得

$$P = \pi r_0^2 p_0 + \frac{3\pi\mu r_0^4 U}{2h^3} \tag{7.4.4}$$

如按相对压强表示,$p_0 = 0$(大气压力时),上式变为

$$P = \frac{3}{2}\pi\mu U \frac{r_0^4}{h^3} \tag{7.4.5}$$

从上式可以看出总作用力与 U,r_0 及 h 的关系。由于挤压流动能产生支撑力,因此在

一定条件下,可以用来实现动力支承,并能保持一定的油膜厚度。

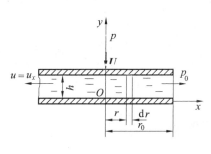

图 7.11　挤压流动

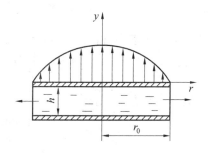

图 7.12　压力分布

7.4.2　压力流动

如图 7.13(a)所示,在下圆盘中心部引入压力油的导管,油液从中心向四周径向流出(源流),或如图 7.13(b)所示,从四周径向汇入中心部(汇流)。由于缝隙 h 很小,油液黏性较大,油液多呈层流。轴向柱塞泵(或马达)缸体与配油盘间的缝隙中的流动基本属于这种;某些端面推力静压轴承也属于这种流动。

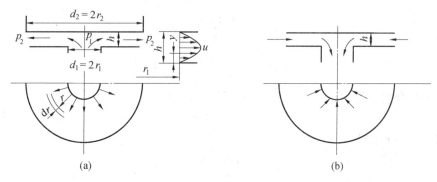

(a)　　　　　　　　　　　　　(b)

图 7.13　压力径向流动

利用圆柱坐标分析这种流动比较方便。由于流动是径向的,它对称 z 轴,于是其运动参数与 θ 无关,加上缝隙高度 h 很小,所以 $u_\theta = 0$,$u_z \approx 0$,则 $u_r = u$。这样不可压缩定常流的纳维 – 斯托克斯(N – S)方程可简化为

$$R - \frac{1}{\rho}\frac{\partial p}{\partial r} + \nu\left(\frac{\partial^2 u_r}{\partial r^2} + \frac{1}{r}\frac{\partial u_r}{\partial r} + \frac{\partial^2 u_r}{\partial z^2} - \frac{u_r}{r^2}\right) = u_r\frac{\partial u_r}{\partial r}$$

$$z - \frac{1}{\rho}\frac{\partial p}{\partial z} = 0 \tag{7.4.6}$$

在重力场 $R = 0$,$z = -g$,则 z 轴向 N – S 方程的积分为

$$p = -\rho gz + f(r)$$

由此得

$$\frac{\partial p}{\partial r} = f'(r)$$

即 $\dfrac{\partial p}{\partial r}$ 与 z 无关。

173

由于 $u_\theta = 0, u_z \approx 0$，于是连续性方程为

$$\frac{u_r}{r} + \frac{\partial u_r}{\partial r} = 0 \qquad\qquad (7.4.7)$$

将上式对 r 求导，得

$$\frac{1}{r}\frac{\partial u_r}{\partial r} - \frac{u_r}{r^2} + \frac{\partial^2 u_r}{\partial r^2} = 0$$

代入 r 向 N – S 方程，则有

$$-\frac{1}{\rho}\frac{\partial p_r}{\partial r} + \nu\frac{\partial^2 u_r}{\partial z^2} = u_r\frac{\partial u_r}{\partial r}$$

或

$$\frac{\partial^2 u_r}{\partial z^2} = \frac{1}{\mu}\frac{\partial p}{\partial r} + \frac{u_r}{\nu}\frac{\partial u_r}{\partial r}$$

在 $\dfrac{(r_2 - r_1)}{r_1}$（图 7.13(a)）不大的情况下，$\dfrac{\partial u_r}{\partial r} \ll \dfrac{\partial p}{\partial r}$，因此，等号右边第二项可略去，于是变为

$$\frac{\partial^2 u_r}{\partial z^2} = \frac{1}{\mu}\frac{\partial p}{\partial r} \qquad\qquad (7.4.8)$$

对上式进行两次积分，并利用边界条件 $(z = 0, u_r = 0, z = h, u_r = 0)$ 确定积分常数，则得

$$u_r = -\frac{1}{2\mu}\frac{\partial p}{\partial r}(h - z)z$$

或

$$u_r = -\frac{h^2}{2\mu}\frac{\partial p}{\partial r}\frac{z}{h}\left(1 - \frac{z}{h}\right) \qquad\qquad (7.4.9)$$

设圆管中心有强度为 m 的点源，则速度势可用下式表示

$$\phi = m\ln r \qquad\qquad (7.4.10)$$

将上式对 r 求导

$$\frac{\partial \phi}{\partial r} = \frac{m}{r}$$

因 u_r 可表示为

$$u_r = \frac{\partial \phi}{\partial r} = \frac{m}{r} \qquad\qquad (7.4.11)$$

代入式 (7.4.9)

$$\frac{\partial \phi}{\partial r} = -\frac{h^2}{2\mu}\cdot\frac{\partial p}{\partial r}\frac{z}{h}\left(1 - \frac{z}{h}\right) \qquad\qquad (7.4.12)$$

积分

$$\phi = -\frac{h^2}{2\mu}\frac{z}{h}\left(1 - \frac{z}{h}\right)p + c \qquad\qquad (7.4.13)$$

边界条件：$r = r_1, p = p_1, r = r_2, p = p_2$。从式 (7.4.10) 和 (7.4.13) 可得

$$m\ln r_1 + \frac{h^2}{2\mu}\frac{z}{h}\left(1 - \frac{z}{h}\right)p_1 = m\ln r_2 + \frac{h^2}{2\mu}\frac{z}{h}\left(1 - \frac{z}{h}\right)p_2$$

$$m = \frac{(p_1 - p_2)h^2}{2\mu\ln\left(\dfrac{r_2}{r_1}\right)}\frac{z}{h}\left(1 - \frac{z}{h}\right) \qquad\qquad (7.4.14)$$

代入式(7.4.11)得

$$u_r = \frac{(p_1 - p_2)h^2}{2\mu\, r\ln\left(\dfrac{r_2}{r_1}\right)} \frac{z}{h}\left(1 - \frac{z}{h}\right)$$ (7.4.15)

求流量

$$Q = (p_1 - p_2)\frac{\pi h^3}{6\mu\ln\left(\dfrac{r_2}{r_1}\right)}$$ (7.4.16)

这是径向流动的基本公式。

考虑层流起始段的影响,可用系数 C_e 对上式进行修正,于是上式变为

$$Q = \pi h^3 \frac{(p_1 - p_2)}{6\mu C_e\ln\left(\dfrac{r_2}{r_1}\right)}$$ (7.4.17)

式中,C_e 可从图 7.14 中选取。

压力分布的一般式为

$$p - p_2 = \frac{6\mu}{\pi h^3}Q\ln\left(\frac{r_2}{r}\right)$$ (7.4.18)

将式(7.4.16)代入上式

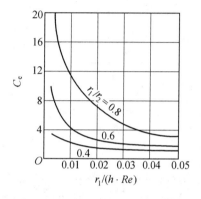

图 7.14　平行圆盘起始段修正系数

$$p - p_2 = \frac{\ln\left(\dfrac{r_2}{r}\right)}{\ln\left(\dfrac{r_2}{r_1}\right)}(p_1 - p_2)$$ (7.4.19)

如果圆盘外侧为大气压力,$p_2 = 0$,则上式变为

$$p = p_1 \frac{\ln\left(\dfrac{r_2}{r}\right)}{\ln\left(\dfrac{r_2}{r_1}\right)}$$ (7.4.20)

式(7.4.17)和式(7.4.20)是按源流情况求得的,如油液从外向中心部汇流,则用类似的方法可求得流量和压力为

$$Q = \pi h^3 \frac{(p_2 - p_1)}{6\mu C_e\ln\left(\dfrac{r_1}{r_2}\right)}$$ (7.4.21)

$$p = p_1 \frac{\ln\left(\dfrac{r}{r_2}\right)}{\ln\left(\dfrac{r_1}{r_2}\right)}$$ (7.4.22)

习　题　7

1. 两固定平行平板,其间隙为 0.01 mm,其中充满运动黏度为 1 mm²/s 的水流。若平板两端压降为一个大气压,试求通过的流量和平均速度。已知平板宽度为 50 mm,长度为

100 mm。

2. 两平行平板,长 $l = 10$ cm,宽度 $b = 100$ mm,间隙 $\delta = 1$ mm。若上平板以 $U = 1$ m/s 的速度沿 x 正向平移,压差 $\Delta p = p_1 - p_2 = 10$ bar,液体的动力黏度为 1 N·s/m²,试求通过的液体流量。

3. 已知某工作油缸的活塞直径 $D = 125$ mm,长度 $l = 140$ mm,环行间隙 $\delta = 0.08$ mm。当压差 Δp 为 9.8×10^6 Pa 时,测得得泄漏流量为 1.25 L/min。其偏心值为多少?(油的动力黏度为 $0.078\ 4$ Pa·s)

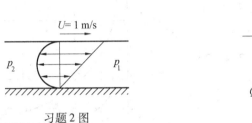

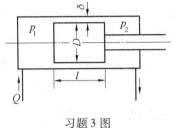

习题 2 图　　　　　　　　　　　　　习题 3 图

4. $d = 20$ mm 的活塞在 $F = 40$ N 作用下下落,油液通过高 $h = 0.1$ mm,长 $l = 70$ mm 的间隙从油缸中排出到周围的空间。设活塞与油缸同心,试确定当活塞下降 $s = 0.1$ m 时所需要的时间,油的动力黏度 $\mu = 0.078$ Pa·s。

5. 轴向柱塞泵滑履与斜盘间隙 $h = 0.1$ mm,$D_1 = 20$ mm,$D_2 = 46$ mm。$p_1 = 160$ bar,$p_2 = 1.5$ bar,油的动力黏度 $\mu = 0.057$ Pa·s,若不计进口起始段影响,试确定斜盘与滑履间隙的流量和压强分布。

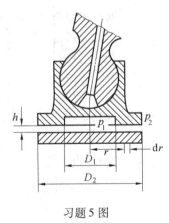

习题 5 图

第 8 章

明渠流动

本章导读 本章是继有压流动之后,运用工程流体力学的基本理论研究的另一类典型流动——明渠流动,即无压流动。研究明渠流动是以水深的变化规律为中心。基本内容主要分为明渠均匀流,明渠水流的流动状态和明渠非均匀渐变流三部分。重点阐述明渠均匀流、非均匀渐变流的水力特点和分析计算方法,明渠水流流动状态的一系列基本概念、流态判别和流态的转换等。

8.1 概　述

明渠(open channel)是一种人工渠道、天然河道及不满流管道的统称。明渠流动(open channel-flow)是水流的部分周界与大气接触,具有自由表面的流动,其表面上的相对压强为零,故又称为无压流动(free surface flow)。这正是明渠流动与有压管流最主要也是最本质的区别所在。明渠流动是在自然界和实际工程中最常遇到的一类流动,各种天然河川、人工渠道、泄槽以及明流隧洞和管涵总的水流等皆为明渠流动,如图 8.1 所示。明渠流动理论将为输水、排水、灌溉的设计和运行控制提供科学的依据。

明渠水流根据其运动要素是否随时间变化可分为恒定流与非恒定流。明渠恒定流又可根据流线是否为平行直线分为均匀流和非均匀流。

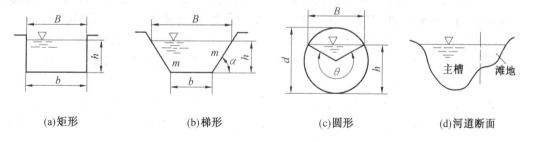

| (a)矩形 | (b)梯形 | (c)圆形 | (d)河道断面 |

图 8.1　各种不同断面形式的明渠

8.1.1　明渠流动的特点

同有压管流相比较,明渠流动有以下特点:

(1) 明渠流动具有自由表面,沿程各断面的表面压强都是大气压,重力对流动起主导作用。

(2) 明渠底坡的改变对流速和水深有直接影响,如图 8.2 所示。底坡 $i'_1 \neq i'_2$,则流速 $v_1 \neq v_2$,水深 $h_1 \neq h_2$。

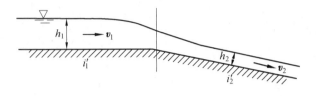

图 8.2　水面曲线计算

而有压管流,只要管道的形状、尺寸一定,管线坡度变化对流速和过水断面面积无影响。

(3) 明渠局部边界的变化,如设置控制设备、渠道形状和尺寸的变化、改变底坡等,都会造成水深在很长的流程上发生变化。因此,明渠流动存在均匀流和非均匀流,如图 8.3 所示。而在有压管流中,局部边界变化影响的范围很短,只需计入局部水头损失,仍按均匀流计算,如图 8.4 所示。

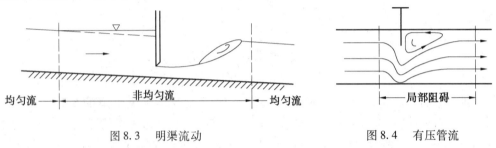

图 8.3　明渠流动　　　　　　　图 8.4　有压管流

8.1.2　明渠的分类

渠道的断面形状、尺寸及底坡大小对水流影响较大,并通常据此对渠道进行分类。

(1) 棱柱形渠道与非棱柱形渠道

断面形状、尺寸均沿程不变的长直渠道称为棱柱形渠道,其过水断面的面积仅与水深 h 有关,即 $A = f(h)$。轴线顺直、断面规则的人工渠道、洞及涵均属棱柱形渠道。断面形状、尺寸沿程有变化的长直渠道称为非棱柱形渠道,其过水断面的面积既随水深 h 改变,又随位置改变,即 $A = f(h, s)$。断面不规则、主流弯曲多变的天然河道都属于非棱柱形渠道。

明渠断面有各式各样的形状,如图 8.1 所示。工程中常见的人工明渠的断面形状,一般为对称的矩形、梯形、圆形、城门洞形、马蹄形或 U 形等断面形式。天然河道一般有主槽与滩地之分,形成所谓的复式断面,则常呈不规则的形状。

当明渠修在土质地基上时,往往形成梯形断面。矩形断面常用于岩石中开凿或两侧用条石砌筑而成的渠道,混凝土渠或木渠也常做成矩形。圆形断面通常用于排水管和无压隧洞。

(2) 顺坡、平坡和逆坡渠道

明渠渠底一般是斜面,在纵剖面上成斜直线,通常把明渠渠底纵向倾斜的坡度称为渠道底坡,以符号 i' 表示。在数值上渠道底坡 i' 是指渠底的高差 Δz 与相应渠道长度 l' 的比值,即

$$i' = \frac{\Delta z}{l'} = \sin \theta \qquad (8.1.1)$$

式中　　θ——渠底与水平线间的夹角,如图 8.5 所示。

通常渠道底坡很小($i' \leqslant 0.01$),为了便于量测和计算,以两断面间的水平距离 l 代替沿程长度 l',同时以铅垂断面作为过水断面,以铅垂深度 h 作为过水断面的水深。于是

$$i' = \frac{\Delta z}{l} = \tan \theta \qquad (8.1.2)$$

根据渠道底坡值的不同,渠道通常可分为顺坡(downhill slope)、平坡(horizontal slope)和逆坡(adverse slope)渠道 3 种。渠底沿程降低的渠道称为顺坡(正坡)渠道,此时 $i' > 0$;渠底沿程不变的渠道称为平坡渠道,此时 $i' = 0$;渠底沿程升高的渠道称为逆坡渠道,$i' < 0$,如图 8.6 所示。

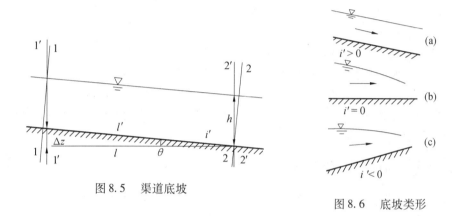

图 8.5　渠道底坡

图 8.6　底坡类形

8.2　明渠均匀流

明渠均匀流是流线为平行直线的明渠水流,是水深、断面形状和尺寸、断面平均流动及流速分布都沿程不变的流动。明渠均匀流是明渠流动最简单的形式。

8.2.1　明渠均匀流的特征及形成条件

(1)明渠均匀流的特征

①各运动要素,如水深、流速分布、断面平均流速、流量、过水断面上的总压力和水力坡度等均沿程不变。

②过水断面的压强按静压强规律分布。

③总水头线、测压管水头线(水面线)及渠底线三者互相平行,坡度彼此相等,如图 8.7 所示,即 $i = i_\mathrm{p} = i'$。

④明渠均匀流的力学本质是重力在水流方向上的分力 $G\sin \theta$ 与障碍水流流动的摩擦阻力 F_f 相平衡,即 $G\sin \theta = F_\mathrm{f}$。

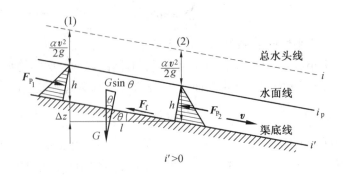

图 8.7　明渠均匀流

（2）形成条件

① 必须是底坡、断面形状尺寸和粗糙系数都不变的长而直的棱柱形渠道。

② 必须是顺坡渠道。

③ 明渠中的水流必须是恒定的,沿程无分流、合流,即流量不变。

④ 渠道中应无水工建筑物的局部干扰。

以上4个条件中任一个条件不能满足时,均将产生明渠非均匀流流动。但在实际工程中,只要是与上述条件相差不大的明渠水流,或长直的顺坡棱柱形人工渠道中的水流,均可看作是明渠均匀流。

8.2.2　过水断面的几何要素

明渠断面以梯形最具代表性,如图8.8所示,其几何要素包括以下基本量:

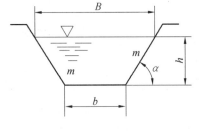

图 8.8　梯形断面

b—— 底宽;

h—— 水深;

m—— 边坡系数,是表示边坡倾斜程度的系数。

边坡系数的大小,决定于渠壁土体或护面的性质,见表8.1。导出量:

水面宽 $\qquad B = b + 2mh$

过水断面面积 $\qquad A = (b + mh)h$

湿周 $\qquad \chi = b + 2h\sqrt{1 + m^2}$

水力半径 $\qquad R = \dfrac{(b + mh)h}{b + 2h\sqrt{1 + m^2}}$

表 8.1　梯形明渠边坡

土的种类	边坡系数 m	土的种类	边坡系数 m
细粒砂土	3.0 ~ 3.5	重壤土,密实黄土,普通黏土	1.0 ~ 1.5
砂壤土或松散土壤	2.0 ~ 2.5	密实重黏土	1.0
密实砂壤土、轻黏壤土	1.5 ~ 2.0	各种不同硬度的岩石	0.5 ~ 1.0
砾石、砂砾石土	1.5		

8.2.3 明渠均匀流的基本公式

明渠水流一般属于紊流阻力平方区,其水力计算的基本公式为谢才公式,即

$$v = C\sqrt{Ri} \tag{8.2.1}$$

这一公式是均匀流的通用公式,既适用于有压管道均匀流,也适用于明渠均匀流。由于明渠均匀流中,水力坡度 i 与渠道底坡 i' 相等,$i = i'$ 故有

$$v = C\sqrt{Ri'} \tag{8.2.2}$$

则流量

$$Q = Av = AC\sqrt{Ri'} = K\sqrt{i'} \tag{8.2.3}$$

式中　K——流量模数,$K = AC\sqrt{R}$;

C——谢才系数,通常由曼宁公式确定,$C = \dfrac{1}{n}R^{1/6}$;

n——综合反映壁面对水流阻滞作用的系数,称为粗糙系数,见表 8.2 和表 8.3。

表 8.2　人工管渠的粗糙系数

管渠类别	n	管渠类别	n
缸瓦管(带釉)	0.013	水泥砂浆抹面渠道	0.013
混凝土和钢筋混凝土的雨水管	0.013	砖砌渠道(不抹面)	0.015
混凝土和钢筋混凝土的污水管	0.014	砂浆块石渠道(不抹面)	0.017
石棉水泥管	0.012	干砌块石渠道	0.020 ~ 0.025
铸铁管	0.013	土明渠(包括带草皮的)	0.025 ~ 0.030
钢管	0.012	木槽	0.012 ~ 0.014

表 8.3　渠道及天然河床的粗糙系数

壁 面 性 质	壁面状况			
	十分良好	良好	普通	不好
排 水 渠 道				
形状规则的土渠	0.017	0.020	0.022 5	0.025
缓流而弯曲的土渠	0.022 5	0.025	0.027 5	0.030
挖土机挖成的土渠	0.025	0.027 5	0.030	0.033
形状规则而清洁的凿石渠	0.025	0.030	0.033	0.035
土底石砌坡岸的渠道	0.028	0.030	0.033	0.035
砾石底有杂草坡岸的渠道	0.025	0.030	0.035	0.040
在岩石中粗凿成的断面不规则的渠道	0.035	0.040	0.045	
天 然 河 床				
没有崩塌和深洼穴的清洁笔直的河床	0.025	0.027 5	0.030	0.033
同上,但有石子,并生长一些杂草者	0.030	0.033	0.035	0.040
有一些洼穴,浅滩及弯曲的河床	0.033	0.035	0.040	0.045
同上,但生长一些杂草并有石子者	0.035	0.040	0.045	0.050
同上,但其下游坡度小,有效断面较小者	0.040	0.045	0.050	0.055
有些洼穴,浅滩,稍长杂草并有石子及弯曲的河床,以及有石子的河段	0.045	0.050	0.055	0.060
有大量杂草,深穴,水流很缓慢的河段	0.050	0.060	0.070	0.080
杂草极多的河段	0.075	0.100	0.125	0.150

8.2.4 水力最优断面和允许流速

1. 水力最优断面

曼宁公式 $C = \frac{1}{n} R^{1/6}$ 代入式(8.2.3),得

$$Q = AC\sqrt{Ri'} = A\frac{1}{n}R^{2/3}i'^{1/2} = \frac{\sqrt{i'}}{n}\frac{A^{5/3}}{\chi^{2/3}}$$

上式指出明渠均匀流输水能力的影响因素,其中底坡 i' 随地形条件而定,粗糙系数 n 决定于壁面材料,在这种情况下输水能力 Q 只决定于过水断面的大小和形状。当 i',n 和 A 一定,使所通过的流量 Q 最大的断面形状,或者使水力半径 R 最大,即湿周 χ 最小的断面形状定义为水力最优断面。

由几何学知,面积 A 一定时,湿周最小、水力半径最大的断面是圆。而半圆形的水力半径与圆的水力半径是相等的,这说明在其他条件相同的情况下,半圆形的明渠比其他形状的明渠能通过更多的流量。因此,虽然半圆形断面在材料加工与施工技术上有一定困难,但不少钢筋混凝土或钢丝网水泥渡槽等建筑物中仍采用类似半圆形的断面。

工程中采用最多的断面是梯形断面,边坡系数 m 决定于土体稳定和施工条件,于是渠道断面的形状只由宽深比 b/h 决定。下面讨论梯形渠道边坡系数 m 一定时的水力最优断面。

由梯形渠道断面的几何关系

$$A = (b + mh)h$$

$$\chi = b + 2h\sqrt{1 + m^2}$$

从中解得 $b = \frac{A}{h} - mh$,代入湿周的关系式中 $\chi = \frac{A}{h} - mh + 2h\sqrt{1 + m^2}$。

根据水力最优断面的定义,当过水断面 A 为常数时,湿周 χ 最小时,通过的流量最大,即

$$\frac{d\chi}{dh} = 0$$

则有

$$\frac{d\chi}{dh} = -\frac{A}{h^2} - m + 2\sqrt{1 + m^2} = 0 \tag{8.2.4}$$

其二阶导数

$$\frac{d^2\chi}{dh^2} = 2\frac{A}{h^3} > 0$$

故有 $\chi_{\min}$ 存在。以 $A = (b + mh)h$ 代入式(8.2.4)求解,便得到水力最优梯形断面的宽深比

$$\beta_h = \left(\frac{b}{h}\right)_h = 2(\sqrt{1 + m^2} - m)$$

上式中取边坡系数 $m = 0$,便得到水力最优矩形断面的宽深比 $\beta_h = 2$,即 $b = 2h$,说明矩形水力最优断面的底宽 b 为水深 h 的2倍。

梯形断面的水力半径 R 为

$$R = \frac{A}{\chi} = \frac{(b + mh)h}{b + 2h\sqrt{1 + m^2}}$$

将水力最优条件 $b = 2h(\sqrt{1 + m^2} - m)$ 代入上式,得到 $R_h = h/2$,即在任何边坡系数 m 的情况下,梯形水力最优断面的水力半径 R_h 为渠道水深 h 的一半。

以上有关水力最优断面的概念,只是按渠道边壁对流动的影响最小提出的,所以,"水力最优"不同于"技术经济最优"。对于工程造价基本上由土方及衬砌量决定的小型渠道,水力最优断面接近于技术经济最优断面,按水力最优断面设计是合理的。对于水力最优断面往往是窄而深的断面形式,施工需深挖高填,劳动效率低,养护困难,因而不是最经济合理的断面。大型渠道需由工程量、施工技术、运行管理等各方面因素综合比较,方能定出经济合理的断面。

2. 渠道的允许流速

在渠道的设计中,除了要考虑水力最优断面及经济因素外,还应使渠道设计流速不应过大,以免使渠床受到冲刷;也不可过小,以免使水中悬浮的泥沙发生淤积和渠中滋生杂草,即应当是不冲、不淤的流速。因此,设计中要求渠道流速 v 在不冲、不淤的允许流速范围内,即

$$[v]_{max} > v > [v]_{min} \tag{8.2.5}$$

式中　$[v]_{max}$ —— 渠道不被冲刷的最大允许流速,即不冲允许流速;

　　　$[v]_{min}$ —— 渠道不被淤积的最小允许流速,即不淤允许流速。

渠道的最大允许流速 $[v]_{max}$ 的大小决定于土质情况、衬砌材料,以及通过流量等因素,排水渠道的最大允许流速见表8.4。最小允许流速 $[v]_{min}$,为防止水中悬浮的泥沙淤积,防止水草滋生,分别为 $0.4\ m/s$、$0.6\ m/s$。

表8.4　明渠最大允许流速

土质或衬砌材料	最大允许流速/(m·s⁻¹)	土质或衬砌材料	最大允许流速/(m·s⁻¹)
粗砂及砂质黏土	0.80	草皮护面	1.80
砂质黏土	1.00	干砌块石	2.00
黏土	1.20	浆砌块石或浆砌砖	3.00
石灰岩及中砂岩	4.00	混凝土	4.00

注:① 上表适用于明渠水深 $h = 0.4 \sim 1.0\ m$ 范围内。

② 如 h 在 $0.4 \sim 1.0\ m$ 范围以外时,表列流速应乘以下列系数:$h < 0.4\ m$,系数为0.85;$h > 1\ m$,系数为1.25;$h \geq 2\ m$,系数为1.40。

8.2.5　明渠均匀流的水力计算

明渠均匀流的水力计算,可分为3类基本问题,以梯形断面渠道为例分析如下。

1. 验算渠道的输水能力

这类问题主要是对已建成渠道进行校核性的水力计算,即 m, b, h, n, i 5 个参数都已知,只需由梯形过水断面的几何要素和曼宁公式算出 A, R, C 值,代入明渠均匀流的基本公式,便可算出通过的流量。

$$Q = AC\sqrt{Ri'}$$

【例 8.1】 某渠道断面为梯形,底宽 $b=3$ m,边坡系数 $m=2.5$,粗糙系数 $n=0.028$,底坡 $i'=0.002$,当水深 $h=0.8$ m 时,试求该渠道的输水流量 Q。

解 过水断面面积

$$A/\text{m}^2 = (b+mh)h = (3+2.5 \times 0.8) \times 0.8 = 4$$

湿周
$$\chi/\text{m} = b + 2h\sqrt{1+m^2} = 3 + 2 \times 0.8\sqrt{1+2.5^2} = 7.308$$

水力半径
$$R/\text{m} = \frac{A}{\chi} = \frac{4}{7.308} = 0.547$$

谢才系数
$$C/(\text{m}^{\frac{1}{2}} \cdot \text{s}^{-1}) = \frac{1}{n}R^{1/6} = \frac{1}{0.028} \times 0.547^{1/6} = 32.298$$

所以该渠道的输水流量为

$$Q/(\text{m}^3 \cdot \text{s}^{-1}) = AC\sqrt{Ri'} = 4 \times 32.298\sqrt{0.547 \times 0.002} = 4.27$$

2. 决定渠道底坡

这类问题在渠道的设计中会遇到,如市政建设中的下水道为防止污物的沉积淤塞,要求污水有一定的"自清"流速,下水道要求有一定底坡。通常这类问题在设计计算时,一般已知渠道断面形状及尺寸 m,b,h,渠壁粗糙系数 n 和输水流量 Q 等,依据已知条件先算出流量模数 $K=AC\sqrt{R}$,代入明渠均匀流的基本公式,便可决定渠道底坡 $i'=\dfrac{Q^2}{K^2}$。

【例 8.2】 某钢筋混凝土矩形渠道(粗糙系数 $n=0.014$),通过流量 $Q=12$ m^3/s,底宽 $b=4.2$ m,水深 $h=2.3$ m,试求该渠道的底坡。

解 水力半径

$$R/\text{m} = \frac{A}{\chi} = \frac{bh}{b+2h} = \frac{4.2 \times 2.3}{4.2 + 2 \times 2.3} = 1.098$$

谢才系数
$$C/(\text{m}^{\frac{1}{2}} \cdot \text{s}^{-1}) = \frac{1}{n}R^{1/6} = \frac{1}{0.014} \times 1.098^{1/6} = 72.55$$

流量模数
$$K/(\text{m}^3 \cdot \text{s}^{-1}) = AC\sqrt{R} = 4.2 \times 2.3 \times 72.55 \times \sqrt{1.098} = 734.371$$

故渠道的底坡
$$i' = \frac{Q^2}{K^2} = \frac{12^2}{734.371^2} = 0.000\ 267$$

3. 设计渠道断面

从基本公式 $Q=AC\sqrt{Ri'}=f(m,b,h,n,i')$ 中可以看到,当已知 Q,m,n,i' 4 个参数时,要求 b 和 h 两个未知量,将有多组解答,为得到确定解,需要另外补充条件。

(1) 水深 h 已定,确定相应的底宽 b

如水深另由通航或施工条件限定,底宽有确定解。为避免直接由式(8.2.3)求解的困难,给底宽 b 以不同值,计算相应的流量模数 $K=AC\sqrt{R}$ 作 $K=f(b)$ 曲线(图 8.9)。再由已知 Q,i' 算出应有的流量模数 $K_A=Q/\sqrt{i'}$,并由图 8.9 找出 K_A 所对应的 b 值,即为所求。

(2) 底宽 b 已定,确定相应的水深 h

如底宽 b 另由施工机械的开挖作业宽度确定,用与上面相同的方法,作 $K=f(h)$ 曲线,如图 8.10 所示,然后找出 $K_A=Q/\sqrt{i'}$ 所对应的 h 值,即为所求。

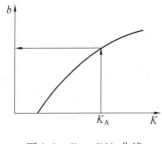 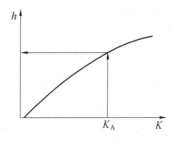

图 8.9 $K = f(b)$ 曲线   图 8.10 $K = f(h)$ 曲线

（3）宽深比 $\beta = \dfrac{b}{h}$ 已定，确定相应的 b,h

小型渠道的宽深比可按水力最优条件给出 $\beta_{\mathrm{h}} = 2(\sqrt{1 + m^2} - m)$，大型渠道的宽深比 β 由综合技术经济比较给出。因宽深比 β 已定，只有一个独立未知量，用与上面相同的方法，作出 $K = f(b)$ 或 $K = f(h)$ 曲线，找出 $K_{\mathrm{A}} = Q/\sqrt{i'}$ 所对应的 b 或 h 值。

【例 8.3】   梯形断面渠道中通过设计流量 $Q = 3$ m³/s，底坡 $i' = 0.002$，粗糙系数 $n = 0.025$，边坡系数 $m = 1.5$，试按水力最优条件确定其断面尺寸。

解   水力最优的宽深比

$$\beta_{\mathrm{h}} = 2(\sqrt{1 + m^2} - m) = 2 \times (\sqrt{1 + 1.5^2} - 1.5) = 0.61$$

即 $b = 0.61h$，代入流量公式中，得

$$Q = \frac{\sqrt{i'}}{n} \frac{[(b + mh)h]^{5/3}}{(b + 2h\sqrt{1 + m^2})^{2/3}}$$

$$\frac{nQ}{\sqrt{i'}} = \frac{[(0.61h + 1.5h)h]^{5/3}}{(0.61h + 2h\sqrt{1 + 1.5^2})^{2/3}} = 1.33h^{8/3}$$

求得水深 $$h/\mathrm{m} = \left(\frac{nQ}{1.33\sqrt{i'}}\right)^{3/8} = \left(\frac{0.025 \times 3}{1.33 \times \sqrt{0.002}}\right)^{3/8} = 1.09$$

底宽 $$b/\mathrm{m} = 0.61h = 0.61 \times 1.09 = 0.66$$

（4）限定最大允许流速 $[v]_{\max}$，确定相应的 b,h

以渠道不发生冲刷的最大允许流速 $[v]_{\max}$ 为控制条件，则渠道的过水断面面积 A 和水力半径 R 为定值

$$A = \frac{Q}{[v]_{\max}}$$

$$R = \left(\frac{nv_{\max}}{i'^{1/2}}\right)^{3/2}$$

再由几何关系 $$\left.\begin{array}{l} A = (b + mh)h \\[2mm] R = \dfrac{(b + mh)h}{b + 2h\sqrt{1 + m^2}} \end{array}\right\}$$

两式联立就可解得 b,h。

【例 8.4】   梯形断面渠道，已知流量 $Q = 19.6$ m³/s，底坡 $i' = 0.0007$，粗糙系数 $n = 0.02$，边坡系数 $m = 1$。按最大不冲允许流速 $[v]_{\max} = 1.45$ m/s 设计断面尺寸。

解 过水断面面积

$$A/\text{m}^2 = \frac{Q}{[v_{max}]} = \frac{19.6}{1.45} = 13.52$$

水力半径 $\qquad R/\text{m} = \left(\frac{nv_{max}}{i'^{1/2}}\right)^{3/2} = \left(\frac{0.02 \times 1.45}{0.000\,7^{1/2}}\right)^{3/2} = 1.15$

根据几何关系 $\qquad \begin{cases} A = (b + mh)h \\ R = \dfrac{(b + mh)h}{b + 2h\sqrt{1 + m^2}} \end{cases}$

列方程组 $\qquad \begin{cases} 13.52 = (b + h)h \\ 1.15 = \dfrac{(b + h)h}{b + 2h\sqrt{1 + 1^2}} \end{cases}$

解得 $\qquad \begin{cases} h_1 = 1.50 \text{ m} \\ b_1 = 7.51 \text{ m} \end{cases} \begin{cases} h_2 = 4.93 \text{ m} \\ b_2 = -2.19 \text{ m} \end{cases}$（舍去）

故所需断面尺寸为:水深 $h = 1.50$ m,底宽 $b = 7.51$ m。

8.3 无压圆管均匀流

无压圆管是指水流未充满整个过水断面的管道,主要用于排水管道和无压涵洞中。对长直的无压圆管,当其底坡 i'、粗糙系数 n 及管径 d 均保持沿程不变时,管中水流可认为是明渠均匀流。

8.3.1 过水断面的几何要素

无压圆管过水断面的几何要素如图 8.11 所示。

基本量:

d—— 直径;

h—— 水深;

α—— 充满度,$\alpha = \dfrac{h}{d}$;

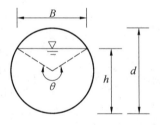

图 8.11 无压圆管过流断面

θ—— 充满角,水深 h 对应的圆心角。

充满度与充满角的关系 $\alpha = \sin^2 \dfrac{\theta}{4}$。

导出量:

过水断面面积 $\qquad A = \dfrac{d^2}{8}(\theta - \sin\theta)$

湿周 $\qquad \chi = \dfrac{d}{2}\theta$

水力半径 $\qquad R = \dfrac{d}{4}\left(1 - \dfrac{\sin\theta}{\theta}\right)$

水面宽
$$B = d\sin\frac{\theta}{2}$$

不同充满度的圆管过水断面的几何要素见表8.5。

表8.5　圆管过水断面的几何要素

充满度 α	过水断面面积 A/m^2	水力半径 R/m	充满度 α	过水断面面积 A/m^2	水力半径 R/m
0.05	$0.014\ 7d^2$	$0.032\ 6d$	0.55	$0.442\ 6d^2$	$0.264\ 9d$
0.10	$0.040\ 0d^2$	$0.063\ 5d$	0.60	$0.492\ 0d^2$	$0.277\ 6d$
0.15	$0.073\ 9d^2$	$0.092\ 9d$	0.65	$0.054\ 04d^2$	$0.288\ 1d$
0.20	$0.111\ 8d^2$	$0.120\ 6d$	0.70	$0.587\ 2d^2$	$0.296\ 2d$
0.25	$0.153\ 5d^2$	$0.146\ 6d$	0.75	$0.631\ 9d^2$	$0.301\ 7d$
0.30	$0.198\ 2d^2$	$0.170\ 9d$	0.80	$0.673\ 6d^2$	$0.304\ 2d$
0.35	$0.245\ 0d^2$	$0.193\ 5d$	0.85	$0.711\ 5d^2$	$0.303\ 3d$
0.40	$0.293\ 4d^2$	$0.214\ 2d$	0.90	$0.744\ 5d^2$	$0.298\ 0d$
0.45	$0.342\ 8d^2$	$0.233\ 1d$	0.95	$0.770\ 7d^2$	$0.286\ 5d$
0.50	$0.392\ 7d^2$	$0.250\ 0d$	1.00	$0.785\ 4d^2$	$0.250\ 0d$

8.3.2　无压圆管的水力计算

无压圆管的水力计算,也可分为3类基本问题。

（1）验算输水能力

因为管道已经建成,即管道直径 d、管壁粗糙系数 n 及管线坡度 i' 都已知,充满度 α 由室外排水规范确定。只需按已知 d,α,由表8.5查得 A,R,并算出 C 值,代入基本公式,便可算出通过的流量

$$Q = AC\sqrt{Ri'}$$

（2）决定管道坡度

此时管道直径 d、充满度 α、管壁粗糙系数 n 以及输水流量 Q 都已知。只需按已知 d, α,由表8.5查得 A,R,并算出 C 值以及流量模数 $K = AC\sqrt{R}$,代入基本公式便可决定管道坡度 i'

$$i' = \frac{Q^2}{K^2}$$

（3）计算管道直径

这是输水流量 Q、管道坡度 i'、管壁粗糙系数 n 都已知,充满度 α 按有关规范预先设定的条件下,求管道直径 d。按所设定的充满度 α,由表8.5查得 A,R 与直径 d 的关系,代入基本公式

$$Q = AC\sqrt{Ri'} = f(d)$$

便可解出管道直径 d。

8.3.3　输水性能最优充满度

对于一定的无压圆管(d,n,i' 一定),流量 Q 随水深 h 变化,由基本公式

$$Q = AC\sqrt{Ri'}$$

式中,谢才系数 $C = \dfrac{1}{n}R^{1/6}$,水力半径 $R = \dfrac{A}{\chi}$,得

$$Q = \frac{\sqrt{i'}}{n}\frac{A^{5/3}}{\chi^{2/3}} \tag{8.3.1}$$

分析流量的增减取决于 A 和 χ 的增长率。在水深很小时,水深增加,水面增宽,过水断面积增加很快,接近管轴处增加最快。水深超过半管后,水深增加,水面宽减小,过水断面积增势减慢,在满流前增加最慢。湿周随水深的增加与过水断面积不同,接近管轴处增加最慢,在满流前增加最快。由此可知,在满流前($h < d$),输水能力达到最大值,相应的充满度是最优充满度。

将几何关系 $A = \dfrac{d^2}{8}(\theta - \sin\theta)$,$\chi = \dfrac{d}{2}\theta$ 代入式(8.3.1),得

$$Q = \frac{\sqrt{i'}}{n}\frac{\left[\dfrac{d^2}{8}(\theta - \sin\theta)\right]^{5/3}}{\left[\dfrac{d}{2}\theta\right]^{2/3}}$$

对上式求导,并令 $\dfrac{\mathrm{d}Q}{\mathrm{d}\theta} = 0$,解得 $\theta = 308°$。

水力最优充满角　$\theta_\mathrm{h} = 308°$

水力最优充满度　$\alpha_\mathrm{h} = \sin^2\dfrac{\theta_\mathrm{h}}{4} = 0.95$

用同样方法可求得过流速度最大时的充满角 $\theta_\mathrm{h} = 257.5°$,充满度 $\alpha_\mathrm{h} = 0.81$。

由以上分析得出,无压圆管均匀流在水深 $h = 0.95d$,即充满度 $\alpha_\mathrm{h} = 0.95$ 时,输水能力最优;在水深 $h = 0.81d$,即充满度 $\alpha_\mathrm{h} = 0.81$ 时,过流速度最大。需要说明的是,水力最优充满度并不就是设计充满度,尚需根据管道的工作条件以及直径的大小来确定。

无压圆管均匀流的流量和流速随水深变化,可用无量纲参数图表示,如图 8.12 所示。

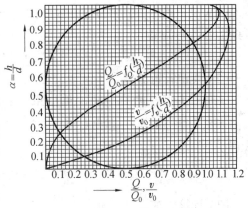

图 8.12　无量纲参数图

$$\frac{Q}{Q_0} = \frac{AC\sqrt{Ri'}}{A_0 C_0\sqrt{R_0 i'}} = \frac{A}{A_0}\left(\frac{R}{R_0}\right)^{2/3} = f_Q\left(\frac{h}{d}\right)$$

$$\frac{v}{v_0} = \frac{C\sqrt{Ri'}}{C_0\sqrt{R_0 i'}} = \left(\frac{R}{R_0}\right)^{2/3} = f_v\left(\frac{h}{d}\right)$$

式中　Q_0, v_0 ——满流的流量和流速;

　　　Q, v ——不满流($h < d$)时的流量和流速。

由图 8.12 可见，当 $\dfrac{h}{d} = 0.95$ 时，$\dfrac{Q}{Q_0}$ 达到最大值，$\left(\dfrac{Q}{Q_0}\right)_{max} = 1.087$，此时管中通过的流量 Q_{max} 超过管内满管时流量的 8.7%；当 $\dfrac{h}{d} = 0.81$ 时，$\dfrac{v}{v_0}$ 达到最大值，$\left(\dfrac{v}{v_0}\right)_{max} = 1.16$，此时管中流速超过满流时流速的 16%。

8.3.4　最大充满度、允许流速

在工程上进行无压管道的水力计算，还需符合有关的规范规定。对于污水管道，为避免因流量变动形成有压流，充满度不能过大。现行室外排水规范规定，污水管道最大充满度见表 8.6。

至于雨水管道和合流管道，允许短时承压，按满管流进行水力计算。

为防止管道发生冲刷和淤积，最大设计流速：金属管为 10 m/s，非金属管为 5 m/s；最小设计流速（在设计充满度下）$d \le 500$ mm 取 0.7 m/s；$d > 500$ mm 取 0.8 m/s。

此外，对最小管径和最小设计坡度均有规定。

表 8.6　最大设计充满度

管径(d)或暗渠高(H)/mm	最大设计充满度($\alpha = \dfrac{h}{d}$ 或 $\dfrac{h}{H}$)
200 ~ 300	0.55(0.60)
350 ~ 450	0.65(0.70)
500 ~ 900	0.70(0.75)
$\ge 1\,000$	0.75(0.80)

8.4　明渠流动状态

明渠均匀流是等深、等速流动，它只能发生在断面形状、尺寸、底坡和粗糙系数均沿程不变的长直渠道中，而且要求渠道中没有修建任何水中建筑物。而一般情况下，人工渠道或天然渠道横断面的几何形状、尺寸、底坡和粗糙系数常会沿流程改变，且常在明渠上架桥、设涵、筑坝、建闸等，这些都会导致均匀流条件的破坏，造成流速和水深沿程变化，使明渠水流成为非均匀流。

观察天然河流、溪涧中障碍物对水流的影响，可以发现明渠水流有两种截然不同的流动状态。一种常见于底坡平缓的灌溉渠道、枯水季节的平原河道中，水流流体徐缓遇到障碍物（如河道中的孤石）阻水，则障碍物前水面壅高，逆流动方向向上游传播，称为缓流，如图 8.13(a) 所示。另一种多见于陡槽、瀑布、险滩中，水流流态湍急，遇到障碍物阻水，则水面隆起、越过，上游水面不发生壅高，障碍物的干扰对上游来流无影响，称为急流，如图 8.13(b) 所示。

掌握不同流动状态的实质，对认识明渠流动现象，分析明渠流动的运动规律，有着重要意义。下面从运动学的角度和能量的角度分析明渠水流的流动状态。

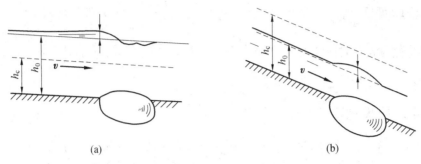

图 8.13 明渠流动状态

8.4.1 微幅干扰波波速和弗劳德数

1. 微幅干扰波波速

任何障碍物的存在都干扰着运动水流,这种干扰以微波的形式向各个方向传播。例如,在静水中沿铅垂方向丢下一块石子,水面将产生一个微小波动,这个波动以石子落点为中心,以一定速度 c 向四周传播。微波在静水中的传播速度 c 称为微幅干扰波波速。若把石子投入到流动着的明渠水流中,则微波传播的绝对速度 c' 应是水流平均流速 v 与相对波速 c 的代数和,即 $c' = v \pm c$。从运动学的角度看,缓流受干扰引起的水面波动既向下游传播,也向上游传播,此时 $v < c$;而急流受干扰引起的水面波动,只向下游传播,此时 $v > c$;当 $v = c$ 时,水流为临界流。因此要判断流态,必须首先分析微幅干扰波的波速。

设平底坡的棱柱形渠道,渠内水静止,水深 h,水面宽 B,过水断面面积为 A。如用直立薄板 $N - N$ 向左拨动一下,使水面产生一个波高为 Δh 的微幅干扰波,以速度 c 传播,波形所到之处引起水体运动,渠内形成非恒定流,如图8.14(a) 所示。

取固结在波峰上的动坐标系,该坐标系随波峰做匀速直线运动,因而仍为惯性坐标系。对于这个动坐标系而言,水以波速 c 由左向右运动,渠内水流转化为恒定流,如图8.14(b) 所示。

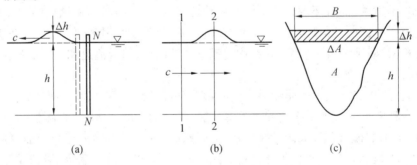

图 8.14 微幅干扰波的传播

以底线为基准面,取相聚很近的断面 $1 - 1, 2 - 2$ 列伯努利方程,其中 $v_1 = c$,由连续性方程 $cA = v_2(A + \Delta A)$,得 $v_2 = \dfrac{cA}{A + \Delta A}$。

于是
$$h + \frac{c^2}{2g} = h + \Delta h + \frac{c^2}{2g}\left(\frac{A}{A + \Delta A}\right)^2$$

展开 $(A + \Delta A)^2$，忽略 ΔA^2，由图 8.14(c)可知，$\Delta h \approx \Delta A/B$ 带入上式整理得

$$c = \pm\sqrt{g\frac{A}{B}\left(1 + \frac{2\Delta A}{A}\right)}$$

微幅波 $\Delta h \ll h$，上式近似简化为

$$c = \pm\sqrt{g\frac{A}{B}}$$

矩形断面渠道 $A = Bh$，得

$$c = \pm\sqrt{gh}$$

在实际的明渠中，水总是流动的，若水流流速为 v，则微波的绝对速度 c' 为静水中的波速 c 与水流速度之和。

$$c' = v \pm c = v \pm \sqrt{gh}$$

式中，微波顺水流方向传播取"＋"号，逆水流方向传播取"－"号。

2. 弗劳德数

根据上面以明渠流速和微波速度相比较来判别流动状态的原理，取两者之比，正是以平均水深为特征长度的弗劳德数

$$\frac{v}{c} = \frac{v}{\sqrt{g\frac{A}{B}}} = \frac{v}{\sqrt{gh}} = Fr$$

故弗劳德数可作为流动状态的判别数
$$Fr < 1, v < c, 流动为缓流$$
$$Fr > 1, v > c, 流动为急流$$
$$Fr = 1, v = c, 流动为临界流$$

8.4.2　断面单位能量

从能量的角度看，明渠水流沿程水深、流速的变化，是水流势能、动能沿程转换的表现，由此引入断面单位能量。

设明渠非均匀渐变流，如图 8.15 所示，某断面单位重量液体的机械能

$$E = z + \frac{p}{\rho g} + \frac{\alpha v^2}{2g}$$

将基准面抬高，使其通过该断面的最低点，单位重量液体相对于新基准面 $O_1 - O_1$ 的机械能

$$e = E - z_1 = h + \frac{\alpha v^2}{2g} \tag{8.4.1}$$

式中　e——断面单位能量，或断面比能，是单位重量液体相对于通过该断面最低点的基准面的机械能。

由此可见，单位重量流体的机械能 E 与断面单位能量 e 的区别在于：

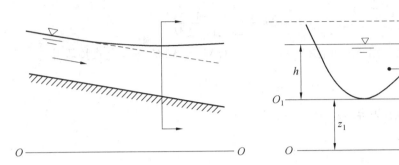

图 8.15　断面单位能量

（1）单位重量流体的机械能 E 与断面单位能量 e 的基准面选择不同,两者相差一个渠底位置高度 z_1,即位能,且 E 沿程是同一个基准面,而 e 是以各自断面最低点所在的水平面为基准面,沿程基准面不同。

（2）单位重量流体的机械能 E 在沿水流方向上由于要克服阻力消耗一部分能量,即 E 沿程只能减少,而断面单位能量 e 由于基准面不固定,明渠水流速度和水深也沿程变化,则 e 沿水流方向可以增大、不变或减小。

明渠非均匀流的水深沿程变化,一定的流量 Q,可能以不同的水深通过某一过水断面,因而有不同的断面单位能量。在明渠断面形状、尺寸和流量一定时,断面单位能量 e 仅随水深变化,即

$$e = h + \frac{\alpha Q^2}{2gA^2} = f(h) \tag{8.4.2}$$

因此,可利用 e 的变化规律作为分析水面曲线的有力工具。

分析式（8.4.2）,可定性绘出断面单位能量随水深变化的函数曲线,称为断面单位能量曲线,如图 8.16 所示。

当 $h \to 0$ 时,$A \to 0$,则 $e \approx \frac{\alpha Q^2}{2gA^2} \to \infty$,曲线以横轴为渐近线;当 $h \to \infty$ 时,$A \to \infty$,则 $e \approx h \to \infty$,曲线以通过坐标原点与横轴成 $45°$ 角的直线为渐近线。其间有极小值 e_{min},该点将 $e = f(h)$ 曲线分上下两支。

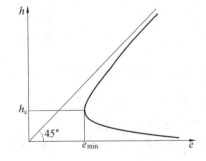

图 8.16　断面单位能量曲线

8.4.3　临界水深

临界水深（critical depth）是指在断面形式和流量给定的条件下,相应于断面单位能量最小值的水深,即当 $e = e_{min}$ 时,$h = h_c$。

由式（8.4.2）对 h 求导,临界水深时

$$\frac{de}{dh} = 1 - \frac{\alpha Q^2}{gA^3}\frac{dA}{dh} = 1 - \frac{\alpha Q^2}{gA^3}B = 0$$

得

$$\frac{\alpha Q^2}{g} = \frac{A_c^3}{B_c} \tag{8.4.3}$$

式中　A_c, B_c——临界水深时的过水断面面积和水面宽度。

式(8.4.3)是隐函数式,左边是已知量,右边是临界水深 h_c 的函数,可解得 h_c。

对于矩形断面渠道,水面宽等于底宽 $B = b$,代入式(8.4.3)

$$\frac{\alpha Q^2}{g} = \frac{(bh_c)^3}{b_c} = b^2 h_c^3$$

得

$$h_c = \sqrt[3]{\frac{\alpha Q^2}{gb^2}} = \sqrt[3]{\frac{\alpha q^2}{g}} \qquad (8.4.4)$$

式中　q——单宽流量,$q = \dfrac{Q}{b}$。

8.4.4　临界底坡

在明渠均匀流中,当渠道断面形状、尺寸和粗糙系数一定,流量也一定时,均匀流的正常水深 h_0 的大小只取决于渠道的底坡 i'。当 i' 增大时,h_0 将减小,如图8.17所示。

在临界底坡时,明渠中的水深同时满足均匀流和临界水深公式

$$\left.\begin{array}{l} Q = A_c C_c \sqrt{R_c i'_c} \\[2mm] \dfrac{\alpha Q^2}{g} = \dfrac{A_c^3}{B_c} \end{array}\right\}$$

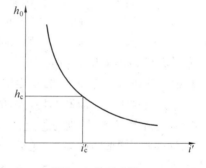

图8.17 临界底坡

联立解得

$$i'_c = \frac{g}{\alpha C_c^2} \frac{\chi_c}{B_c} \qquad (8.4.5)$$

式中　C_c, χ_c, B_c——分别为临界水深对应的谢才系数、湿周和水面宽度。

临界底坡是为便于分析明渠流动而引入的特定底坡,它与流量、断面形状与尺寸及渠道的粗糙系数有关,而与渠道的实际底坡大小无关。

将渠道的实际底坡与某一相同流量下的临界底坡相比较,可将渠道分成缓坡($i' < i'_c$)、急坡(也称陡坡)($i' > i'_c$)和临界坡($i' = i'_c$)3种情况。

8.4.5　缓流、急流、临界流及其判别标准

1. 临界水深法

当明渠流中实际水深 $h > h_c$ 时为缓流;$h = h_c$ 时为临界流;$h < h_c$ 时为急流。

2. 弗劳德数法

以缓流为例,参照断面比能曲线,缓流 $h > h_c$,则 $de/dh > 0$,所以对式(8.4.2)求导后,得

$$\frac{de}{dh} = 1 - \frac{\alpha Q^2}{gA^3} \frac{dA}{dh} = 1 - \frac{\alpha Q^2}{gA^3} B > 0$$

若以平均水深 $\bar{h} = \dfrac{A}{B}$ 为特征长度,根据弗劳德数定义,则上式又可写成

$$1 - Fr^2 > 0 \text{ 或 } Fr < 1.0$$

表明当水流为缓流时,$Fr < 1.0$。同理可得,水流为临界流时 $Fr = 1.0$,水流为急流时 $Fr > 1.0$。

因弗劳德数又可写成

$$Fr = \frac{v}{\sqrt{g\bar{h}}} = \sqrt{\frac{2v^2/2g}{\bar{h}}}$$

故临界流时,明渠断面上的单位势能是单位动能的两倍。

3. 波速法

根据水流的能量方程和连续性方程,可推导出微幅扰动波的传播速度 c(推导过程略)

$$c = \sqrt{g\bar{h}}$$

其中
$$\bar{h} = A/B$$

于是,急流有 $Fr = \dfrac{v}{\sqrt{gh}} > 1$,则 $v > c$,故干扰波只能向下游而不能向上游传播。缓流有 $Fr < 1.0$,则 $v < c$,故干扰波既能向上游传播,也能向下游传播。

临界流有 $Fr = 1.0$,$v = c$。

其他方法还有临界流速法,断面比能法等。

以上方法对于均匀流和非均匀流的流态判别均适用。对于明渠均匀流,还可根据底坡来判别,当底坡 $i' > i'_c$ 则为急流;当 $i' < i'_c$ 则为缓流;当 $i' = i'_c$ 则为临界流。

【例8.5】 梯形断面渠道,底宽 $b = 5$ m,边坡系数 $m = 1.0$,通过流量 $Q = 8$ m³/s,试求临界水深 h_c。

解 由式(8.4.3)

$$\frac{\alpha Q^2}{g} = \frac{A_c^3}{B_c}$$

其中
$$\frac{\alpha Q^2}{g} = 6.53 \text{ m}^5$$

为免去直接由上式求解 h_c 的困难,给 h 以不同值,计算相应的 $\dfrac{A^3}{B}$,并作 $h - \dfrac{A^3}{B}$ 关系曲

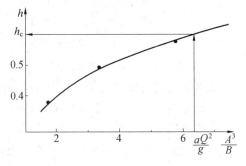

图 8.18 $h - \dfrac{A^3}{B}$ 关系曲线

线,在图 8.18 中找出对应的水深,就是所求的临界水深 $h_c = 0.61$ m。

【例8.6】 长直的矩形断面渠道,底宽 $b = 1$ m,粗糙系数 $n = 0.014$,底坡 $i' = 0.000\ 4$,渠内均匀流正常水深 $h_0 = 0.6$ m,试判别水流的流动状态。

解 (1)用波速法判别

断面平均流速
$$v = C\sqrt{Ri'}$$

式中
$$R = \frac{bh_0}{b + 2h_0} = 0.273 \text{ m}$$

谢才系数
$$C = \frac{1}{n}R^{1/6} = 57.5 \text{ m}^{1/2}/\text{s}$$

得 $v = 0.601$ m/s

微波速度 $c = \sqrt{gh} = 2.43$ m/s

$v < c$,流动为缓流。

（2）用弗劳德数判别

弗劳德数 $Fr = \dfrac{v}{\sqrt{gh}} = 0.25$

所以，$Fr < 1.0$,流动为缓流。

（3）用临界水深判别

由式(8.4.4) $h_c = \sqrt[3]{\dfrac{\alpha q^2}{g}}$

其中 $q = v h_0 = 0.361$ m²/s

得 $h_c = 0.237$ m

实际水深(均匀流即正常水深)$h_0 > h_c$,流动为缓流。

（4）用临界底坡判别

由临界水深 $h_c = 0.237$ m,计算相应量

$$B_c = b = 1 \text{ m}$$

$$\chi_c = b + 2h_c = 1.474 \text{ m}$$

$$R_c = \frac{bh_c}{\chi_c} = 0.160\ 8 \text{ m}$$

$$C_c = \frac{1}{n} R_c^{1/6} = 52.7 \text{ m}^{1/2}/\text{s}$$

临界底坡由式(8.4.5)

$$i'_c = \frac{g}{\alpha C_c^2} \frac{\chi_c}{B_c} = 0.005\ 2$$

$i' < i'_c$,为缓坡渠道,均匀流是缓流。

8.5　水跃和水跌

由于明渠流动边界的变化,导致水流状态在缓流和急流之间过渡时,水面曲线要穿越临界水深线,出现水深急剧增大或减小的急变流动现象,即水跃和水跌。

8.5.1　水跃

1.水跃现象

水跃是明渠水流从急流状态（水深小于临界水深）过渡到缓流状态（水深大于临界水深）时,水面骤然跃起的急变流现象。

水跃发生的流段称为水跃区,如图 8.19 所示。上部是急流冲入缓流所激起的表面旋流,翻腾滚动,饱掺空气。水滚之下则是急剧扩张前进的主流。确定水跃区的几何要素有:

跃前水深 h'——跃前断面（表面水滚起点所在过水断面）的水深;

跃后水深 h''——跃后断面(表面水滚终点所在过水断面)的水深;

水跃高度 $a = h'' - h'$;

水跃长度 l_j——跃前断面与跃后断面之间的距离。

由于表面水滚大量掺气、旋转、内部极强的紊动掺混作用,以及主流流速分布不断改组,集中消耗大量机械能,可达跃前断面急流能量的60%~70%,水跃成为主要的消能方式。因此,常利用水跃来消除泄水建筑物下游高速水流的巨大动能。

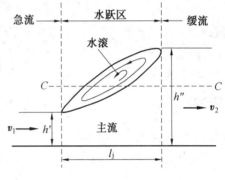

图 8.19　水跃区结构

2. 水跃方程

下面推导平坡棱柱形渠道中水跃的基本方程。

设平坡棱柱形渠道,通过流量为 Q 时发生水跃,如图 8.20 所示。跃前断面 1-1 的水深 h',平均流速 v_1;跃后断面 2-2 的水深 h'',平均流速 v_2。

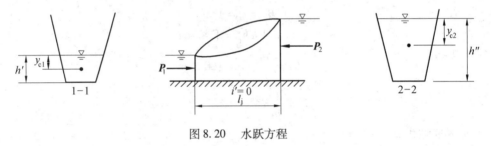

图 8.20　水跃方程

引用假设条件:

(1)渠道边壁摩擦阻力较小忽略不计;

(2)跃前、跃后断面为渐变流断面,面上动水压强按静压强的规律分布;

(3)跃前、跃后断面的动量校正系数 $\beta_1 = \beta_2 = 1$。

取跃前断面 1-1,跃后断面 2-2 之间的水体为控制体,列沿流向的动量方程

$$\sum F = \rho Q(\beta_2 v_2 - \beta_1 v_1)$$

因平坡渠道重力与流动方向正交,边壁摩擦阻力忽略不计,故作用在控制体上的力只有过水断面上的动水压力: $P_1 = \rho g y_{c1} A_1$, $P_2 = \rho g y_{c2} A_2$,代入上式

$$\rho g y_{c1} A_1 - \rho g y_{c2} A_2 = \rho Q\left(\frac{Q}{A_2} - \frac{Q}{A_1}\right)$$

$$\frac{Q^2}{gA_1} + y_{c1} A_1 = \frac{Q^2}{gA_2} + y_{c2} A_2 \qquad (8.5.1)$$

式中　y_{c1}, y_{c2}——分别为跃前、跃后断面形心点的水深;

　　　A_1, A_2——分别为跃前、跃后断面的面积。

上式就是平坡棱柱形渠道中水跃的基本方程。它说明水跃区单位时间内,流入跃前断面的动量与该断面动水总压力之和同流出跃后断面的动量与该断面动水总压力之和相等。

式(8.5.1)中,A 和 y_c 都是水深的函数,其余量均为常量,所以可写出下式

$$\frac{Q^2}{gA} + y_c A = J(h) \qquad (8.5.2)$$

$J(h)$ 称为水跃函数,类似断面单位能量曲线,可以画出水跃函数曲线,如图 8.21 所示。

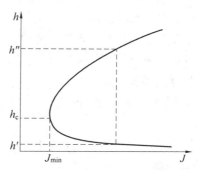

可以证明,曲线上对应水跃函数最小值的水深,恰好也是该流量在已给明渠中的临界水深 h_c,即 $J(h_c) = J_{\min}$。当 $h > h_c$ 时,$J(h)$ 随水深增大而增大;当 $h < h_c$ 时,$J(h)$ 随水深增大而减小。

这样,水跃方程式(8.5.1)可简写为

$$J(h') = J(h'') \qquad (8.5.3)$$

图 8.21　水跃方程

式中　h', h''——分别为跃前和跃后水深,是使水跃函数值相等的两个水深,这一对水深称为共轭水深。由图 8.21 可以看出,跃前水深愈小,对应的跃后水深愈大;反之跃前水深愈大,对应的跃后水深愈小。

3. 水跃计算

（1）共轭水深计算

共轭水深计算是各项水跃计算的基础。若已知共轭水深中的一个(跃前水深或跃后水深),算出这个水深相应的水跃函数 $J(h')$ 或 $J(h'')$,再由式(8.5.3)求解另一个共轭水深,一般采用图解法计算。

对于矩形断面渠道,$A = bh$,$y_c = h/2$,$q = Q/b$ 代入式(8.5.1),消去 b,得

$$\frac{q^2}{gh'} + \frac{h'^2}{2} = \frac{q^2}{gh''} + \frac{h''^2}{2}$$

经过整理,得二次方程式

$$h'h''(h' + h'') = \frac{2q^2}{g} \qquad (8.5.4)$$

分别以跃后水深 h'' 或跃前水深 h' 为未知量,解上式得

$$h'' = \frac{h'}{2}\left(\sqrt{1 + \frac{8q^2}{gh'^3}} - 1\right) \qquad (8.5.5)$$

$$h' = \frac{h''}{2}\left(\sqrt{1 + \frac{8q^2}{gh''^3}} - 1\right) \qquad (8.5.6)$$

式中

$$\frac{q^2}{gh'^3} = \frac{v_1^2}{gh'} = Fr_1^2$$

$$\frac{q^2}{gh''^3} = \frac{v_2^2}{gh''} = Fr_2^2$$

上两式可写成

$$h'' = \frac{h'}{2}\left(\sqrt{1 + 8Fr_1^2} - 1\right) \qquad (8.5.7)$$

$$h' = \frac{h''}{2}\left(\sqrt{1 + 8Fr_2^2} - 1\right) \qquad (8.5.8)$$

式中 Fr_1, Fr_2—— 分别为跃前和跃后水流的弗劳德数。

（2）水跃长度计算

水跃长度是泄水建筑物消能设计的主要依据之一。由于水跃现象的复杂性，目前理论研究尚不成熟，水跃长度的确定仍以实验研究为主。现介绍用于计算平底坡矩形渠道水跃长度的经验公式。

① 以跃后水深表示的公式

$$l_j = 6.1 h''$$

适用范围为 $4.5 < Fr_1 < 10$。

② 以跃高表示的公式

$$l_j = 6.9(h'' - h')$$

③ 含弗劳德数的公式

$$l_j = 9.4(Fr_1 - 1)h'$$

（3）消能计算

跃前断面与跃后断面单位重量液体机械能之差是水跃消除的能量，以 ΔE_j 表示。对于平底坡矩形渠道

$$\Delta E_j = \left(h' + \frac{\alpha_1 v_1^2}{2g}\right) - \left(h'' + \frac{\alpha_2 v_2^2}{2g}\right) \qquad (8.5.9)$$

由式(8.5.4)
$$\frac{2q^2}{g} = h'h''(h' + h'')$$

则
$$\frac{\alpha_1 v_1^2}{2g} = \frac{q^2}{2gh'^2} = \frac{1}{4}\frac{h''}{h'}(h' + h'')$$

$$\frac{\alpha_2 v_2^2}{2g} = \frac{q^2}{2gh''^2} = \frac{1}{4}\frac{h'}{h''}(h' + h'')$$

将以上两式代入式(8.5.9)，经简化得

$$\Delta E_j = \frac{(h'' - h')^3}{4h'h''} \qquad (8.5.10)$$

式(8.5.10)说明，在给定流量下，跃前与跃后水深相差愈大，水跃消除的能量值愈大。

【例8.7】 某泄水建筑物下游矩形断面渠道，泄流单宽流量 $q = 15 \ \mathrm{m}^2/\mathrm{s}$。产生水跃，跃前水深 $h' = 0.8 \ \mathrm{m}$。试求：(1)跃后水深 h''；(2)水跃长度 l_j；(3)水跃消能率 $\Delta E_j/E_1$。

解 （1）$Fr_1^2 = \dfrac{q}{gh'^3} = \dfrac{15^2}{9.8 \times 0.8^3} = 44.84$

$$h''/\mathrm{m} = \frac{h'}{2}\left(\sqrt{1 + 8Fr_1^2} - 1\right) = 7.19$$

（2）按 $l_j/\mathrm{m} = 6.1h'' = 6.1 \times 7.19 = 43.86$

按 $l_j/\mathrm{m} = 6.9(h'' - h') = 6.9 \times 6.39 = 44.09$

按 $l_j/\mathrm{m} = 9.4(Fr_1 - 1)h' = 42.83$

（3）$\Delta E_j/\mathrm{m} = \dfrac{(h'' - h')^3}{4h'h''} = \dfrac{(7.19 - 0.8)^3}{4 \times 0.8 \times 7.19} = 11.34$

$$\frac{\Delta E_j}{E_1} = \frac{\Delta E_j}{h' + \dfrac{q^2}{2gh'^2}} = 61\%$$

8.5.2　水跌

水跌是明渠水流从缓流过渡到急流,水面急剧降落的急变流现象。这种现象常见于渠道底坡由缓坡突然变为陡坡或下游渠道断面形状突然改变处。下面以缓坡渠道末端跌坎上的水流为例来说明水跌现象,如图 8.22 所示。

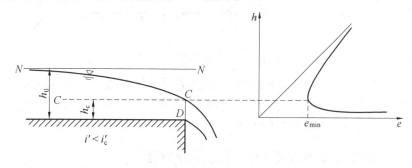

图 8.22　水跌现象

设想该渠道的底坡无变化,一直向下游延伸下去,渠道内将形成缓流状态的均匀流,水深为正常水深 h_0,水面线 $N-N$ 与渠底平行。现在渠道在 D 断面截断成为跌坎,失去了下游水流的阻力,使得重力的分力与阻力不相平衡,造成水流加速,水面急剧降低,临近跌坎断面水流变为非均匀急变流。

跌坎上水面沿程降落,应符合机械能沿程减小,末端断面最小,$E = E_{\min}$ 的规律。

$$E = z_1 + h + \frac{\alpha v^2}{2g} = z_1 + e$$

式中　　z_1—— 某断面渠底在基准面 $O-O$ 以上的高度;

　　　　e—— 断面单位能量。

在缓流状态下,水深减小,断面单位能量随之减小,坎端断面水深降至临界水深 h_c,断面单位能量达最小值,$e = e_{\min}$,该断面的位置高度 z_1 也最小,所以机械能最小,符合机械能沿程减小的规律。缓流以临界水深通过跌坎断面或变为陡坡的断面,过渡到急流是水跌现象的特征。

需要指出的是,上述断面单位能量和临界水深的理论,都是在渐变流的前提下建立的,坎端断面附近,水面急剧下降,流线显著弯曲,流动已不是渐变流。由实验得出,实际坎端水深 h_D 略小于按渐变流计算的临界水深 h_c,$h_D \approx 0.7h_c$。h_c 值发生在距坎端断面约 $(3 \sim 4)h_c$ 的位置。但一般的水面分析和计算,仍取坎端断面的水深是临界水深 h_c 作为控制水深。

8.6　棱柱形渠道非均匀渐变流水面曲线的分析

明渠非均匀流是不等深、不等速流动。根据沿程流速、水深变化程度的不同,分为非均匀渐变流和非均匀急变流。例如，在缓坡渠道中，设有顶部泄流的溢流坝，渠道末端为跌坎，如图 8.23 所示。此时，坝上游水位抬高，并影响一定范围，这一段为非均匀渐变流，再远可视为均匀流；坝下游水流收缩断面至水跃前断面，以及水跃上游流段也是非均匀渐变流，而水沿溢流坝下泄及水跃、水跌均为非均匀急变流。

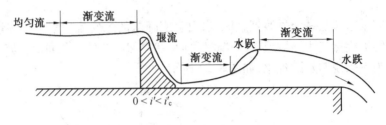

图 8.23　明渠水流流动状态

明渠非均匀渐变流的水深沿程变化，自由水面线是和渠底不平行的曲线，称为水面曲线。水面线分析就是研究水深沿程的变化规律，可分为定性和定量两方面，它们的共同理论基础是明渠非均匀渐变流的微分方程。

8.6.1　棱柱形渠道非均匀渐变流微分方程

设明渠恒定非均匀渐变流如图 8.24 所示。现取两个相距为 $\mathrm{d}s$ 的断面 $1-1$ 和 $2-2$，列伯努利方程

$$(z+h)+\frac{\alpha v^2}{2g}=(z+\mathrm{d}z+h+\mathrm{d}h)+\frac{\alpha\,(v+\mathrm{d}v)^2}{2g}+\mathrm{d}h_\mathrm{w}$$

展开 $(v+\mathrm{d}v)^2$，并忽略 $(\mathrm{d}v)^2$，整理得

$$\mathrm{d}z+\mathrm{d}h+\mathrm{d}\!\left(\frac{\alpha v^2}{2g}\right)+\mathrm{d}h_\mathrm{w}=0$$

因渐变流，局部水头损失忽略不计，$\mathrm{d}h_\mathrm{w}=\mathrm{d}h_\mathrm{f}$，并将上式各项除以 $\mathrm{d}s$

$$\frac{\mathrm{d}z}{\mathrm{d}s}+\frac{\mathrm{d}h}{\mathrm{d}s}+\frac{\mathrm{d}}{\mathrm{d}s}\!\left(\frac{\alpha v^2}{2g}\right)+\frac{\mathrm{d}h_\mathrm{f}}{\mathrm{d}s}=0$$

式中：(1) $\dfrac{\mathrm{d}z}{\mathrm{d}s}=-\dfrac{z_1-z_2}{\mathrm{d}s}=-i'$；

(2) $\dfrac{\mathrm{d}}{\mathrm{d}s}\!\left(\dfrac{\alpha v^2}{2g}\right)=\dfrac{\mathrm{d}}{\mathrm{d}s}\!\left(\dfrac{\alpha Q^2}{2gA^2}\right)=-\dfrac{\alpha Q^2}{gA^3}\dfrac{\mathrm{d}A}{\mathrm{d}s}$；

考虑到棱柱形渠道中 $A=f(h)$，而水深 h 又是流程 s 的函数，故

$$\frac{\mathrm{d}A}{\mathrm{d}s}=\frac{\mathrm{d}A}{\mathrm{d}h}\frac{\mathrm{d}h}{\mathrm{d}s}=B\frac{\mathrm{d}h}{\mathrm{d}s}$$

于是　　　$\dfrac{\mathrm{d}}{\mathrm{d}s}\!\left(\dfrac{\alpha v^2}{2g}\right)=-\dfrac{\alpha Q^2}{2gA^3}B\dfrac{\mathrm{d}h}{\mathrm{d}s}$

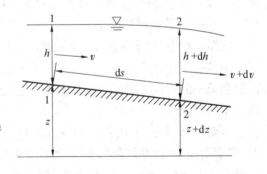

图 8.24　非均匀渐变流

(3) $\dfrac{\mathrm{d}h_\mathrm{f}}{\mathrm{d}s}=i$。

非均匀渐变流过水断面沿程变化缓慢，可以认为水头损失只有沿程水头损失，近似按均匀流计算，由式(8.2.3)

$$i = \frac{Q^2}{A^2 C^2 R} = \frac{Q^2}{K^2}$$

将(1)、(2)、(3)代入前式

$$- i' + \frac{\mathrm{d}h}{\mathrm{d}s} - \frac{\alpha Q^2}{g A^3} B \frac{\mathrm{d}h}{\mathrm{d}s} + i = 0$$

$$\frac{\mathrm{d}h}{\mathrm{d}s} = \frac{i' - i}{1 - \dfrac{\alpha Q^2}{g A^3} B} = \frac{i' - i}{1 - Fr^2} \qquad (8.6.1)$$

式(8.6.1)是棱柱形渠道恒定非均匀渐变流微分方程式。该式是在顺坡 $i' > 0$ 的情况下得出的。

对于平坡渠道 $i' = 0$,则有

$$\frac{\mathrm{d}h}{\mathrm{d}s} = \frac{- i}{1 - Fr^2} \qquad (8.6.2)$$

对于逆坡渠道 $i' < 0$,则有

$$\frac{\mathrm{d}h}{\mathrm{d}s} = \frac{- |i'| - i}{1 - Fr^2} \qquad (8.6.3)$$

8.6.2 水面曲线分析

棱柱形渠道非均匀渐变流水面曲线的变化,决定于式(8.6.1)中分子、分母的正负变化。因此,使分子、分母为零的水深,就是水面曲线变化规律不同的区域的分界。实际水深等于正常水深,即 $h = h_0$ 时,$i = i'$,分子 $i - i' = 0$;实际水深等于临界水深,即 $h = h_c$ 时,$Fr = 1$,分母 $1 - Fr^2 = 0$。所以,分析水面曲线的变化,需借助 h_0 线($N - N$ 线)和 h_c 线($C - C$ 线)将流动空间分区进行。

1. 顺坡($i' > 0$)渠道

顺坡渠道分为缓坡($i' < i'_c$)、陡坡($i' > i'_c$)、临界坡($i' = i'_c$)三种,均可由微分方程

$$\frac{\mathrm{d}h}{\mathrm{d}s} = \frac{i' - i}{1 - Fr^2}$$

分析水面曲线。

（1）缓坡($i' < i'_c$）渠道

缓坡渠道中,正常水深 h_0 大于临界水深 h_c,由 $N - N$ 线和 $C - C$ 线将流动空间分成 3 个区域,明渠水流在不同的区域内流动。水面曲线的变化不同,如图 8.25 所示。

① I 区($h > h_0 > h_c$）

分子:$h > h_0$,流量模数 $K > K_0$,$i < i'$,$i' - i > 0$;分母:$h > h_c$,$Fr < 1$,$1 - Fr^2 > 0$,所以 $\dfrac{\mathrm{d}h}{\mathrm{d}s} > 0$,水深沿程增加,水面线是壅水曲线,称为 M_I 型水面线。

两端的极限情况:上游 $h \rightarrow h_0$,$i \rightarrow i'$,$i' - i \rightarrow 0$；$h \rightarrow h_0 > h_c$,$Fr < 1$,$1 - Fr^2 > 0$,

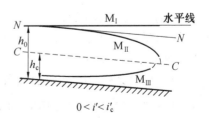

图 8.25 M 型水面线

所以$\dfrac{\mathrm{d}h}{\mathrm{d}s}\to 0$,即水面线以$N-N$线为渐近线。下游$h\to\infty$,流量模数$K\to\infty$,$i\to 0$,$i'-i\to$

i';$h\to\infty$,$Fr\to 0$;$1-Fr^2\to 1$,所以$\dfrac{\mathrm{d}h}{\mathrm{d}s}\to i'$,即曲线下端以水平线为渐近线。

在缓坡渠道上修建溢流坝,抬高水位的控制水深h超过该流量的正常水深,溢流坝上游将出现$\mathrm{M_I}$型水面线,如图8.26所示。

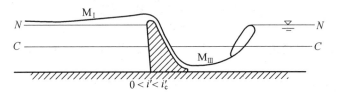

图8.26　$\mathrm{M_I}$,$\mathrm{M_{III}}$型水面线

②Ⅱ区$(h_0>h>h_c)$

分子:$h<h_0$,$i>i'$,$i'-i<0$;分母:$h>h_c$,$Fr<1$,$1-Fr^2>0$,所以$\dfrac{\mathrm{d}h}{\mathrm{d}s}<0$,水深沿程减小,水面线是降水曲线,称为$\mathrm{M_{II}}$型水面线。

两端的极限情况:上游$h\to h_0$,与分析$\mathrm{M_I}$型水面线类似,得$\dfrac{\mathrm{d}h}{\mathrm{d}s}\to 0$,即水面线以$N-N$线为渐近线。下游$h\to h_c<h_0$,$i>i'$,$i'-i<0$;$h\to h_c$,$Fr\to 1$;$1-Fr^2\to 0$,所以$\dfrac{\mathrm{d}h}{\mathrm{d}s}\to -\infty$,即在水面线下端渐变流中止(水面线与$C-C$线正交)而形成急变流的水跌现象。

渠道末端为跌坎,渠道内为$\mathrm{M_{II}}$型水面线,跌坎断面水深为临界水深,如图8.27所示。

③Ⅲ区$(h<h_c<h_0)$

分子:$h<h_0$,$i>i'$,$i'-i<0$;分母:$h<h_c$,$Fr>1$,$1-Fr^2<0$,所以$\dfrac{\mathrm{d}h}{\mathrm{d}s}>0$,水深沿程增加,水面线是壅水曲线,称为$\mathrm{M_{III}}$型水面线。

两端的极限情况:上游水深由出流条件控制,下游$h\to h_c<h_0$,$i>i'$,$i'-i<0$;$h\to h_c$,$Fr\to 1$;$1-Fr^2\to 0$,所以$\dfrac{\mathrm{d}h}{\mathrm{d}s}\to\infty$,发生水跃。

在缓坡渠道中修建溢流坝,下泄水流的收缩水深小于临界水深,下泄的急流受下游缓流的阻滞,流速沿程减小,水深增加,形成$\mathrm{M_{III}}$型水面线,如图8.26所示。

(2)陡坡$(i'>i'_c)$渠道

陡坡渠道中,正常水深h_0小于临界水深h_c,由$N-N$线和$C-C$线将流动空间分成3个区域,如图8.28所示。

①Ⅰ区$(h>h_c>h_0)$

此时流动是缓流。用类似前面分析缓坡渠道水面线的方法,由式(8.6.1),可得$\dfrac{\mathrm{d}h}{\mathrm{d}s}>0$,水深沿程增加,水面线是壅水曲线,称为$\mathrm{S_I}$型水面线。当上游$h\to h_c$时,$\dfrac{\mathrm{d}h}{\mathrm{d}s}\to\infty$,发生水跃;当下游$h\to\infty$时,$\dfrac{\mathrm{d}h}{\mathrm{d}s}\to i'$,水面线为水平线,如图8.28所示。

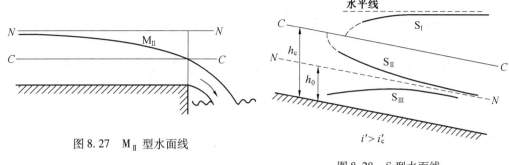

图 8.27 M_{II} 型水面线

图 8.28 S 型水面线

在陡坡渠道中修建溢流坝,上游形成 S_I 型水面线,如图 8.29 所示。

② Ⅱ 区($h_c > h > h_0$)

此时流动是急流,由式(8.6.1),可得 $\frac{dh}{ds} < 0$,水深沿程减小,水面线是降水曲线,称为 S_{II} 型水面线。当上游 $h \to h_c$ 时,$\frac{dh}{ds} \to -\infty$,发生水跌;当下游 $h \to h_0$ 时,$\frac{dh}{ds} \to 0$,水深沿程不变,水面线以 $N - N$ 为渐近线,如图 8.28 所示。

③ Ⅲ 区($h < h_0 < h_c$)

此时流动是急流。由式(8.6.1),可得 $\frac{dh}{ds} > 0$,水深沿程增加,水面线是壅水曲线,称为 S_{III} 型水面线。上游水深由出流断面控制,当下游 $h \to h_0$ 时,$\frac{dh}{ds} \to 0$,水深沿程不变,水面线以 $N - N$ 为渐近线,如图 8.28 所示。

在陡坡中修建溢流坝,下泄水流的收缩水深小于正常水深,也小于临界水深,下游形成 S_{III} 型水面线,如图 8.29 所示。

(3)临界坡($i' = i'_c$)渠道

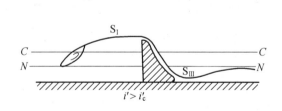

图 8.29 S_I,S_{III} 型水面线

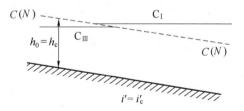

图 8.30 C 型水面线

在临界坡渠道中,正常水深 h_0 等于临界水深 h_c,$N - N$ 线和 $C - C$ 线重合,流动空间只有 Ⅰ 区和 Ⅲ 区,无 Ⅱ 区。水面线分别称为 C_I 型水面线和 C_{III} 型水面线,都是壅水曲线,且在趋近 $N - N(C - C)$ 线时,趋于水平线,如图 8.30 所示。

在临界坡渠道(实际工程不适用)泄水闸门上、下游,可形成 C_I、C_{III} 型水面线,如图 8.31 所示。

2. 平坡($i' = 0$)渠道

平坡渠道中,不能形成均匀流,无 $N - N$ 线,只有 $C - C$ 线,流动空间分为 Ⅱ 区和 Ⅲ

区,无 Ⅰ 区存在,如图 8.32 所示。

平坡渠道中水面线的变化,由式(8.6.2),得到:Ⅱ区$(h > h_c)$,$\dfrac{\mathrm{d}h}{\mathrm{d}s} < 0$,水面线是降水曲线,称为 $H_Ⅱ$ 型水面线;Ⅲ 区$(h < h_c)$,$\dfrac{\mathrm{d}h}{\mathrm{d}s} > 0$,水面线是壅水曲线,称为 $H_Ⅲ$ 型水面线。

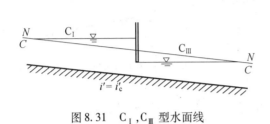

图 8.31　$C_Ⅰ$,$C_Ⅲ$ 型水面线

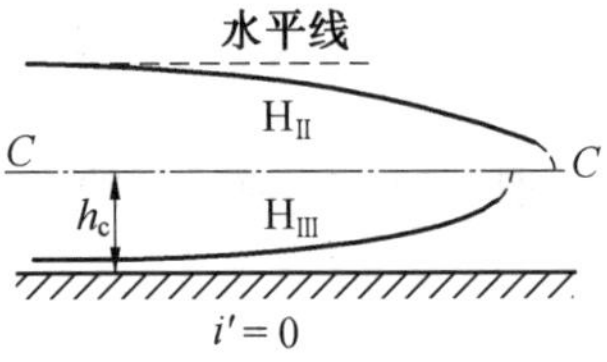

图 8.32　H 型水面线

在平坡渠道中,设有泄水闸门,闸门的开启高度小于临界水深,渠道足够长,末端为跌坎时,闸门下游将形成 $H_Ⅱ$、$H_Ⅲ$ 型水面线,如图 8.33 所示。

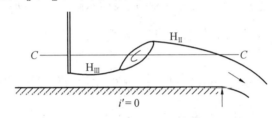

图 8.33　$H_Ⅱ$,$H_Ⅲ$ 型水面线

3. 逆坡$(i' < 0)$渠道

逆坡渠道中,不能形成均匀流,无 $N-N$ 线,只有 $C-C$ 线,流动空间分为 Ⅱ 区和 Ⅲ 区,无 Ⅰ 区存在。

逆坡渠道中水面线的变化,由式(8.6.3),得到:Ⅱ区$(h > h_c)$,$\dfrac{\mathrm{d}h}{\mathrm{d}s} < 0$,水面线是降水曲线,称为 $A_Ⅱ$ 型水面线;Ⅲ 区$(h < h_c)$,$\dfrac{\mathrm{d}h}{\mathrm{d}s} > 0$,水面线是壅水曲线,称为 $A_Ⅲ$ 型水面线,如图 8.34 所示。

在逆坡渠道中,设有泄水闸门,闸门的开启高度小于临界水深,渠道足够长,末端为跌坎时,闸门下游将形成 $A_Ⅱ$、$A_Ⅲ$ 型水面线,如图 8.35 所示。

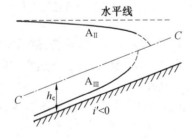

图 8.34　A 型水面线

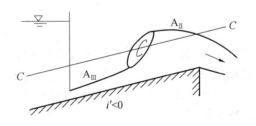

图 8.35　$A_Ⅱ$,$A_Ⅲ$ 型水面线

8.6.3 水面曲线定性绘制步骤

（1）根据已知条件绘出顺坡渠道的 $C-C$ 线和 $N-N$ 线，绘出平坡和逆坡渠道的 $C-C$ 线，将流动空间分区。

（2）选择控制断面并确定控制水深。控制断面应选在水深已知，且位置确定的断面上，一般缓流选在下游，急流选在上游。然后以控制断面为起点进行分析和计算，确定水面曲线的类型，并参照其水深增、减的性质和边界情形，进行描绘。

（3）分析确定不同底坡交接处或不同边界条件下渠道端部的水面线衔接形式。

【例 8.8】 试对常见的缓坡至缓坡、缓坡至陡坡、陡坡至缓坡、陡坡至陡坡的水面线衔接进行定性分析（渠道上下游均足够长）。

解 因渠道上下游均足够长，表明水面线在上下游足够远处为均匀流，与 $N-N$ 重合。因此

（1）缓坡至缓坡

以 $i'_2 < i'_1 < i'_c$ 情况分析，先绘出 $N-N$ 线、$C-C$ 线，将流动空间分区。缓坡渠道 $h > h_0$，$N-N$ 线在 $C-C$ 线之上。由于上游渠段的远处水深 $h_1 \approx h_{01}$，下游渠段的末端 $h_2 = h_{02}$，因缓坡，下游水深可影响到上游，交界断面为控制断面，$h = h_{02}$，故上游段水深处在缓坡 Ⅰ 区形成 $M_Ⅰ$ 型壅水曲线，如图 8.36（a）所示。

（2）缓坡至陡坡

因 $i'_1 < i'_c$，$i'_2 > i'_c$，水流从缓流过渡到急流，必经过水跌衔接，即以两渠交界处的临界水深为控制水深，分别向上下游绘制水面线，上游段和下游段分别形成 $M_Ⅱ$ 型降水曲线和 $S_Ⅱ$ 型降水曲线，如图 8.36（b）所示。

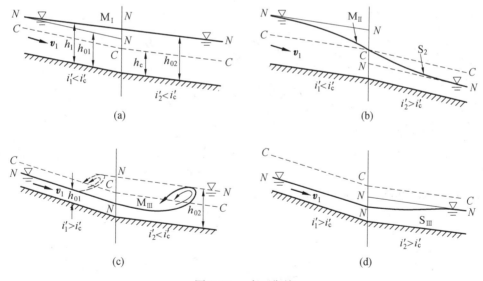

图 8.36　水面衔接

（3）陡坡至缓坡

因 $i'_1 > i'_c$，$i'_2 < i'_c$，水流从急流过渡到缓流，必经过水跃衔接，若下游 h_{02} 较小，则水跃发生在下游渠道上，并可能在下游渠道中形成 $M_Ⅲ$ 型水面线，如图 8.36（c）实线所示；若 h_{02} 较大，则水跃可能发生在上游渠道上，如图 8.36（c）虚线所示。

（4）陡坡至陡坡

若 $i'_1 > i'_2 > i'_c$，因上下游均匀流都是急流，变坡干扰不会传播影响到上游，故上游段为均匀流。下游段以变坡处的 h_{01} 水深为控制水深，$h_{01} < h_{02}$，水深处于陡坡 Ⅲ 区，故形成 $S_{Ⅲ}$ 型壅水曲线，如图 8.36(d) 所示。

由图 8.36(a)、(b) 可知，缓流段控制断面一般在下游；由图 8.36(b)、(d) 可知，急流段控制断面一般在上游。

8.7 明渠非均匀渐变流水面曲线的计算

水面曲线的定性分析，一般不能满足工程需要，还需要对它进行定量计算和绘制水面线。水面线常用分段求和法计算，这个方法是将整个流程分为若干个流段 Δl，并以有限差式来代替微分方程式，然后根据有限差计算水深和相应的距离。

设明渠非均匀渐变流，取其中某流段（图 8.37），列 $1-1,2-2$ 断面伯努利方程式

$$z_1 + h_1 + \frac{\alpha_1 v_1^2}{2g} = z_2 + h_2 + \frac{\alpha_2 v_2^2}{2g} + \Delta h_w$$

$$\left(h_2 + \frac{\alpha_2 v_2^2}{2g} \right) - \left(h_1 + \frac{\alpha_1 v_1^2}{2g} \right) = (z_1 - z_2) - \Delta h_w$$

式中

$$z_1 - z_2 = i'\Delta l$$

$\Delta h_w \approx \Delta h_f = \bar{i}\Delta l$，渐变流沿程水头损失近似按均匀流公式计算。该流段平均水力坡度

$$\bar{i} = \frac{\bar{v}^2}{\bar{C}^2 \bar{R}}$$

其中

$$\bar{v} = \frac{v_1 + v_2}{2}, \bar{R} = \frac{R_1 + R_2}{2}, \bar{C} = \frac{C_1 + C_2}{2}$$

又

$$e_1 = h_1 + \frac{\alpha_1 v_1^2}{2g}, e_2 = h_2 + \frac{\alpha_2 v_2^2}{2g}$$

将各项代入前式，整理得

$$\Delta l = \frac{e_2 - e_1}{i' - \bar{i}} = \frac{\Delta e}{i' - \bar{i}} \tag{8.7.1}$$

上式就是分段求和法计算水面线的计算式。

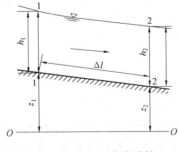

图 8.37 水面曲线计算

以控制断面水深作为起始水深 h_1(或 h_2),假设相邻断面水深 h_2(或 h_1),算出 Δe 和 $\bar{i}$,代入式(8.7.1)即可求第一个分段的长度 Δl_1。再以 Δl_1 处的断面水深作为下一分段的起始水深,用同样方法求得第二个分段的长度 Δl_2。依次计算,直至分段总和等于渠道总长 $\sum \Delta l = l$。根据所求各断面的水深及各分段的长度,即可绘制定量的水面线。

由于分段求和法直接由伯努利方程导出,对棱柱形渠道和非棱柱形渠道都适用,是水面线计算的基本方法。此外,对于棱柱形渠道,还可对式(8.6.1)近似积分计算。

【例8.9】 矩形排水长渠道,底宽 $b = 2$ m,粗糙系数 $n = 0.025$,底坡 $i' = 0.000\ 2$,排水流量 $Q = 2.0$ m³/s。渠道末端排入河中,如图8.38所示。试绘制水面曲线。

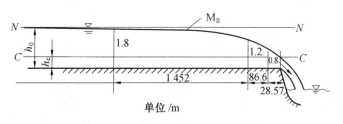

图 8.38 水面线绘制

解 (1)判别渠道底坡性质及水面线类型

正常水深由式(8.2.3)试算得 $h_0 = 2.26$ m

临界水深由式(8.4.4)算得 $h_c = 0.467$ m

按 h_0,h_c 计算值,在图中标出 $N-N$ 线和 $C-C$ 线。$h_0 > h_c$ 为缓坡渠道,末端(跌坎)水深为 h_c,渠内水流在缓坡渠道 Ⅱ 区流动,水面线为 M_{II} 型降水曲线。

(2)水面线计算

渠道内为缓流,末端水深 h_c 为控制水深,向上游推算。取 $h_2 = h_c = 0.467$ m,$A_2 = bh_2 = 0.934$ m²,$v_2 = \dfrac{Q}{A_2} = 2.14$ m/s,$\dfrac{v_2^2}{2g} = 0.234$ m,$e_2 = h_2 + \dfrac{v_2^2}{2g} = 0.7$ m,$R_2 = \dfrac{A_2}{\chi_2} = 0.32$ m,$C_2 = \dfrac{1}{n}R_2^{1/6} = 33.07$ m$^{1/2}$/s。

设 $h_1 = 0.8$ m,$A_1 = bh_1 = 1.6$ m²,$v_1 = \dfrac{Q}{A_1} = 1.25$ m/s,$\dfrac{v_1^2}{2g} = 0.08$ m,$e_1 = h_1 + \dfrac{v_1^2}{2g} = 0.88$ m,$R_1 = \dfrac{A_1}{\chi_1} = 0.44$ m,$C_1 = \dfrac{1}{n}R_1^{1/6} = 34.94$ m$^{1/2}$/s。

平均值 $\bar{v} = \dfrac{v_1 + v_2}{2} = 1.695$ m/s,$\bar{R} = \dfrac{R_1 + R_2}{2} = 0.38$ m,$\bar{C} = \dfrac{C_1 + C_2}{2} = 34$ m$^{1/2}$/s,$\bar{i} = \dfrac{\bar{v}^2}{\bar{C}^2 \bar{R}^2} = 0.006\ 5$。

$$\Delta l_{1-2} = \frac{\Delta l}{i' - \bar{i}} = \frac{-0.18}{-0.006\ 3}\ \text{m} = 28.57\ \text{m}$$

继续按 $h = 1.2$ m,1.8 m,2.1 m,重复以上步骤计算各段长度,各段计算结果见表8.7。

根据计算值,便可绘制泄水渠内水面线。

表 8.7　水面曲线计算表

断面	h / m	A / m²	v /(m·s⁻¹)	$\bar v$ /(m·s⁻¹)	$v^2/2g$ / m	e / m	Δe / m
1	0.467	0.934	2.14		0.234	0.7	
2	0.8	1.6	1.25	1.695	0.08	0.88	−0.18
3	1.2	2.4	0.833	1.64	0.035	1.235	−0.355
4	1.8	3.6	0.556	0.694	0.016	1.816	0.581
5	2.1	4.2	0.476	0.516	0.012	2.112	−0.296

断面	R / m	$\bar R$ / m	C /(m^{1/2}·s⁻¹)	$\bar C$ /(m^{1/2}·s⁻¹)	$\bar J$	$i-\bar J$	Δl / m	$\sum \Delta l$ / m
1	0.32		33.07					
2	0.44	0.38	34.94	34.0	−0.006 5	−0.006 3	28.57	28.57
3	0.545	0.493	36.15	35.55	−0.004 3	−0.004 1	86.59	115.16
4	0.643	0.594	37.16	36.66	0.000 6	−0.000 4	1 452	1 567.16
5	0.677	0.660	37.48	37.32	0.000 29	−0.000 09	3 288	4 855

注:为便于水面曲线定位绘制,表中的断面编号,是自末端断面(控制断面)算起的。

习　题　8

1. 明渠水流如图所示,试求 1、2 断面间渠道底坡、水面坡度、水力坡度。

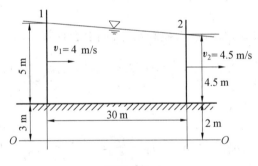

习题 1 图

2. 一梯形渠道,底坡 $i' = 0.005$,底宽 $b = 3.0$ m,边坡系数 $m = 1.5$,渠道为混凝土衬砌,$n = 0.013$,当水流为均匀流时 $h = 1.5$ m。试求所通过流量 Q。

3. 修建混凝土砌面(较粗糙)的矩形渠道,要求通过流量 $Q = 9.7$ m³/s,底坡 $i' = 0.001$,试按水力最优断面设计断面尺寸。

4. 有一混凝土衬砌渠道,粗糙系数 $n = 0.014$,底坡 $i' = 0.000 2$,边坡系数 $m = 2.0$,当通过流量 $Q = 30$ m³/s 时,要求按最佳宽深比设计该渠道的底宽 b。

5. 修建梯形断面渠道,要求通过流量 $Q = 1$ m³/s,边坡系数 $m = 1.0$,底坡 $i' = 0.002 2$,粗糙系数 $n = 0.03$,试按不冲允许流速 $v_{max} = 0.8$ m/s,设计断面尺寸。

6. 有一梯形断面渠道,已知流量 $Q = 12$ m³/s,边坡系数 $m = 1.5$,粗糙系数 $n =$

0.022 5,底坡 $i' = 0.000\ 4$,试按宽深比 $\beta = 5$ 设计渠道断面。

7. 已知一钢筋混凝土圆形排水管道,污水流量 $Q = 0.2\ \text{m}^3/\text{s}$,底坡 $i' = 0.005$,粗糙系数 $n = 0.014$,试确定此管道的直径。

8. 一圆形无压污水管,铺设坡度 $i' = 1/5\ 000$,已知谢才系数 $C = 50\ \text{m}^{1/2}/\text{s}$,管内流动为均匀流,充满度 $\alpha = 0.8$,要求排污最大流量 $Q = 3.0\ \text{m}^3/\text{s}$。试确定管径。

9. 钢筋混凝土圆形排水管,已知直径 $d = 1.0\ \text{m}$,粗糙系数 $n = 0.014$,底坡 $i' = 0.002$,试校核此无压管道的过流量。

10. 三角形断面渠道如图所示,顶角为 $90°$,通过流量 $Q = 0.8\ \text{m}^3/\text{s}$,试求临界水深。

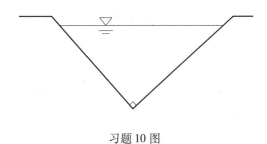

习题 10 图

11. 有一梯形土渠,底宽 $b = 12\ \text{m}$,边坡系数 $m = 1.5$,粗糙系数 $n = 0.025$,通过流量 $Q = 18\ \text{m}^3/\text{s}$,试求临界水深及临界底坡。

12. 某渠道长 $l = 588\ \text{m}$,矩形钢筋混凝土渠身($n = 0.014$),通过流量 $Q = 25.6\ \text{m}^3/\text{s}$,宽 $b = 5.1\ \text{m}$,均匀流时水深 $h_0 = 3.08\ \text{m}$,求渠道底坡 i',并判别渠中流态。

13. 底宽 $b = 4.0\ \text{m}$ 的矩形渠道($n = 0.017$)上,通过流量 $Q = 50\ \text{m}^3/\text{s}$ 时渠流作均匀流,水深 $h_0 = 4\ \text{m}$。试用渠底坡与临界底坡比较的方法,判别渠上水流的流态。

14. 在矩形断面平坡渠道中发生水跃,已知跃前断面的 $Fr_1 = \sqrt{3}$,问跃后水深 h'' 是跃前水深 h' 的几倍?

15. 有棱柱形渠道,各渠段足够长,其中底坡 $0 < i'_1 < i'_c, i'_2 > i'_3 > i'_c$,闸门的开度小于临界水深 h_c,试绘出水面曲线示意图,并标出曲线的类型。

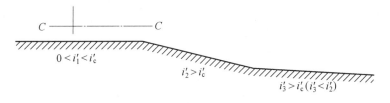

习题 15 图

16. 用矩形断面长渠道向低处排水,末端为跌坎,已知渠道底宽 $b = 1\ \text{m}$,底坡 $i' = 0.000\ 4$,正常水深 $h_0 = 0.5\ \text{m}$,粗糙系数 $n = 0.014$,试求:(1)渠道末端出口断面的水深;(2)绘渠道中水面曲线示意图。

17. 试分析下列棱柱形渠道中水面曲线衔接的可能形式。

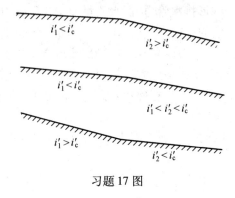

$i'_1 < i'_c$ $i'_2 > i'_c$

$i'_1 < i'_c$ $i'_1 < i'_2 < i'_c$

$i'_1 > i'_c$ $i'_2 < i'_c$

习题 17 图

第 9 章

堰 流

本章导读 堰流是明渠缓流由于流动边界的急剧变化而引起的明渠急变流现象。堰流在工程中应用较广,在水利和市政工程中常用来控制和调节水位和流量,既能挡水又能泄水的水工建筑物;在交通土建工程中,宽顶堰流理论是小桥涵孔径水力计算的基础;在城市建设中常用堰流知识设计人工水景瀑布,美化环境。本章内容包括堰流的水力特征和不同堰型的溢流及水力计算。

9.1 堰流和堰的分类

9.1.1 堰和堰流

在缓流中,为控制水位和流量而设置的顶部溢流的障壁称为堰(weir),缓流经堰顶的急变流现象称为堰流(weir flow)。堰顶溢流时,由于堰对来流的约束,使堰前水面壅高,然后堰上水面降落,流过堰顶。

研究堰流的主要目的是探求流经堰的流量与堰基本特征量之间的关系,为堰工程设计和过流能力的计算提供科学依据。表征堰流的各项特征量如图9.1所示。

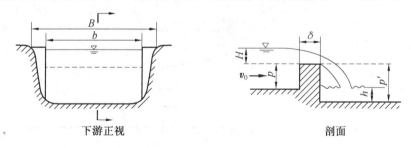

图 9.1 堰流

b—堰宽,水漫过堰顶的宽度;δ—堰顶厚度;H—堰上水头,上游水位在堰顶上最大超高;p,p'—堰上、下游坎高;h—堰下游水深;B—上游渠道宽,上游来流宽度;v_0—行进流速,上游来流速度

9.1.2 堰的分类

根据堰顶厚度 δ 与堰上水头 H 的关系,堰可分为薄壁堰、实用堰和宽顶堰 3 类。

(1)薄壁堰(sharp-crested weir),$\dfrac{\delta}{H} < 0.67$,如图 9.2 所示。

过堰水流形成"水舌",水舌下缘先上弯后回落,落至堰顶高程时,距上游壁面约

$0.67H$，堰顶厚$\delta < 0.67H$则堰和过堰水流就只有一条边线接触，堰顶厚度对来流无影响，故称为薄壁堰。薄壁堰主要用作测量流量的设备。

（2）实用堰（ogee weir），$0.67 < \dfrac{\delta}{H} < 2.5$，如图9.3所示。

堰顶厚度大于薄壁堰，对水流有一定影响，但堰上水面仍一次连续降落，这样的堰型称为实用堰。实用堰的剖面有曲线型和折线型两种，如图9.3所示，水利工程中的大、中型溢流坝一般采用曲线型实用堰；小型工程常采用折线型实用堰。

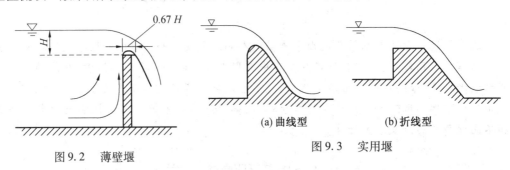

图9.2　薄壁堰

(a) 曲线型　　(b) 折线型

图9.3　实用堰

（3）宽顶堰（broad-crested weir），$2.5 < \dfrac{\delta}{H} < 10$，如图9.4所示。

过堰水流在堰进口与出口处形成二次跌落现象，这样的堰称为宽顶堰。如小桥过流、无压短涵管过流都属于宽顶堰流。

当$\delta > 10H$时，沿程损失不能忽略，流动已不属于堰流。

堰的分类还有其他方法，如按堰的宽度b与渠道宽度B是否相等，可分为侧缩堰（$b < B$）和无侧缩堰（$b = B$）。还可根据下游水位是否影响到堰的过流能力，将堰分为自由式堰流（自由出流）和淹没式堰流（淹没出流），如图9.5所示。

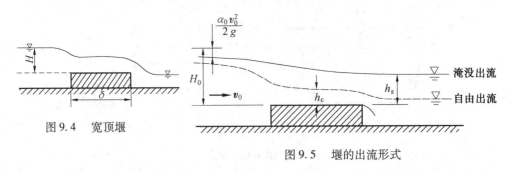

图9.4　宽顶堰

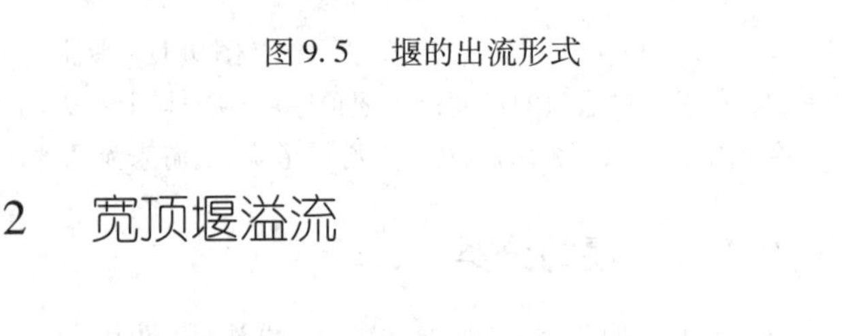

图9.5　堰的出流形式

9.2　宽顶堰溢流

9.2.1　基本公式

宽顶堰的溢流现象随δ/H而变化。自由式宽顶堰流的代表性流动图形如图9.6所示。

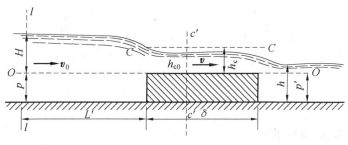

图 9.6 宽顶堰溢流

水流进入堰口水面降落,在距堰口不远处形成小于临界水深的收缩水深 $h_{c0} < h_c$,然后形成水面近似平行堰顶的急流,最后在出口(堰尾)水面第二次降落与下游连接。

以堰顶为基准面,列上游断面 $1-1$、收缩断面 $c'-c'$ 伯努利方程

$$H + \frac{\alpha_0 v_0^2}{2g} = h_{c0} + \frac{\alpha v^2}{2g} + \zeta \frac{v^2}{2g}$$

令 $H_0 = H + \frac{\alpha_0 v_0^2}{2g}$ 为包括行进流速水头的堰上水头。又 h_{c0} 与 H_0 有关,表示为 $h_{c0} = kH_0$,k 是与堰口形式和过水断面的变化(用 p/H 表示)有关的系数。将 H_0 及 $h_{c0} = kH_0$ 代入前式,得

流速 $$v = \frac{1}{\sqrt{\alpha + \zeta}} \sqrt{1-k} \sqrt{2gH_0} = \varphi \sqrt{1-k} \sqrt{2gH_0}$$

流量 $$Q = vkH_0 b = \varphi k \sqrt{1-k} \sqrt{2g} H_0^{3/2} b = mb \sqrt{2g} H_0^{3/2} \qquad (9.2.1)$$

式中 φ—— 流速系数,$\varphi = \frac{1}{\sqrt{\alpha + \zeta}}$,这里局部阻力系数与堰口形式和过水断面的变化 (用 p/H 表示)有关;

m—— 流量系数,$m = \varphi k \sqrt{1-k}$,由决定系数 k,φ 的因素可知,m 取决于堰口形式和相对堰高 p/H。

流量系数 m 可按下列经验公式计算:

矩形直角进口宽顶堰(图 9.7(a))

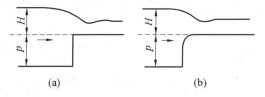

(a)   (b)

图 9.7 宽顶堰进口情况

$$0 \leqslant \frac{p}{H} \leqslant 3.0, \ m = 0.32 + 0.01 \frac{3 - \frac{p}{H}}{0.46 + 0.75 \frac{p}{H}} \qquad (9.2.2)$$

$$\frac{p}{H} > 3.0, m = 0.32$$

矩形修圆进口宽顶堰(图 9.7(b))

$$0 \leq \frac{p}{H} \leq 3.0, \quad m = 0.36 + 0.01 \frac{3 - \dfrac{p}{H}}{1.2 + 1.5 \dfrac{p}{H}} \qquad (9.2.3)$$

$$\frac{p}{H} > 3.0, \quad m = 0.36$$

9.2.2 淹没的影响

下游水位较高,顶托过堰水流,造成堰上水流性质发生变化。堰上水深由小于临界水深变为大于临界水深,水流由急流变为缓流,下游干扰波能向上游传播,此时为淹没溢流,如图9.8所示。下游水位高于堰顶 $h_s = h - p' > 0$,是形成淹没溢流的必要条件。形成淹没溢流的充分条件是下游水位影响到堰上水流由急流变为缓流。实验证明,淹没溢流的充分条件近似为

$$h_s = h - p' > 0.8H_0 \qquad (9.2.4)$$

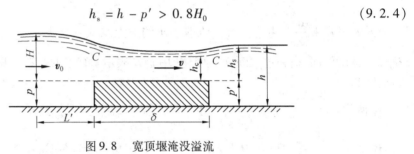

图 9.8　宽顶堰淹没溢流

淹没溢流由于受下游水位的顶托,堰的过流能力降低。淹没的影响用淹没系数表示,淹没宽顶堰的溢流量

$$Q = \sigma_s m b \sqrt{2g} H_0^{3/2} \qquad (9.2.5)$$

式中　σ_s——淹没系数,随淹没程度 h_s/H_0 的增大而减小,见表9.1。

表9.1　宽顶堰的淹没系数

$\dfrac{h_s}{H_0}$	0.8	0.81	0.82	0.83	0.84	0.85	0.86	0.87	0.88	0.89	0.90	0.91	0.92	0.93	0.94	0.95	0.96	0.97	0.98
σ_s	1.0	0.995	0.99	0.98	0.97	0.96	0.95	0.93	0.90	0.87	0.84	0.82	0.78	0.74	0.70	0.65	0.59	0.50	0.40

9.2.3 侧收缩的影响

堰宽小于上游渠道宽 $b < B$,水流流进堰口后,在边墩前部发生脱离,使堰流的过水断面宽度实际上小于堰宽(图8.9),同时也增加了局部水头损失,造成堰的过流能力降低,这就是侧收缩现象。侧收缩的影响用收缩系数表示,非淹没有侧收缩的宽顶堰溢流流量

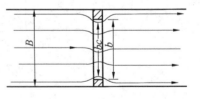

图 9.9　宽顶堰的侧收缩

$$Q = m\varepsilon b\sqrt{2g}H_0^{3/2} = mb_c\sqrt{2g}H_0^{3/2} \qquad (9.2.6)$$

式中　b_c——收缩堰宽,$b_c = \varepsilon b$;

ε——侧收缩系数,与相对堰高 p/H,相对堰宽 b/B,墩头形状(以墩形系数 a 表示)有关。对单孔宽顶堰有经验公式

$$\varepsilon = 1 - \frac{a}{\sqrt[3]{0.2 + \dfrac{p}{H}}} \sqrt[4]{\frac{b}{B}} \left(1 - \frac{b}{B}\right) \tag{9.2.7}$$

式中　a——墩形系数,矩形墩 $a = 0.19$,圆弧墩 $a = 0.10$。

淹没式有侧收缩宽顶堰溢流量

$$Q = \sigma_s m \varepsilon b \sqrt{2g} H_0^{3/2} = \sigma_s m b_c \sqrt{2g} H_0^{3/2} \tag{9.2.8}$$

【例 9.1】　某矩形断面渠道,为引水灌溉修筑宽顶堰(图 9.10)。已知渠道宽 $B = 3$ m,堰宽 $b = 2$ m,坝高 $p = p' = 1$ m,堰上水头 $H = 2$ m,堰顶为直角进口,墩头为矩形,下游水深 $h = 2$ m,试求过堰流量。

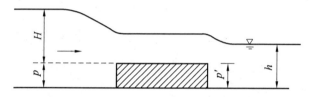

图 9.10　宽顶堰算例

解　(1)判别出流形式

$$h_s = h - p' = 1 \text{ m} > 0$$

$$0.8H_0 > 0.8H = 0.8 \times 2 = 1.6 \text{m} > h_s$$

满足淹没溢流必要条件,但不满足充分条件,为自由式溢流。

$b < B$,有侧收缩。综上,本堰为自由溢流有侧收缩的宽顶堰。

(2)计算流量系数 m

堰顶为直角进口,$\dfrac{p}{H} = 0.5 < 3$,由式(9.2.2)

$$m = 0.32 + 0.01 \frac{3 - \dfrac{p}{H}}{0.46 + 0.75 \dfrac{p}{H}} = 0.35$$

(3)计算侧收缩系数 ε

单孔宽顶堰,由式(9.2.7)

$$\varepsilon = 1 - \frac{a}{\sqrt[3]{0.2 + \dfrac{p}{H}}} \sqrt[4]{\frac{b}{B}} \left(1 - \frac{b}{B}\right) = 0.936$$

(4)计算流量 Q

自由溢流有侧收缩宽顶堰,式(9.2.6)

$$Q = m \varepsilon b \sqrt{2g} H_0^{3/2}$$

其中

$$H_0 = H + \frac{\alpha v_0^2}{2g}, \quad v_0 = \frac{Q}{\beta(H + p)}$$

用迭代法求解 Q，第一次取 $H_{0(1)} \approx H$

$$Q_{(1)} /(\mathrm{m}^3 \cdot \mathrm{s}^{-1}) = m \varepsilon b \sqrt{2g} H_{0(1)}^{3/2} = 0.35 \times 0.936 \times 2\sqrt{2g} \times 2^{3/2} = 2.9 \times 2^{3/2} = 8.2$$

$$v_{0(1)} /(\mathrm{m} \cdot \mathrm{s}^{-1}) = \frac{Q_{(1)}}{B(H+p)} = \frac{8.2}{9} = 0.911$$

第二次近似，取

$$H_{0(2)} /\mathrm{m} = H + \frac{\alpha v_{0(1)}^2}{2g} = 2 + \frac{0.911^2}{19.6} = 2.0424$$

$$Q_{(2)} /(\mathrm{m}^3 \cdot \mathrm{s}^{-1}) = 2.9 H_{0(2)}^{3/2} = 2.9 \times 2.0424^{3/2} = 8.468$$

$$v_{0(2)} /(\mathrm{m} \cdot \mathrm{s}^{-1}) = \frac{Q_{(2)}}{b(H+p)} = \frac{8.468}{9} = 0.941$$

第三次近似，取

$$H_{0(3)} /\mathrm{m} = H + \frac{\alpha v_{0(2)}^2}{2g} = 2.045\,1$$

$$Q_{(3)} /(\mathrm{m}^3 \cdot \mathrm{s}^{-1}) = 2.9 H_{0(3)}^{3/2} = 2.9 \times 2.045\,1^{3/2} = 8.53$$

$$\frac{Q_{(3)} - Q_{(2)}}{Q_{(3)}} = \frac{8.53 - 8.468}{8.53} = 0.007\,3$$

本题计算误差限值定为 1%，则过堰流量为

$$Q = Q_{(3)} = 8.89 \ \mathrm{m}^3/\mathrm{s}$$

（5）校核堰上游流动状态

$$v_0 /(\mathrm{m} \cdot \mathrm{s}^{-1}) = \frac{Q}{B(H+p)} = \frac{8.89}{9} = 0.988$$

$$Fr = \frac{v_0}{\sqrt{g(H+p)}} = \frac{1.48}{\sqrt{9.8 \times 3}} = 0.182 < 1$$

上游来流为缓流，流经障壁形成堰流，上述计算有效。

用迭代法求解宽顶堰流量高次方程，是一种基本的方法，但计算繁复，可编程用计算机求解。

9.3 薄壁堰

常用的薄壁堰的堰口形状有矩形和三角形两种。

9.3.1 矩形薄壁堰

矩形薄壁堰溢流如图 9.11 所示。

因水流特点相同，基本公式的结构形式同式(9.2.1)，对自由式溢流

$$Q = mb\sqrt{2g} H_0^{3/2}$$

为了能以实测的堰上水头 H 直接求得流量，将行进流速水头 $\frac{\alpha v_0^2}{2g}$ 的影响计入流量系数内，则基本公式改写为

$$Q = m_0 b\sqrt{2g} H^{3/2} \tag{9.3.1}$$

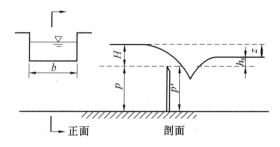

图 9.11　矩形薄壁堰溢流

式中　m_0——计入行进流速水头影响的流量系数,需由实验确定。

当 $b = B$,即无侧收缩时,采用 1898 年法国工程师巴赞提出的经验公式

$$m_0 = \left(0.405 + \frac{0.002\,7}{H}\right)\left[1 + 0.55\left(\frac{H}{H+p}\right)^2\right] \qquad (9.3.2)$$

式中,H,p 均以 m 计,公式适用范围为 $H \leqslant 1.24\ \text{m}, p \leqslant 1.13\ \text{m}, b \leqslant 2\ \text{m}$。

淹没影响和侧收缩影响:当下游水位超过堰顶 $h_s > 0$,且 $\dfrac{z}{p'} < 0.7$ 时,形成淹没溢流,此时堰的过水能力降低,下游水面波动较大,溢流不稳定,所以用于量测流量用的薄壁堰,不宜在淹没条件下工作。

当 $b < B$ 时,存在侧收缩,m_0 可用修正的巴赞公式计算

$$m_0 = \left(0.405 + \frac{0.002\,7}{H} - 0.03\frac{B-b}{B}\right)\left[1 + 0.55\left(\frac{H}{H+p}\right)^2\left(\frac{b}{B}\right)^2\right] \qquad (9.3.3)$$

9.3.2　三角形薄壁堰

用矩形堰量测流量,当小流量时,堰上水头 H 很小,量测误差增大。为使小流量仍能保持较大的堰上水头,就要减小堰宽,为此采用三角形堰,如图 9.12 所示。

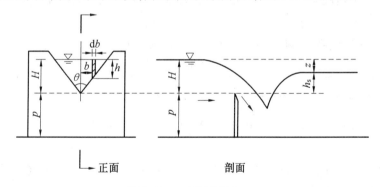

图 9.12　三角堰溢流

设三角形堰的夹角为 θ,自顶点算起的堰上水头为 H,将微小宽度 $\mathrm{d}b$ 看成薄壁堰流,则微小流量为

$$\mathrm{d}Q = m_0\sqrt{2g}\,h^{3/2}\mathrm{d}b$$

式中　h——$\mathrm{d}b$ 处的水头,由几何关系 $b = (H - h)\tan\dfrac{\theta}{2}$,则

$$db = -\tan\frac{\theta}{2}dh$$

代入上式
$$dQ = -m_0\tan\frac{\theta}{2}\sqrt{2g}h^{3/2}dh$$

堰的溢流量
$$Q = -2m_0\tan\frac{\theta}{2}\sqrt{2g}\int_H^0 h^{3/2}dh = \frac{4}{5}m_0\tan\frac{\theta}{2}\sqrt{2g}H^{5/2}$$

当 $\theta = 90°$，$H = 0.05 \sim 0.25$ m 时，由实验得出 $m_0 = 0.395$，于是

$$Q = 1.4H^{5/2} \tag{9.3.4}$$

式中　H——自堰口顶点算起的堰上水头，单位以 m 计，流量单位以 m^3/s 计。

当 $\theta = 90°$，$H = 0.25 \sim 0.55$ m 时，另有经验公式

$$Q = 1.343H^{2.47} \tag{9.3.5}$$

式中符号和单位与式(9.3.4)相同。

9.4　实用堰溢流

实用堰是水利工程中用来挡水同时又能泄水的水工建筑物，按剖面形状分为曲线型实用堰(图9.3(a))和折线型实用堰(图9.3(b))。曲线型实用堰的剖面，是按矩形薄壁堰自由溢流水舌的下缘面加以修正定型的，折线型实用堰以梯形剖面居多。实用堰基本公式的结构形式同式(9.2.1)

$$Q = mb\sqrt{2g}H_0^{3/2}$$

实用堰的流量系数 m 变化范围较大，视堰壁外形、水头大小及首部情况而定。初步估算，曲线型实用堰可取 $m = 0.45$，折线型实用堰可取 $m = 0.35 \sim 0.42$。

淹没影响和侧收缩影响：

当下游水位超过堰顶 $h_s > 0$，实用堰成为淹没溢流时，淹没影响用淹没系数 σ_s 表示

$$Q = \sigma_s mb\sqrt{2g}H_0^{3/2}$$

式中　σ_s——淹没系数，随淹没程度 h_s/H_0 的增大而减小，见表9.2。

表9.2　实用堰的淹没系数

$\dfrac{h_s}{H_0}$	0.05	0.20	0.30	0.40	0.50	0.60	0.70	0.80	0.90	0.95	0.975	0.995	1.00
σ_s	0.997	0.985	0.972	0.957	0.935	0.906	0.856	0.776	0.621	0.470	0.319	0.100	0

当堰宽小于上游渠道的宽度 $b < B$，过堰水流发生侧收缩，造成过流能力降低。侧收缩的影响用收缩系数表示

$$Q = m\varepsilon b\sqrt{2g}H_0^{3/2}$$

式中　ε——侧收缩系数，初步估算时常取 $\varepsilon = 0.85 \sim 0.95$。

9.5　小桥孔径的水力计算

桥梁孔径计算方法分为"小桥"和"大桥"两类。小桥孔径计算方法适用于交通土建

工程中的小桥、无压短涵洞以及水利工程中的灌溉节制闸等的孔径计算,基本上都是利用宽顶堰流理论。大中桥孔径计算方法适用于桥下河槽能够发生冲於变形的天然河床。本节讨论小桥孔径的水力计算。

9.5.1 小桥孔径的水力计算公式

小桥过流属无坎宽顶堰流,即 $p = p' = 0$,按宽顶堰溢流分析。根据下游水位是否影响桥孔过流,分为自由出流和淹没出流。

（1）自由出流

当桥的下游水深 $h < 1.3h_c$ 时,其中 h_c 是桥孔水流的临界水深,下游水位不影响过桥水流,水面有两次降落,桥下的水深为 h_{c0},$h_{c0} < h_c$ 水流为急流,如图9.13所示。对桥前断面和桥下收缩断面列伯努利方程

$$H + \frac{\alpha_0 v_0^2}{2g} = h_{c0} + \frac{\alpha v^2}{2g} + \zeta \frac{v^2}{2g}$$

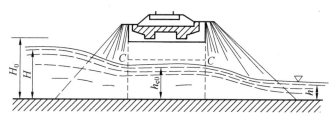

图9.13　自由式小桥过流

令 $H_0 = H + \frac{\alpha_0 v_0^2}{2g}$,又 $h_{c0} = \psi h_c$,其中 $\psi < 1$,视小桥进口形状而定,平滑进口 $\psi = 0.80 \sim 0.85$,非平滑进口 $\psi = 0.75 \sim 0.80$,代入上式,解得流速

$$v = \frac{1}{\sqrt{\alpha + \zeta}} \sqrt{2g(H_0 - \psi h_c)} = \varphi \sqrt{2g(H_0 - \psi h_c)} \tag{9.5.1}$$

流量
$$Q = vA = \varepsilon b \psi h_c \varphi \sqrt{2g(H_0 - \psi h_c)} \tag{9.5.2}$$

式中　φ——小桥孔的流速系数,$\varphi = \frac{1}{\sqrt{\alpha + \zeta}}$;

ε——小桥孔的侧收缩系数。

小桥孔的流速系数 φ 和侧收缩系数 ε 的经验值列于表9.3。

表9.3　小桥孔的流速系数和侧收缩系数

桥　台　形　状	流速系数 φ	侧收缩系数 ε
单孔,有锥体填土(锥体护坡)	0.9	0.90
单孔,有八字翼墙	0.9	0.85
多孔或无锥体填土多孔,或桥台伸出锥体之处	0.85	0.8
拱脚浸水的拱桥	0.8	0.75

（2）淹没出流

当桥的下游水深$h \geq 1.3h_c$时，下游水位顶托过桥水流，影响桥孔过流，此时为淹没出流。水面只有进口一次水位降落，忽略出口的动能恢复，则桥下的水深h_{c0}等于下游水深h，水流为缓流，如图9.14所示。对桥前断面和桥下断面列伯努利方程得

流速
$$v = \varphi \sqrt{2g(H_0 - h)} \qquad (9.5.3)$$

流量
$$Q = vA = \varepsilon b h \varphi \sqrt{2g(H_0 - h)} \qquad (9.5.4)$$

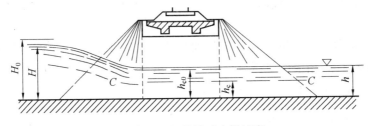

图9.14　淹没式小桥过流

9.5.2　小桥孔径的水力计算方法

按桥梁孔径计算方法分类特点，小桥孔径水力计算要满足通过设计流量时，桥下河槽不发生冲刷，为此，以不冲刷允许流速v'作为小桥孔径的设计流速，计算要点如下：

（1）计算临界水深

已知设计流量（由水文计算确定）Q，桥孔过流断面为矩形，宽度为b，由于侧收缩影响，有效宽度为εb，临界水深为

$$h_c = \sqrt[3]{\frac{\alpha Q^2}{g(\varepsilon b)^2}}$$

水深等于临界水深时，流速为临界流速v_c，流量$Q = \varepsilon b h_c v_c$，可得

$$h_c = \frac{\alpha v_c^2}{g}$$

当以允许流速进行设计时，自由出流桥下水深$h_{c0} = \psi h_c$，$Q = \varepsilon b h_{c0} v_c = \varepsilon b \psi h_c v'$，可得

$$h_c = \frac{\alpha \psi^2 v'^2}{g} \qquad (9.5.5)$$

（2）计算小桥孔径

将下游水深h与临界水深h_c比较，判别桥孔出流形式并计算孔径。

自由出流（$h < 1.3h_c$），桥下河槽水深$h_{c0} = \psi h_c$，则

$$b = \frac{Q}{\varepsilon \psi h_c v'}$$

淹没出流（$h \geq 1.3h_c$），桥下河槽水深$h_{c0} = h$，则

$$b = \frac{Q}{\varepsilon h v'}$$

实际工程中常采用标准孔径，铁路、公路桥梁的标准孔径有4 m、5 m、6 m、8 m、10 m、12 m、16 m、20 m等多种。

（3）按采用的标准孔径验算桥孔过流情况

按采用的标准孔径 B，由式（8.4.4）重新计算临界水深 h_c，判别桥孔出流形式并计算桥下河槽的流速 v。

自由出流（$h < 1.3 h_c$），$v = \dfrac{Q}{\varepsilon B \psi h_c}$；

淹没出流（$h \geqslant 1.3 h_c$），$v = \dfrac{Q}{\varepsilon B h}$，$v$ 应小于 v' 以保证桥下河槽不发生冲刷。

（4）验算桥前壅水水深

桥前壅水水深是上游水面线的控制水深，决定桥前壅水的影响范围。过高的壅水会部分或全部地淹没桥梁上部结构，使桥孔过流变为有压流，主梁受到水平推力和浮力作用，导致上部结构在洪水中颤动解体。

自由出流，由式（9.5.1）

$$H_0 = \frac{v^2}{2g\varphi^2} + \psi h_c$$

$$H = H_0 - \frac{\alpha_0 v_0^2}{2g} = H_0 - \frac{Q^2}{2g\,(B_1 H)^2} < H' \tag{9.5.6}$$

近似用
$$H \approx H_0 < H'$$

式中　　B_1——桥前河槽宽；

　　　　H'——桥梁允许壅水水深。

淹没出流，由式（9.5.3）

$$H_0 = \frac{v^2}{2g\varphi^2} + h$$

$$H = H_0 - \frac{\alpha_0 v_0^2}{2g} = H_0 - \frac{Q^2}{2g\,(B_1 H)^2} < H' \tag{9.5.7}$$

式中　　B_1——桥前河槽宽；

　　　　H'——桥梁允许壅水水深。

近似用
$$H \approx H_0 < H'$$

9.5.3　小桥孔径水力计算原则

为了小桥设计的安全与经济，水力计算应满足三方面的要求：

① 小桥的设计流量 Q 由水文计算确定，水力计算应保证通过设计流量 Q 所需要的孔径 b。

② 小桥通过设计流量 Q 时，应保证桥基不发生冲刷，即要求桥孔流速 v 不超过桥下铺砌材料或天然土壤的不冲刷流速 v'。

③ 桥前壅水水位 H 不大于规定的允许壅水水位 H'（一般由路肩标高及桥梁梁底标高决定）

在设计中，计算程序一般是从允许流速 v' 出发设计小桥孔径 b，同时考虑标准孔径 B，使 $B \geqslant b$，然后校核桥前壅水水位 H。总之在设计中应考虑 v'，B 及 H' 3 个因素。

【例9.2】　由水文计算已知小桥设计流量 $Q = 30 \text{ m}^3/\text{s}$。桥下游水深 $h = 1.0 \text{ m}$（根据下游河段流量－水位关系曲线求得），桥前允许壅水水深 $H' = 2 \text{ m}$，桥下允许流速 $v' = 3.5 \text{ m/s}$。由小桥进口形式，查得各项系数 $\varphi = 0.90$；$\varepsilon = 0.85$；$\psi = 0.80$。取动能修正系数

$\alpha = 1.0$,设计此小桥孔径。

解 （1）计算临界水深

$$h_c/\text{m} = \frac{\alpha \psi^2 v'^2}{g} = \frac{1.0 \times 0.8^2 \times 3.5^2}{9.8} = 0.8$$

$$1.3 h_c = 1.3 \times 0.8 \text{ m} = 1.04 \text{ m} > h = 1.0 \text{ m}$$

此小桥为自由出流。

（2）计算小桥孔径

$$b/\text{m} = \frac{Q}{\varepsilon \psi h_c v'} = \frac{30}{0.85 \times 0.8 \times 0.8 \times 3.5} = 15.8$$

取标准孔径 $B = 16$ m。

（3）重新计算临界水深

$$h_c/\text{m} = \sqrt[3]{\frac{\alpha Q^2}{g (\varepsilon B)^2}} = \sqrt[3]{\frac{1.0 \times 30^2}{9.8 \times (0.85 \times 16)^2}} = 0.792$$

$$1.3 h_c = 1.3 \times 0.792 = 1.03 \text{ m} > h = 1.0 \text{ m}$$

仍为自由出流。

桥孔的实际流速为

$$v/(\text{m} \cdot \text{s}^{-1}) = \frac{Q}{\varepsilon B \psi h_c} = \frac{30}{0.85 \times 16 \times 0.8 \times 0.972} = 3.48$$

$v < v'$ 不会发生冲刷。

（4）验算桥前壅水水深

$$H/\text{m} \approx H_0 = \frac{v^2}{2g\varphi^2} + \psi h_c = \frac{3.48^2}{2 \times 9.8 \times 0.9^2} + 0.8 \times 0.792 = 1.397$$

$H < H'$ 满足设计要求。

习 题 9

1. 用无侧收缩的矩形薄壁堰测量流量,堰上水头 $H = 0.65$ m,堰高 $p = 1.0$ m,需通过流量 $Q = 3.0$ m³/s。问堰宽 b 应为多少?

2. 一直角进口无侧收缩宽顶堰,堰宽 $b = 4.0$ m,堰高 $p = p' = 0.6$ m,堰上水头 $H = 1.2$ m,堰下游水深 $h = 0.8$ m,求通过的流量。如下游水深上升到 $h = 1.7$ m 时,此时堰能通过多少流量。

3. 一圆形进口无侧收缩宽顶堰,堰宽 $b = 1.8$ m,堰高 $p = p' = 0.8$ m,流量 $Q = 12$ m³/s,下游水深 $h = 1.73$ m,求堰顶水头。

4. 用直角三角形薄壁堰测量流量,如测量水头有 1% 的误差,所造成的流量计算误差是多少?

5. 矩形断面渠道宽 2.5 m,流量为 1.5 m³/s,水深 0.9 m,为使水面抬高 0.15 m,在渠道中设置低堰,已知堰的流量系数 $m = 0.39$ m,试求堰的高度。

6. 小桥孔径设计,已知设计流量 $Q = 15$ m³/s,桥下允许流速 $v' = 3.5$ m/s,桥下游水深 $h = 1.3$ m,桥前允许壅水高度 $H' = 2.2$ m,取各项系数 $\varphi = 0.90$;$\varepsilon = 0.9$;$\psi = 1.0$,试设计小桥孔径 B。

第 10 章

渗　流

本章导读　渗流理论研究流体在空隙介质中的运动规律及其在实际中的应用。本章重点是以地下水流动为对象,通过地下水在土壤或岩层中的流动,研究其运动规律,建立渗流的基本概念,渗流的阻力定律——达西定律以及运用渗流理论对普通的无压渗流和普通井进行水力计算的方法。

10.1　概　述

流体在孔隙介质中的流动称为渗流(seepage flow),在土建工程中渗流主要是指水在地表以下的土壤和岩层中的流动,所以渗流亦称地下水运动。渗流理论广泛应用于水利、土木、石油、采矿、化工等许多领域,如土木工程中基坑降水、软土地基排水、隧道防水、防洪工程设计及渗流压力作用下建筑物受力分析等,都离不开渗流理论。

水在土壤中的渗流现象是在水与土壤相互作用下形成的。土壤中水的存在状态可分为气态水、附着水、薄膜水、毛细水和重力水。除重力水之外,其他状态的地下水都不可能在土壤孔隙中流动。重力水是指充满在土壤孔隙中,受重力作用而在孔隙中流动的水。重力水是渗流理论研究的对象。

10.2　渗流基本定律

10.2.1　渗流模型

实际土壤颗粒的形状、大小及颗粒间孔隙的大小、形状和分布情况是十分复杂的,具有随机性。无论是理论分析还是实验分析,要确定水在土壤孔隙中流动的真实情况极其困难,也无此必要。工程中所关心的是渗流宏观平均效果,而不是孔隙内的流动细节,为此引入简化的渗流模型来代替实际的渗流。

渗流模型是渗流区域(流体和孔隙介质所占据的空间)的边界条件保持不变,忽略土粒骨架的存在,认为渗流区连续充满流体,而流量与实际渗流相同,压强和渗流阻力也与实际渗流相同的替代流场。

在渗流模型中,取过水断面积 ΔA(其中包括土颗粒面积和孔隙面积),设通过的实际流量为 ΔQ,则渗流速度

$$u = \frac{\Delta Q}{\Delta A}$$

而水在孔隙中的实际平均速度

$$u' = \frac{\Delta Q}{\Delta A'} = \frac{u\Delta A}{\Delta A'} = \frac{1}{n}u > u$$

式中　$\Delta A'$——ΔA 中孔隙面积；

　　n—— 土的孔隙度，$n = \dfrac{\Delta A'}{\Delta A}$，$n < 1$ 。

可见,渗流速度小于土孔隙中的实际速度。

渗流模型将渗流作为连续空间内连续介质的运动,使得前面基于连续介质建立起来的描述流体运动的方法和概念,能直接应用于渗流中,使得在理论上研究渗流问题成为可能。

10.2.2　渗流的分类

在渗流模型的基础上,渗流也可按欧拉法的概念进行分类,例如,根据各渗流空间点上的流动参数是否随时间变化,分为恒定渗流和非恒定渗流;根据流动参数与坐标的关系,分为一维、二维、三维渗流;根据流线是否为平行直线,分为均匀渗流和非均匀渗流,而非均匀渗流又可分为渐变渗流和急变渗流。此外从有无自由水面,可分为有压渗流和无压渗流。

10.2.3　达西定律

1855 年,法国工程师达西(Darcy H) 通过实验研究总结出渗流水头损失与渗流速度之间的关系式,后人称之为达西定律。

达西渗流实验装置如图 10.1 所示。该装置为上端开口直立圆筒,筒壁上、下两断面装有测压管,圆筒下部距筒底不远处装有滤板 C。圆筒内充满均匀砂层,由滤板托住。水由上端注入圆筒,并以溢水管 B 使水位保持恒定。水渗流即可测量出测压管水头差,同时透过砂层的水经排水管流入计量容器 V 中,以便计算实际渗流量。

由于渗流流速极其微小,其流速水头可忽略不计,实际的测压管水头差即为两断面间的水头损失,则其水力坡度

$$i = \frac{h_\mathrm{w}}{l} = \frac{H_1 - H_2}{l}$$

达西在分析了大量的实验资料后得出以下规律

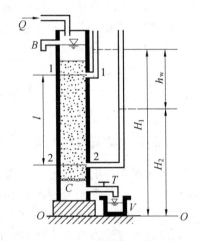

图 10.1　达西实验装置

$$Q = kAi \tag{10.2.1}$$

或
$$v = ki \tag{10.2.2}$$

式中　v——渗流断面平均流速,称渗流速度;

　　k——反映土壤透水性的一个综合系数,具有速度的量纲,称为渗透系数(coefficient of permeability)。

达西实验是在等直径圆筒内均质砂土中进行的,属于均匀渗流,可以认为各点的流动状况相同,各点的速度等于断面平均流速,式(10.2.2)可写为

$$u = ki \qquad (10.2.3)$$

式(10.2.3)即为著名的达西定律(Darcy law)。它表明渗流的水力坡度,即单位距离上的水头损失与渗流速度的一次方成比例。因此,也称为渗流线性定律。

达西定律推广到非均匀、非定常渗流中,其表达式为

$$u = ki = -k \frac{\mathrm{d}H}{\mathrm{d}s} \qquad (10.2.4)$$

式中　　u——点流速;

　　　　i——该点的水力坡度。

达西定律是渗流线性定律,后来范围更广的实验指出,随着渗流速度的加大,水头损失将与流速的 1 ~ 2 次方成比例。当流速大到一定数值后,水头损失和流速的 2 次方成比例,可见达西定律有一定的适用范围。

关于达西定律的适应范围,可用雷诺数进行判别。因为土孔隙的大小、形状和分布在很大的范围内变化,相应的判别雷诺数为

$$Re = \frac{vd}{\nu} \leqslant 1 \sim 10 \qquad (10.2.5)$$

式中　　v——渗流断面平均流速;

　　　　d——土颗粒的有效直径,一般用 d_{10},即筛分时占 10% 重量的土粒所通过的筛孔直径;

　　　　ν——水的运动黏度。

为安全起见,可把 $Re = 1.0$ 作为线性定律适用的上限。本章所讨论的内容,仅限于符合达西定律的渗流。

10.2.4　渗透系数及其确定方法

根据达西定律,反映孔隙介质水性能的渗透系数(或称导水率),可以理解为单位水力坡度下的渗流通量(单位面积上的渗透流量),即单位水力坡度下的渗透流速,具有速度的量纲 LT^{-1},常用 m/s 或 m/d 表示。

渗透系数是反映土壤透水性的一个综合系数,是分析计算渗流问题最重要的参数。由于该系数取决于土颗粒大小、形状、分布情况及地下水的物理化学性质等多种因素,要准确地确定其数值是相当困难的。目前确定渗透系数的方法可以分为 3 类。

(1)实验室测定法

取若干天然土样,利用类似图 10.1 所示的达西实验装置,实测水头损失 h_w 与渗流量 Q,按式(10.2.1)求得渗透系数

$$k = \frac{Ql}{Ah_w}$$

此法虽简单,但土样往往容易受到扰动而造成实验结果失真。

(2)现场测定法

该法是一种较可靠的测定方法。其主要优点是:不需将土样取回实验室,因此土壤结

构可以保持原状,不受扰动,同时可以取得大面积的平均渗透系数值。但因规模较大,投入的劳力和经费均较大,一般多用于重要的大型工程。

现场测定法一般在现场钻井或挖试坑,做抽水或注水实验,达到稳定时,测定流量及水头等数值,然后根据相应的理论公式,反算渗透系数。

(3) 经验方法

在有关手册或规范资料中,给出各种土的渗透系数值或计算公式,大都是经验性的,各有其局限性,可作为初步估算用。现将各类土的渗透系数列于表 10.1。

表 10.1　土的渗透系数

土　名	渗透系数 k		土　名	渗透系数 k	
	m/d	cm/s		m/d	cm/s
黏　土	< 0.005	$< 6 \times 10^{-6}$	粗　砂	20 ~ 50	$2 \times 10^{-2} ~ 6 \times 10^{-2}$
粉质黏土	0.005 ~ 0.1	$6 \times 10^{-5} ~ 1 \times 10^{-4}$	均质粗砂	60 ~ 75	$7 \times 10^{-2} ~ 8 \times 10^{-2}$
粉　土	0.1 ~ 0.5	$1 \times 10^{-4} ~ 6 \times 10^{-4}$	圆　砾	50 ~ 100	$6 \times 10^{-2} ~ 1 \times 10^{-1}$
黄　土	0.25 ~ 0.5	$3 \times 10^{-4} ~ 6 \times 10^{-4}$	卵　石	100 ~ 500	$1 \times 10^{-1} ~ 6 \times 10^{-1}$
粉　砂	0.5 ~ 1.0	$6 \times 10^{-4} ~ 1 \times 10^{-3}$	无填充物卵石	500 ~ 1000	$6 \times 10^{-1} ~ 1 \times 10$
细　砂	1.0 ~ 5.0	$1 \times 10^{-3} ~ 6 \times 10^{-3}$	稍有裂隙岩石	20 ~ 60	$2 \times 10^{-2} ~ 7 \times 10^{-2}$
中　砂	5.0 ~ 20.0	$6 \times 10^{-3} ~ 2 \times 10^{-2}$	裂隙多的岩石	> 60	$> 7 \times 10^{-2}$
均质中砂	35 ~ 50	$4 \times 10^{-2} ~ 6 \times 10^{-2}$			

10.3　地下水的渐变渗流

在透水地层中的地下水流动,很多情况是具有自由液面的无压渗流。无压渗流相当于透水地层中的明渠流动,水面线称为浸润线。同地上明渠流动的分类相似,无压渗流也可分为流线是平行直线、等深、等速的均匀渗流,均匀渗流的水深称为渗流正常水深,以 h_0 表示。但由于受自然水文地质条件的影响,无压渗流更多的是流线近于平行直线的非均匀渐变渗流。

因渗流区地层宽阔,无压渗流一般可按一元流动处理,并将渗流的过水断面简化为宽阔的矩形断面计算。

通过对渐变渗流的分析,可以得出地下水位变化规律、地下水的动向和补给情况。

10.3.1　裘皮依(J. Dupuit) 公式

设非均匀渐变渗流如图 10.2 所示。取相距为 ds 的过流断面 1 – 1、2 – 2,根据渐变流的性质,过水断面近于平面,面上各点的测压管水头皆相等。又由于渗流的总水头等于测压管水头,所以,1 – 1 与 2 – 2 断面之间任一流线上的水头损失相同

$$H_1 - H_2 = - dH$$

因为渐变流的流线近于平行直线,1 – 1 与 2 – 2 断面间各流线的长度近于 ds,则过水

断面上各点的水力坡度相等

$$i = -\frac{\mathrm{d}H}{\mathrm{d}s}$$

代入式(10.2.4),过水断面上各点的流速相等,并等于断面平均流速,流速分布图为矩形。

$$v = u = ki = -k\frac{\mathrm{d}H}{\mathrm{d}s} \qquad (10.3.1)$$

上式即为渐变渗流的一般公式,称作裘皮依公式,它是法国学者裘皮依在 1863 年首先提出的。公式形式虽然和达西定律一样,

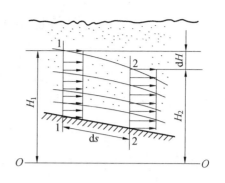

图 10.2　渐变渗流

但含意已是渐变渗流过水断面上,平均速度与水力坡度的关系。因此,裘皮依公式也可看作是达西定律在渐变渗流中的推广。

10.3.2　渐变渗流基本方程

设无压非均匀渐变渗流,不透水地层坡度为 i',取过水断面 1 - 1、2 - 2,相距 $\mathrm{d}s$,水深和测压管水头的变化分别为 $\mathrm{d}h$ 和 $\mathrm{d}H$,如图 10.3 所示。

1 - 1 断面的水力坡度

$$i = -\frac{\mathrm{d}H}{\mathrm{d}s} = -\left(\frac{\mathrm{d}z}{\mathrm{d}s} + \frac{\mathrm{d}h}{\mathrm{d}s}\right) = i' - \frac{\mathrm{d}h}{\mathrm{d}s}$$

将 i 代入式(10.3.1),得 1 - 1 断面的平均渗流速度

$$v = k\left(i' - \frac{\mathrm{d}h}{\mathrm{d}s}\right) \qquad (10.3.2)$$

渗流量

$$Q = kA\left(i' - \frac{\mathrm{d}h}{\mathrm{d}s}\right) \qquad (10.3.3)$$

上式是无压恒定渐变渗流的基本方程,是分析和绘制渐变渗流浸润曲线的理论基础。

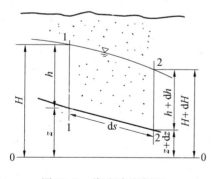

图 10.3　渐变渗流断面

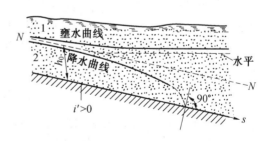

图 10.4　顺坡基底渗流

10.3.3 渐变渗流浸润曲线的分析

同明渠非均匀渐变流水面线的变化相比较,因渗流速度极其微小,流速水头忽略不计,所以浸润线既是测压管水头线,又是总水头线。由于存在水头损失,总水头线沿程下降,因此,浸润线也只能沿程下降,不可能水平,更不可能上升,这是浸润线的主要几何特征。

渗流区不透水基底的坡度分为顺坡($i' > 0$),平坡($i' = 0$),逆坡($i' < 0$)三种。只有顺坡存在均匀渗流,有正常水深。无压渗流无临界水深及缓流、急流的概念,因此浸润线的类型大为简化。

1. 顺坡渗流

以均匀渗流正常水深 $N - N$ 线,将渗流区分为上、下两个区域,如图10.4所示。

由渐变渗流基本方程式(10.3.3)

$$\frac{\mathrm{d}h}{\mathrm{d}s} = i' - \frac{Q}{kA}$$

为便于同正常水深比较,式中流量用均匀渗流计算式 $Q = kA_0 i'$ 代入,得

$$\frac{\mathrm{d}h}{\mathrm{d}s} = i'\left(1 - \frac{A_0}{A}\right) \tag{10.3.4}$$

式中 A_0—— 均匀渗流时的过水断面积;

       A—— 实际渗流的过水断面积。

上式即为顺坡渗流浸润线微分方程。

(1) Ⅰ区($h > h_0$)

在式(10.3.4)中,$h > h_0$,$A > A_0$,$\mathrm{d}h/\mathrm{d}s > 0$,浸润线是渗流壅水曲线。其上游端 $h \to h_0$,$A \to A_0$,$\mathrm{d}h/\mathrm{d}s \to 0$,浸润线以 $N - N$ 线为渐近线;下游端 $h \to \infty$,$A \to \infty$,$\mathrm{d}h/\mathrm{d}s \to i'$,浸润线以水平线为渐近线。

(2) Ⅱ区($h < h_0$)

在式(10.3.4)中,$h < h_0$,$A < A_0$,$\mathrm{d}h/\mathrm{d}s < 0$,浸润线是渗流降水曲线。其上游端 $h \to h_0$,$A \to A_0$,$\mathrm{d}h/\mathrm{d}s \to 0$,浸润线以 $N - N$ 线为渐近线;下游端 $h \to 0$,$A \to 0$,$\mathrm{d}h/\mathrm{d}s \to -\infty$,浸润线与基底正交。由于此处曲率半径很小,不再符合渐变流条件,式(10.3.1)已不适用,这条浸润线的下游端实际上取决于具体的边界条件。

设渗流区的过水断面是宽度为 b 的宽阔矩形,$A = bh$,$A_0 = bh_0$ 代入式(10.3.4),并令 $\eta = h/h_0$,$\mathrm{d}h = h_0 \mathrm{d}\eta$,得到

$$\frac{i'\mathrm{d}s}{h_0} = \mathrm{d}\eta + \frac{\mathrm{d}\eta}{\eta - 1}$$

将上式从断面 1 - 1 到 2 - 2 进行积分,得

$$l = \frac{h_0}{i'}\left(\eta_2 - \eta_1 + \ln\frac{\eta_2 - 1}{\eta_1 - 1}\right) \tag{10.3.5}$$

式中 l—— 断面 1 - 1 与 2 - 2 间的距离,$\eta_1 = h_1/h_0$,$\eta_2 = h_2/h_0$。

此式可用以绘制顺坡渗流的浸润线和进行水力计算。

2. 平坡渗流

平坡渗流区域如图10.5所示。令式(10.3.3)中底坡 $i' = 0$,即得平坡渗流浸润线微

分方程

$$\frac{\mathrm{d}h}{\mathrm{d}s} = -\frac{Q}{kA} \qquad (10.3.6)$$

在平坡基底上不能形成均匀渗流,$\mathrm{d}h/\mathrm{d}s < 0$,只能有一种浸润线,为渗流的降水曲线。其上游端 $h \to \infty$,$\mathrm{d}h/\mathrm{d}s \to 0$,以水平线为渐近线;下游端 $h \to 0$,$\mathrm{d}h/\mathrm{d}s \to -\infty$,浸润线与基底正交,性质和上述顺坡渗流的降水曲线末端类似。

设渗流区的过水断面是宽度为 b 的宽阔矩形,$A = bh$,$Q/b = q$(单宽流量)代入式(10.3.6),得

$$\frac{q}{k}\mathrm{d}s = -h\mathrm{d}h$$

将上式从断面 1 – 1 到 2 – 2 进行积分,得

$$\frac{ql}{k} = \frac{1}{2}(h_1^2 - h_2^2) \qquad (10.3.7)$$

此式可用以绘制平坡渗流的浸润线和进行水力计算。

3. 逆坡渗流

在逆坡基底上,也不可能形成均匀渗流。对于逆坡渗流也只有一种浸润线,为渗流的降水曲线,如图 10.6 所示。其微分方程和积分式,这里不详述。

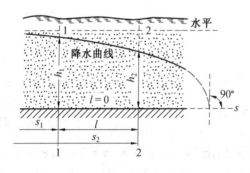
图 10.5　平坡基底渗流

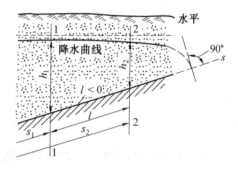
图 10.6　逆坡基底渗流

10.4　井和井群

井是汲取地下水源和降低地下水位的集水构筑物,应用十分广泛。

在具有自由水面的潜水层中凿的井,称为普通井或潜水井。其中贯穿整个含水层,井底直达不透水层的称为完整井(completely penetrating well),井底未达到不透水层的称为不完整井(partially penetrating well)。

含水层位于两个不透水层之间,含水层顶面压强大于大气压强,这样的含水层称为承压含水层。汲取承压地下水的井,称为承压井或自流井。

下面讨论普通完整井和自流井的渗流计算。

10.4.1　普通完整井(完全潜水井)

水平不透水层上的普通完整井,如图 10.7 所示。管井的直径 50 ~ 1 000 mm,井深可

达 1 000 m 以上。

设含水层中地下水的天然水面 $A-A$,含水层厚度为 H ,井的半径为 r_0 。从井内抽水时,井内水位下降,四周地下水向井中补给,并形成对称于井轴的漏斗形浸润面。如抽水流量不过大且恒定时,经过一段时间,向井内渗流达到恒定状态。井中水深和浸润漏斗面均保持不变。

取距井轴为 r ,浸润面高为 z 的圆柱形过水断面,除井周附近区域外,浸润曲线的曲率很小,可看作是恒定渐变渗流。

裘皮依公式

$$v = ki = -k\frac{\mathrm{d}H}{\mathrm{d}s}$$

将 $H = z, \mathrm{d}s = -\mathrm{d}r$ 代入上式

$$v = k\frac{\mathrm{d}z}{\mathrm{d}r}$$

渗流量　　　$Q = Av = 2\pi rzk\frac{\mathrm{d}z}{\mathrm{d}r}$

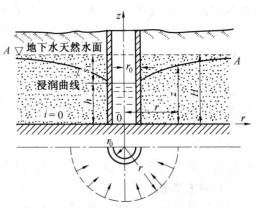

图 10.7　普通完整井

分离变量并积分

$$\int_h^z \mathrm{d}z = \int_{r_0}^r \frac{Q}{2\pi k}\frac{\mathrm{d}r}{r}$$

得到普通完整井浸润线方程

$$z^2 - h^2 = \frac{Q}{\pi k}\ln\frac{r}{r_0} \tag{10.4.1}$$

或

$$z^2 - h^2 = \frac{0.732Q}{k}\lg\frac{r}{r_0} \tag{10.4.2}$$

从理论上讲,浸润线是以地下水天然水面线为渐近线,当 $r \to \infty$, $z = H$ 。但从工程实用观点看,认为渗流区存在影响半径 R , R 以外的地下水位不受影响,即 $r = R, z = H$ 。代入式(10.4.2),得

$$Q = 1.366\frac{k(H^2 - h^2)}{\lg\frac{R}{r_0}} \tag{10.4.3}$$

以抽水降深 s 代替井水深 h , $s = H - h$,式(10.4.3)整理得

$$Q = 2.732\frac{kHs}{\lg\frac{R}{r_0}}\left(1 - \frac{s}{2H}\right) \tag{10.4.4}$$

当 $\frac{s}{2H} \ll 1$,式(10.4.4)可简化为

$$Q = 2.732\frac{kHs}{\lg\frac{R}{r_0}} \tag{10.4.5}$$

式中　　Q —— 产水量;

　　　　h —— 井水深;

  s—— 抽水降深；

  R—— 影响半径；

  r_0—— 井半径。

  影响半径 R 可由现场抽水试验测定,估算时,可根据经验数据选取,对于细砂 $R =$ 100 ~ 200 m,中等粒径砂 $R = 250 ~ 500$ m,粗砂 $R = 700 ~ 1\ 000$ m。R 也可用以下经验公式计算

$$R = 3\ 000s\sqrt{k} \tag{10.4.6}$$

或
$$R = 575s\sqrt{Hk} \tag{10.4.7}$$

式中,k 以 m/s 计,R,s 和 H 均以 m 计。

  影响半径本身就是一个近似的概念,所以用各种方法确定的数值差别也很大。但因流量与影响半径的对数值成反比,所以影响半径的差别对流量计算所带来的影响并不大。

  【例 10.1】 为测定土壤的渗透系数,今在现场打一口直径 $d = 0.2$ m 的完整潜水井做压水实验(图 10.8)。向井中输入流量 $Q = 2 \times 10^{-4}$ m³/s,稳定后,井中水深保持 $h = 5$ m,测得潜水层厚度 $H = 3.5$ m,影响半径 $R = 150$ m,不透水层为水平,问该土壤的渗透系数为多少?

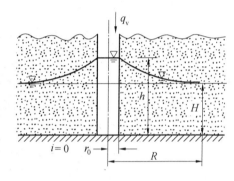

图 10.8   注水井

  解 由于输水时 h 保持不变,即说明输水流量等于渗流流量,且当 $r = R$ 时,$z = H$。

  根据完整潜水井的涌水量公式 (10.4.3)(经适当变换 $h > H$)

$$Q = 1.366 \frac{k(h^2 - H^2)}{\lg \dfrac{R}{r_0}}$$

$$k/(\mathrm{m \cdot s^{-1}}) = \frac{Q\lg \dfrac{R}{r_0}}{1.366(h^2 - H^2)} = \frac{2 \times 10^{-4}\lg \dfrac{150}{0.1}}{1.366 \times (5^2 - 3.5^2)} = 3.65 \times 10^{-5}$$

  【例 10.2】 有一普通完整井,其半径为 0.1 m,含水层厚度(即水深)$H = 8$ m,土的渗透系数 $k = 0.001$ m/s,抽水时井中水深 $h = 3$ m,试估算井的出流量。

  解 最大抽水降深 $s = H - h = 5$ m。由式(10.4.6)求影响半径

$$R/\mathrm{m} = 3\ 000s\sqrt{k} = 3\ 000 \times 5\sqrt{0.001} = 474.3$$

由式(10.4.3)求出水量

$$Q/(\mathrm{m^3 \cdot s^{-1}}) = 1.366 \frac{k(H^2 - h^2)}{\lg \dfrac{R}{r_0}} = 1.366 \times \frac{k(8^2 - 3^2)}{\lg \dfrac{474.3}{0.1}} = 0.02$$

10.4.2 自流完整井（完全承压井）

自流完整井如图 10.9 所示，含水层位于两个不透层之间。设承压含水层为一水平等厚含水层，厚度为 t。凿井穿透含水层，未抽水时地下水位上升到 H，为承压含水层的总水头。自井中抽水，井中水深由 H 降至 h，井周围测压管水头线形成漏斗形曲面。取距井轴 r 处，测压管水头为 z 的过水断面，由裘皮依公式

$$v = k \frac{\mathrm{d}z}{\mathrm{d}r}$$

流量

$$Q = Av = 2\pi rtk \frac{\mathrm{d}z}{\mathrm{d}r}$$

分离变量并积分

$$\int_h^z \mathrm{d}z = \frac{Q}{2\pi kt} \int_{r_0}^r \frac{\mathrm{d}r}{r}$$

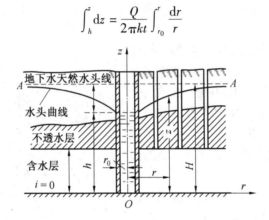

图 10.9　自流完整井

自流完整井水头线方程为

$$z - h = 0.366 \frac{Q}{kt} \lg \frac{r}{r_0}$$

同样引入影响半径概念，当 $r = R$ 时，$z = H$。代入上式，解得自流完整井涌水量公式

$$Q = 2.732 \frac{kts}{\lg \frac{R}{r_0}} \tag{10.4.8}$$

10.4.3 井群

如有多口井一同工作，各井之间距小于影响半径，这时各井之间的地下水流会互相影响。这些同时工作的井称为井群（multiple - well）。工程中，通常利用井群大量汲取地下水源，或更有效地降低地下水位。

设由 n 个普通完整井组成的井群如图 10.10 所示。各井的半径分别为 $r_{01}, r_{02}, \cdots, r_{0n}$；出水量分别为 $Q_1, Q_2, \cdots, Q_n$；至某点 A 的水平距离分别为 $r_1, r_2, \cdots, r_n$。若各井单独工作时，它们的井水深分别为 $h_1, h_2, \cdots, h_n$，在 A 点形成的浸润线高度分别为 $z_1, z_2, \cdots, z_n$，由式（10.4.2）可知各自的浸润线方程为

$$z_1^2 = \frac{0.732 Q_1}{k} \lg \frac{r_1}{r_{01}} + h_1^2$$

$$z_2^2 = \frac{0.732Q_2}{k}\lg\frac{r_2}{r_{02}} + h_2^2$$

$$\vdots$$

$$z_n^2 = \frac{0.732Q_n}{k}\lg\frac{r_n}{r_{0n}} + h_n^2$$

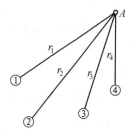

图 10.10　井群

各井同时抽水,在 A 点形成共同的浸润线高度 z,按势流叠加原理,其方程为

$$z^2 = \sum_{i=1}^{n} z_i^2 = \sum_{i=1}^{n}\left(\frac{0.732Q_i}{k}\lg\frac{r_i}{r_{0i}} + h_i^2\right)$$

当各井抽水状况相同,$Q_1 = Q_2 = \cdots = Q_n, h_1 = h_2 = \cdots = h_n$ 时,则

$$z^2 = \frac{0.732Q}{k}[\lg(r_1 r_2 \cdots r_n) - \lg(r_{01} r_{02} \cdots r_{0n})] + nh^2 \qquad (10.4.9)$$

井群也具有影响半径 R,若 A 点处于影响半径处,可认为 $r_1 \approx r_2 \approx \cdots \approx r_n = R$,而 $z = H$,得

$$H^2 = \frac{0.732Q}{k}[n\lg R - \lg(r_{01} r_{02} \cdots r_{0n})] + nh^2 \qquad (10.4.10)$$

式中(10.4.9)与式(10.4.10)相减,得井群的浸润面方程

$$z^2 = H^2 - \frac{0.732Q}{k}[n\lg R - \lg(r_1 r_2 \cdots r_n)] =$$

$$H^2 - \frac{0.732Q_0}{k}\left[\lg R - \frac{1}{n}\lg(r_1 r_2 \cdots r_n)\right] \qquad (10.4.11)$$

式中,$R = 575s\sqrt{Hk}$;s 为井群中心水位降深,以 m 计;$Q_0 = nQ$,为总出水量。

【例 10.3】　为了降低基坑中的地下水位,在基坑周围设置了 8 个普通完整井,其布置如图 10.11 所示。已知潜水层的厚度 $H = 10$ m,井群的影响半径 $R = 500$ m,渗透系数 $k = 0.001$ m/s,井的半径 $r_0 = 0.1$ m,总抽水量 $Q = 0.02$ m³/s,试求井群中心 O 点地下水位降深多少?

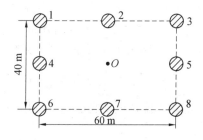

图 10.11　降低基坑地下水位

解　各单井至 O 点的距离

$$r_4 = r_5 = 30 \text{ m}, r_2 = r_7 = 20 \text{ m}, r_1 = r_3 = r_6 = r_8 = \sqrt{30^2 + 20^2}\text{ m} = 36 \text{ m}$$

代入式(10.4.11),$n = 8$

$$z^2/\text{m}^2 = H^2 - \frac{0.732Q_0}{k}\left[\lg R - \frac{1}{n}\lg(r_1 r_2 \cdots r_n)\right] =$$

$$10^2 - \frac{0.732 \times 0.02}{0.001}\left[\lg 500 - \frac{1}{8}\lg(30^2 \times 20^2 \times 36^4)\right] = 82.09$$

$$z = 9.06 \text{ m}$$

O 点地下水位降深 $s = H - z = 0.94$ m

10.5 渗流对建筑物安全稳定性的影响

前面各节围绕渗流量和浸润线的变化,阐述了地下水运动一些基本规律,本章最后简略介绍渗流对建筑物安全稳定的影响。

10.5.1 扬压力

土木工程中,有许多建在透水地基上,由混凝土或其他不透水材料建造的建筑物,渗流作用在建筑物基底上的压力称为扬压力(uplift pressure)。

以山区河流取水工程,建在透水岩石地基上的混凝土堤坝(图 10.12)为例,介绍扬压力的近似算法。因坝上游水位高于下游水位,部分来水经地基渗透至下游,坝基底面任一点的渗透压强水头,等于上游河床的总水头减去入渗点至该点渗流的水头损失

$$\frac{P_i}{\rho g} = h_1 - h_f = h_2 + (H - h_f)$$

由上式,可将渗流作用在坝基底面的压强及所形成的压力,看成由两部分组成:

(1)下游水深 h_2 产生的压强,这部分压强在坝基底面上均匀分布,所形成的压力是坝基淹没 h_2 水深所受的浮力,作用在单位宽底面上的浮力

$$P_{z1} = \rho g h_2 L$$

(2)有效作用水头 $(H - h_f)$ 产生的压强,根据观测资料,近似假定作用水头全部消耗于沿坝基底流程的水头损失,且水头损失均匀分配,故这部分压强按直线分布,分布图为三角形,作用在单位宽底面上的渗透压力

$$P_{z2} = \frac{1}{2}\rho g H L$$

作用在单位宽坝基底面上的扬压力

$$P_z = P_{z1} + P_{z2} = \frac{1}{2}\rho g(h_1 + h_2)L$$

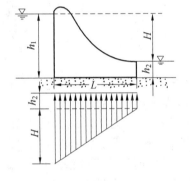

图 10.12 扬压力

非岩基渗透压强,一般可按势流理论用流网的方法计算。

扬压力的作用,降低了建筑物的稳定性,对于主要依靠自重和地基间产生的摩擦力来保持抗滑动稳定性的重力式挡水建筑物,扬压力是稳定计算的基本荷载,不可忽视。

10.5.2 地基渗透变形

渗流对建筑物安全稳定的影响,除扬压力降低建筑物的稳定性外,渗流速度过大,造成地基渗透变形,进而危及建筑物安全。地基渗透变形有两种形式:

(1)管涌

在非黏性土基中,渗流速度达一定值,基土中个别细小颗粒被冲动携带,随着细小颗粒被渗流带出,地基土的孔隙增大,渗流阻力减小,流速和流量增大,得以携带更大更多的颗粒,如此继续发展下去,在地基中形成空道,终将导致建筑物垮塌,这种渗流的冲蚀现象

称为机械管涌,简称管涌。汛期江河堤防受洪水河槽高水位作用,在背河堤脚处发生管涌,是汛期常见的险情。

在石基中,地下水可将岩层所含可溶性盐类溶解带出,在地基中形成空穴,削弱地基的强度和稳定性,这种渗流的溶滤现象称为化学管涌。

（2）流土

在黏性土基中,因颗粒之间有黏结力,个别颗粒一般不易被渗流冲动携带,而在渗出点附近,当渗透压力超过上部土体重量,会使一部分基土整体浮动隆起,造成险情,这种局部渗透冲破现象称为流土。

管涌和流土危及建筑物的安全,工程上可采取限制渗流速度,阻截基土颗粒被带出地面等多种防渗措施,来防止破坏性渗透变形。

习　题　10

1. 在实验室中用达西实验装置测定某土壤的渗透系数。已知圆筒直径 $D = 200$ mm,两测压管间距 0.4 m,测得的渗透量 $Q = 100$ mL/min,两测压管水头差 $\Delta H = 200$ mm,试求该土壤的渗透系数 k。

2. 上、下游水箱中间有一连接管,水箱水位恒定,连接管内充填两种不同的砂层($k_1 = 0.003$ m/s,$k_2 = 0.001$ m/s),管道断面积为 0.01 m²,试求渗透量 Q。

3. 两水池间连接一正方形管,高宽均为 0.2 m,管长 $l = 2$ m,池中水深 $H_1 = 0.8$ m,$H_2 = 0.4$ m,试求下述 3 种情况下管中所通过的流量。

（1）管中填满粗砂,$k = 5 \times 10^{-4}$ m/s;

（2）管中填满细砂,$k = 2 \times 10^{-5}$ m/s;

（3）管中的前一半填粗砂后一半填细砂。

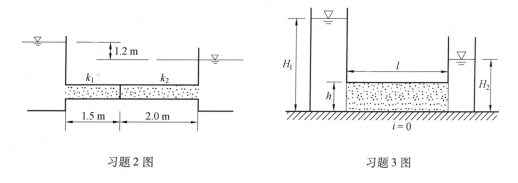

习题 2 图　　　　　　　　　　　　　　　习题 3 图

4. 河中水位为 65.8 m,距河处有一钻孔,孔中水位为 68.5 m,不透水层为水平面,高程为 55.0 m,土的渗透系数 $k = 16$ m/d,试求单宽渗流量。

5. 某工地以潜水为给水水源。由钻探测知含水层为夹有砂粒的卵石层,厚度为 6 m,渗透系数为 0.001 16 m/s,现打一普通完整井,井的半径为 0.15 m,影响半径为 150 m,试求井中水位降深 3 m 时,井的涌水量。

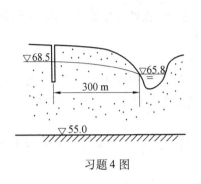

习题 4 图

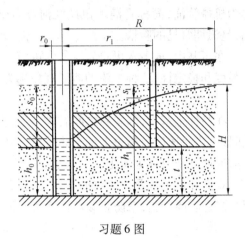

习题 6 图

6. 从一承压井取水,井的半径 $r_0 = 0.1$ m,含水层厚度 $t = 5$ m,在离井中心 10 m 处钻一观测孔,在未抽水前,测得地下水的水位 $H = 12$ m,现抽水量 $Q = 36$ m³/h,井中水位降深 $s_0 = 2$ m,观测孔中水位降深 $s_1 = 1$ m,试求含水层的渗透系数 k 及井中水位降深 $s_0 = 3$ m 时的涌水量。

7. 已知一自流完整承压井自厚为 14 m 的承压层中取水,抽水稳定时水位降幅 $s = 4$ m,管井直径为 0.304 m,已知 $k = 10$ m/d。求该井的涌水量。

8. 为了施工安全,某基坑工程需降低基坑施工范围内的地下水位,已知含水层厚度 $H = 15$ m,土层为细砂,渗透系数 $k = 5 \times 10^{-5}$ m/s,单井半径 $r = 0.1$ m。根据施工要求,基坑中心的水位降低不小于 5 m,现在基坑周围设置了 8 个普通完整井,设计总抽水量 $Q_0 = 7.6 \times 10^{-3}$ m³/s,且各单井抽水量相同,请校核设计是否满足要求?

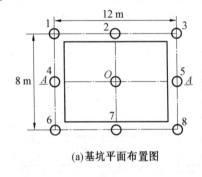

(a)基坑平面布置图

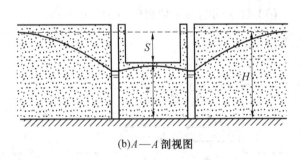

(b)A—A 剖视图

习题 8 图

参考答案

习题 1

1. $\rho = 714$ kg/m^3, $S = 0.714$

2. $\rho = 1.39$ kg/m^3

3. $\nu = 5.88$ cSt

4. $\mu = 0.004$ Pa·s

5. $\mu = 0.792$ Pa·s

6. $E_0 = 0.25 \times 10^9$ m^2/N

7. $m = 0.39$ kg

8. $h = 3.7$ mm

习题 2

1. $\rho = 1\ 051$ kg/m^3

2. （1）$p' = 19.6$ kN/m^2, 2 m 水柱高

   （2）$p_v = 29.6$ kN/m^2, 3 m 水柱高

3. $p' = 823.2$ N/m^2 或 84 mm 水柱

4. $p_K = 17.84$ mm 水柱

5. $p_A = 2.64 \times 10^5$ N/m^2 或 27.02 m 水柱

6. $p_A = 9.95 \times 10^4$ N/m^2

7. $p_A = 96.4$ kPa

8. $F_A = 7\ 020$ N

9. 略

10. $x = 0.795$ m

11 ~ 13. 略

14. $P = 1\ 094\ 517$ N, $\theta = 57.5°$

15. $P_x = 176$ kN, $P_z = 31.9$ kN, yes

16. $P = 45.57$ kN, $\theta = 14°30'$

17. 2 193 N

18. $T = 6\ 596$ N

19. $F = \dfrac{15}{8}\pi\rho g r^3 + G$

20. $G = 76.44$ kN; 稳定

21. $p_A = 11.27$ kPa

22. $\omega = \dfrac{2}{R}\sqrt{gh}$ 或 $\omega = \dfrac{4}{D}\sqrt{gh}$

习题 3

1. 0.8 m/s; 3.2 m/s

2. 3.1 m 水柱, 方向 $A \rightarrow B$

3. 60.3 L/s

4. 2.7 L/s

5. 1.98 m^3/s

6. 60.2 L/s; 24.6 L/s

7. 略

8. $Q = 0.017\ 4$ m^3/s;

   $p_A = 68.2$ kPa;

   $p_B = -0.48$ kPa;

   $p_C = -20.1$ kPa;

   $p_D = 3.95$ kPa

9. $Q = 1.16$ L/s; $v = 6.55$ m/s

10. 16 501 N; 45°

11. 25.05 L/s; 8.35 L/s; 1 969.8 N

12. $Q_{AB} = 3.39$ m^3/s, $v_{BC} = 3.39$ m/s

　　$v_{CD} = 2.25$ m/s, $d_{CE} = 1.08$ m

13. 21 640.98 N

14. (a) 635.85 N; (b) 423.9 N

15. $Q = 0.224$ m^3/s; $d = 14.27$ cm

习题 4

1. (1) $\delta_v = 0.05, \delta_l = 10, \delta_\rho = 800$

　　(2) $\Delta p = 550$ kPa, $F = 28\,000$ N,

　　　　$M = 6\,000$ N·m

2. (1) $H' = 0.5$ m

　　(2) $Q' = 94.9$ L/s

　　(3) $F = 400$ kN

　　(4) $P = 632.5$ kW

3. 60 min

4. $P = D^2 p f(\dfrac{\mu n}{p}, \dfrac{\delta}{D})$

5. $F = A v^2 \rho f(\dfrac{l}{\sqrt{A}}, Re)$

6. $v = \sqrt{\dfrac{\Delta p}{\rho}} f(Re, \dfrac{d_2}{d_1})$

习题 5

1. $0.707 r_0$

2. $d = 7.84$ mm

3. (1) 层流

　　(2) $\lambda = 0.038$

　　(3) $h_f = 0.014\,9$ m 水柱

　　(4) $\dfrac{p_1 - p_2}{\rho g} = 0.017\,9$ m

4. $h_f = 9.8$ m 水柱

5. 紊流

6. $H = 110$ m

7. $H_s = 23$ m

8. $v_2 = 16$ m/s

9. 略

10. 258 kW

11. 117 m, 265 000 Pa

习题 6

1. $C_c = 0.645, C_v = 0.964$

　　$C_q = 0.621, \xi = 0.076$

2. (1) $C_q = 0.729$

　　(2) $C_v = 0.970$

　　(3) $C_c = 0.752$

3. $Q = 9.26$ L/s; $F = 2\,631$ N,

　　方向向右

4. $H = 2.55$ m; $Q = 6.89$ L/s

5. 26.1 L/s

6. $H_2 = 1.896$ m; $Q_1 = Q_2 = 3.6$ L/s

7. $Q = 29$ L/s, $d_2 = 8$ cm

8. $d = 3.93$ cm, $v = 9.7$ m/s

　　$Q = 0.011\,8$ L/s

习题 7

1. 4.1×10^{-6} L/s; 8.2×10^{-3} m/s

2. 133.3 L/s

3. 0.04 mm

4. 253 s

5. 0.185 4 L/s;

　　$p = -1.9 \times 10^4 (3.8 + \ln r)$

习题 8

1. $0.033;0.05;0.042\,8$
2. $41.0\ \mathrm{m^3/s}$
3. $h = 1.7\ \mathrm{m}, b = 3.4\ \mathrm{m}$
4. $b = 1.43\ \mathrm{m}$
5. $h = 0.5\ \mathrm{m}, b = 2\ \mathrm{m}$
6. $h = 1.411\ \mathrm{m}, b = 7.055\ \mathrm{m}$
7. $d = 0.487\ \mathrm{m}$,取 $500\ \mathrm{mm}$
8. $d = 2.649\ \mathrm{m}$
9. $Q = 0.973\ \mathrm{m^3/s}$

10. $h_\mathrm{c} = 0.67\ \mathrm{m}$
11. $h_\mathrm{c} = 0.597\ \mathrm{m}; i'_\mathrm{c} = 0.00696$
12. $i' = 0.000\,33; h_\mathrm{c} = 1.37\ \mathrm{m} < h_0 = 3.08\ \mathrm{m}$,缓流
13. $i'_\mathrm{c} = 0.006\,2 > i' = 0.002$,缓流
14. $h'' = 2h'$
15. 略
16. $(1)\,h_\mathrm{c} = 0.202\ \mathrm{m}$　(2) 略
17. 略

习题 9

1. $b = 3.81\ \mathrm{m}$,取 $4\ \mathrm{m}$
2. $Q_{(4)} = 8.97\ \mathrm{m^3/s}; Q_{(4)} = 8.16\ \mathrm{m^3/s}$
3. $H = 2.52\ \mathrm{m}$

4. 2.47%
5. $p = 0.57\ \mathrm{m}$
6. $b = 2.24\ \mathrm{m}$

习题 10

1. $k = 0.0106\ \mathrm{cm/s}$
2. $Q = 4.8\ \mathrm{mL/s}$
3. $(1)\,Q = 4\ \mathrm{cm^3/s}$
　$(2)\,Q = 0.16\ \mathrm{cm^3/s}$
　$(3)\,Q = 0.308\ \mathrm{cm^3/s}$

4. $Q = 1.75\ \mathrm{m^3/d}$
5. $Q = 14.21\ \mathrm{L/s}$
6. $k = 0.001\,46\ \mathrm{m/s}; Q = 54\ \mathrm{m^3/h}$
7. $Q = 6.05 \times 10^{-3}\ \mathrm{m^3/s}$
8. $S = 5.01\ \mathrm{m} > 5\ \mathrm{m}$,符合要求

附　表

附表1　常用流体的密度和相对密度(压力为1标准大气压)

流体名称	温度/℃	密度/(kg·m^{-3})	相对密度
蒸馏水	4	1 000	1
海　水	15	1 020 ~ 1 030	1.02 ~ 1.03
飞机汽油	15	650	0.65
普通汽油	15	700 ~ 750	0.70 ~ 0.75
石　油	15	880 ~ 890	0.88 ~ 0.89
润滑油	15	890 ~ 920	0.89 ~ 0.92
煤　油	15	760	0.76
酒精(乙醇)	15	790 ~ 800	0.79 ~ 0.80
甘　油	0	1 260	1.26
水　银	0	13 600	13.6
熔化生铁	1 200	7 000	7
乙　醚	0	740	0.74
甲　醇	4	810	0.81
苯	0	880	0.88
空　气	0	1.293	0.001 293
空　气	20	1.183	0.001 183
氧	0	1.429	
氢	0	0.089 9	
氮	0	1.251	
一氧化碳	0	1.250	
二氧化碳	0	1.976	
氯	0	3.217	
氦	0	0.179	
二氧化硫	0	2.927	

附表2　不同温度下水的物理性质(压力为1标准大气压)

温　度 /℃	密　度 ρ /(kg·m⁻³)	动力黏性系数 μ /(N·s·m⁻²)	运动黏性系数 ν /(m²·s⁻¹)	体积弹性模量 E /(N·m⁻²)	饱和蒸气压力 p_a/kPa
0	9.9989×10^2	1.781×10^{-3}	1.792×10^{-6}	2.02×10^9	0.61
5	9.9998	1.518	1.520	2.06	0.87
10	9.9969	1.307	1.307	2.10	1.23
15	9.9910	1.139	1.139	2.15	1.17
20	9.9822	1.002	1.004	2.18	2.33
25	9.9704	0.890	0.893	2.22	3.17
30	9.9567	0.798	0.801	2.25	4.24
40	9.9224	0.653	0.658	2.28	7.38
50	9.8802	0.547	0.554	2.29	12.33
60	9.8321	0.466	0.475	2.28	19.92
70	9.7782	0.404	0.413	2.25	31.16
80	9.7184	0.354	0.365	2.20	47.36
90	9.6537	0.315	0.326	2.14	70.11
100	9.5831	0.282	0.295	2.071	101.32

附表3　几种液体的动力黏性系数值(P)

液　体	温　度/℃									
	0	5	10	15	20	30	40	50	80	100
标准汽油	0.00707	—	—	0.0059	—	0.0050	—	—	—	—
润滑油	6.4	—	—	1.720	—	—	0.540	—	0.220	—
蓖麻油	—	—	—	9.720	4.550	2.280	—	—	0.780	—
甘油	46	35.25	—	—	8.720	3.80	—	1.06	—	—
乙醇	0.0177	—	0.014	—	0.0119	0.099	0.0083	0.007	0.0059	—
水银	0.0170	—	—	0.0157	—	—	—	—	—	0.0122

附表4　几种气体的黏性系数(0℃,1标准大气压时)

气　体	动力黏性系数 μ/P	运动黏性系数 ν/St
空气	1.70×10^{-4}	0.133
氮气	1.67×10^{-4}	0.123
氢气	0.85×10^{-4}	0.945
二氧化碳	1.41×10^{-4}	0.0715
一氧化碳	1.63×10^{-4}	0.131
氧气	1.90×10^{-4}	0.134
水蒸气	0.82×10^{-4}	0.102

参考文献

[1] 徐文娟,韩建勇.工程流体力学[M].哈尔滨:哈尔滨工程大学出版社,2002.

[2] 景思睿,张鸣远.流体力学[M].西安:西安交通大学出版社,2001.

[3] 丁祖荣.流体力学(上册)[M].2版.北京:高等教育出版社,2013.

[4] 丁祖荣.流体力学(下册)[M].2版.北京:高等教育出版社,2013.

[5] 闻德荪.工程流体力学(水力学)(上册)[M].3版.北京:高等教育出版社,2010.

[6] 闻德荪.工程流体力学(水力学)(下册)[M].3版.北京:高等教育出版社,2010.

[7] 屠大燕.流体力学与流体机械[M].北京:中国建筑工业出版社,2008.

[8] 孔珑.流体力学(Ⅰ)[M].2版.北京:高等教育出版社,2011.

[9] 张鸣远.流体力学[M].北京:高等教育出版社,2010.

[10] 韩国军.流体力学基础与应用[M].北京:机械工业出版社,2013.

[11] 莫乃榕.工程流体力学[M].武汉:华中科技大学出版社,2000.

[12] 刘向军.工程流体力[M].北京:中国电力出版社,2013.

[13] 张维佳.流体力学[M].北京:中国建筑工业出版社,2011.

[14] 龙天渝,蔡增基.流体力学[M].2版.北京:中国建筑工业出版社,2013.

[15] 杨春,高红斌.流体力学泵与风机[M].北京:中国水利水电出版社,2013.

[16] 孔珑.工程流体力学[M].4版.北京:中国电力出版社,2014.

[17] 罗惕乾.流体力学[M].3版.北京:高等教育出版社,2007.

[18] 王松岭.流体力学[M].北京:中国电力出版社,2004.

[19] 鲍鹏,岳建伟.流体力学[M].郑州:黄河水利出版社,2006.

[20] 刘鹤年.流体力学(第二版)[M].北京:中国建筑工业出版社,2004.

[21] 龙天渝,蔡增基.流体力学[M].北京:中国建筑工业出版社,2004.

[22] 黄卫星,陈文梅.工程流体力学[M].北京:化学工业出版社,2001.

[23] 张鸿雁,张志政,王元.流体力学[M].北京:科学出版社,2004.

[24] 王惠民.流体力学基础[M].北京:清华大学出版社,2005.

[25] 陈卓如.工程流体力学[M].3版.北京:高等教育出版社,2013.

[26] 张红亚,王造奇.流体力学.合肥:安徽科学技术出版社,2008.

[27] 施永生,徐向荣,张英,等.流体力学[M].北京:科学出版社,2005.

[28] 张国强,吴家鸣.流体力学[M].北京:机械工业出版社,2006.